ARTIFICIAL
INTELLIGENCE

人工智能：
寒武纪平台
边缘智能实践

朱宗卫　张扬眉　主编

落实国家**人工智能发展规划**
引导高校瞄准**世界科技前沿**
为新一代人工智能发展**提供有力战略支撑**

山东友谊出版社·济南

图书在版编目（CIP）数据

人工智能：寒武纪平台边缘智能实践 / 朱宗卫，
张扬眉编著 . — 济南：山东友谊出版社，2021.2

ISBN 978-7-5516-2284-4

Ⅰ . ①人… Ⅱ . ①朱… ②张… Ⅲ . ①人工
智能—微处理器—研究 Ⅳ . ① TP18

中国版本图书馆 CIP 数据核字 (2021) 第 030711 号

主　编：朱宗卫　张扬眉
副主编：李国强　徐友庆
编著者：朱宗卫　李国强　徐友庆　杨　峰　张扬眉
　　　　任　姗　陶　洁　刘文昕　刘学琪　杨云栋
　　　　饶彬彪　成键楷　罗钟强　杨正兴

人工智能：寒武纪平台边缘智能实践
RENGONG ZHINENG: HANWUJI PINGTAI BIANYUAN
ZHINENG SHIJIAN

选题策划：周伟光
责任编辑：于　泱
装帧设计：雷祥荣

主管单位：山东出版传媒股份有限公司
出版发行：山东友谊出版社
　　　　　地址：济南市英雄山路 189 号　邮政编码：250002
　　　　　电话：出版管理部（0531）82098756
　　　　　　　　教育图书推广部（0531）82098147
　　　　　网址：www.sdyouyi.com.cn
印　刷　者：山东省东营市新华印刷厂

开本：787 mm×1 092 mm　1/16
印张：21.5　　　　　　　字数：430 千字
版次：2021 年 2 月第 1 版　印次：2021 年 2 月第 1 次印刷
定价：60.00 元

前　言

2016年和2017年是人工智能领域极不平凡的两年，相比于各种抽象晦涩的理论知识，AlphaGo的华丽登场让人们对AI有了更加清晰直观的认知。曾经的世界围棋冠军李世石和现任世界围棋冠军柯洁纷纷败在了同时拥有高速计算能力和优秀人工智能算法的AlphaGo下。

在随后的几年里，人工智能的发展更是日新月异，例如手机的面容解锁、智能家居的普及、无人驾驶汽车的问世等等，各行各业都开始有人工智能的影子。随着智能行业的快速发展，该领域人才短缺的问题也开始逐渐显现出来，社会迫切需要大量高水平的行业人才。2017年7月8日，国务院印发并实施《新一代人工智能发展规划》，要求各地通过落实该规划，构筑我国人工智能发展的先发优势，加快建设创新型国家和世界科技强国。这份规划中指出，我国应按照"构建一个体系、把握双重属性、坚持三位一体、强化四大支持"的总体布局，形成人工智能的健康可持续发展战略。2018年，教育部发布的《高等学校人工智能创新行动计划》中提出：到2020年，建立50家人工智能学院、研究院或交叉研究中心。2019年，全国共有35所高校获得首批人工智能专业建设资格。2020年3月，教育部再次批准180所高校开设人工智能专业。

众所周知，人工智能领域中最核心的部分是算法，好的算法可以令最后的结果达到预期或者超过预期。目前来看，我国学者对于算法的研究已经接近行业顶尖层次，在数次国际算法大赛中，中国学者的成绩都名列前茅。但是国内人工智能行业的发展却不像算法研发那样顺风顺水。造成这种现象的原因有很多，起步晚是一方面，缺乏系统性的人才培养方案则是另外一方面。尽管现在市面上存在许多介绍人工智能理论的书籍，其中不乏一些将理论知识描述较为详尽的读物，也有部分书籍会在讲述理论知识的同时穿插一些案例用以加深读者对于理论的理解，但是这些案例往往类似于小程序或者是实用程度较低的实验案例。其实对于一个成熟的AI产品而言，其组成必定是软、硬件一体的，而相当于产品灵魂部分的算法最终也要以系统或者硬件为载体，才能发挥出其应有的功能。一个不明白飞行原理的人很难成为一名优秀的飞行员，我们在学习人工智能相关理论的同时，也需要对整体过程进行了解，只有系统性地掌握这些知识以后，才能提高对于人工智能这个领域的认知度，在科研与创新的道路上稳步前进。

本书旨在帮助有一定人工智能理论基础的学习者提升实践能力。本书主要分为2部分，第一部分是对深度学习的一些基础知识的介绍，作用是服务于后续案例，其中包含了对于国产智能化芯片——寒武纪智能芯片的相关知识的讲解，从原理的介绍到平台的使用，最后到边缘化设备的使用都做了详细的说明，有助于读者理解从网络模型到边缘化设备的具体使用过程，读者可参照这部分内容去完成后续的案例；第二部分则是列举了当下一些较为热门和应用程度较高的基于深度学习和神经网络的相关商业化案例。

在第二部分，本书一共提供了8个案例，这些案例包含了目标检测、人脸识别、风格迁移、语音识别等不同领域的相关内容，基本涵盖了普及程度最高的几种人工智能的应用场景。每个案例都由4个部分组成，其中，"案例背景"主要介绍该案例的应用场景；"技术方案"介绍的是该案例所采用的具体技术原理，包括神经网络的组成、网络模型的介绍等；"模型训练"是具体的实践部分，读者可根据书中提供的训练方法和数据集训练得到自己的模型文件；"模型移植"则介绍如何利用寒武纪智能芯片将训练好的模型文件部署到边缘智能设备上。通过对这些案例的学习与实践，读者能更好地掌握从模型搭建到模型移植这一系列知识。

本书每个案例对应的相关代码和模型数据将统一放在网站 www.extrotec.com 中，读者可以在网站中找到更多关于实践案例的资料。

编著者

2020 年 12 月

目　录

第 1 部分　边缘智能理论篇

第 2 部分　边缘智能实践篇

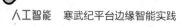

第1部分　边缘智能理论篇

第 1 部分内容主要是对边缘智能和深度学习理论进行介绍，并引导读者了解国内人工智能在边缘端的应用。第 1 章介绍边缘智能，让读者对边缘智能有初步理解；第 2 章对深度学习的一些基础知识进行系统介绍，为第 2 部分实践提供理论基础；第 3 章介绍 Pytorch 的知识和基础实践，为实践提供框架和环境基础；第 4 章主要介绍国产人工智能平台寒武纪平台，让读者对寒武纪平台有所了解；第 5 章和第 6 章主要介绍寒武纪 Pytorch 的使用方法和寒武纪离线推理的理论和流程，帮助理解第 2 部分案例中的离线移植原理。本部分内容通过拆解实践过程中用到的基础知识，一步步带领读者由浅入深地了解边缘智能。

第1章　边缘智能概述

1.1　什么是边缘智能

云计算自 2005 年被提出之后，就开始逐步改变人们的生活、学习以及工作方式，深入到各行各业。但是，随着物联网的迅速发展及广泛应用，太多的应用场景需要计算海量的数据并且要求得到及时反馈，而云计算在面对这些场景中的需求时却显得力不从心：一是大数据传输能耗问题。根据 Cisco 云指数的预测，在 2020 年将有 500 亿边缘设备连接到互联网，这些设备每年产生的数据总量将达到 847 ZB，以中心服务器为节点的云计算可能会遇到带宽瓶颈，而且数据中心的高负载导致的高能耗也是数据中心管理规划的核心问题。二是数据处理时延问题。例如，无人驾驶汽车对数据传输时延极为敏感，需要在毫秒级的时间内做出响应，一旦由于数据传输、网络等问题导致系统响应时间增加，将会造成严重的后果。三是数据隐私问题。云计算将大量隐私数据传输到数据中心的路径比较长，容易导致数据丢失或信息泄露。这些要求低时延、高可靠、低功耗的场景，云计算已经无法满足，因此边缘计算应运而生。

边缘计算是指在网络边缘执行计算的一种新型计算模型。工业互联网产业联盟 (AII) 和边缘计算产业联盟 (ECC) 这样描述边缘计算：在靠近数据源头的网络边缘侧，融合网络、计算、存储、应用核心能力的分布式开放平台，就近提供边缘智能服务，满足行业数字化在敏捷联接、实时业务、数据优化、应用智能、安全与隐私保护等方面的关键需求，它可以作为连接物理和数字世界的桥梁。OpenStack 基金会在《边缘计算——跨越传统数据中心》中对"边缘计算"这一概念进行了清晰的阐述：边缘计算为应用开发者和服务提供商在网络的边缘侧提供云服务和 IT 环境服务，"边缘"指的是位于管理域的边缘，尽可能地靠近数据源或用户。其目标是在靠近数据输入或用户的地方提供计算、存储和网络带宽。这种从传统的云计算技术演化发展而来的边缘计算技术，将原有云计算模型的部分或者全部计算任务下沉到网络边缘端，从而拥有更低的时延和带宽占用，以及更好的能效和隐私保护性。

边缘智能是边缘计算的下一个阶段，被人们称为"人工智能的最后一公里"。边缘智能旨在利用人工智能技术为边缘侧赋能，是人工智能的一种应用与表现形式，也是边缘计算与人工智能互动融合的新模式。以监控温度的物联网系统为例，边缘传感器不再需要持续不断地将温度读数传递给数据中心，而是可以自己判断温度情况，只在读数出现重大变化后，才联系数据中心，并等待数据中心的反馈，决定自己该采取什么操作。边缘设备还可以更智能，例如监测到温度突变时，无需联系数据中心，直接通过设备上运行的软件判断此时该采取的操作，就算网络暂时中断也不影响整个系统的正常运转。通过这种模式，我们可以用边缘设备自身的运算和处理能力直接就近处理绝大部分物联网任务，不仅可以降低数据中心工作负担，还可以更及时准确地对边缘设备的不同状态做出响应，让边缘设备真正变得智能起来。

1.2　边缘智能应用场景

万物互联会产生多样化、差异化的应用，一些需要低时延、高可靠、低功耗等高需求的场景直接决定了需要采用边缘智能的方式，尤其是需要提供差异化服务的场景，包括专网类业务场景、营销类业务场景和体验提升的场景等。

(1) 专网类业务场景

如今，大量企业由于业务特殊性、数据保密等原因，使用专网的方式进行通信，其主要目的是将重要的业务数据在其专用网络中进行计算处理，而不使用公共网络服务。随着人们的数据隐私意识的不断提高，越来越多的行业都在采用专网服务，通过这种物理隔离的方式确保数据安全。

专网用户会自建数据中心或私有云，但是有很多业务数据并不需要传输到自有的服务器上，在本地就可以进行计算处理，这种场景对边缘智能有天然的需求，通过在数据源头平台计算处理，能够提升计算效率，也可以减轻服务器的容量压力。

本地视频是比较典型的专网场景，很多用户安装设备采集的数据也仅限于其专网内部。但是，对大量的视频数据，不管是在摄像头终端侧还是服务器侧处理都不是很好的方式，因此，部署边缘智能平台对于这种专网视频就很有意义。通过边缘智能平台将画面变化的片段或是有意义的部分筛选出来，回传到服务器上，而那些价值不高的内容就缓存在边缘智能服务器中，保障专网资源留给关键业务。

（2）营销类业务场景

对于很多移动互联网和物联网场景，边缘智能可以更为快速地对终端侧数据和缓存数据进行用户画像刻画，提升营销效果。边缘智能服务器和平台的缓存内容给终端用户提供体验业务，促进用户对业务的了解和购买；在用户订购后，通过端、边、管、云融合的方案为其提供服务。一些专门业务的体验厅、营业厅等场所，在边缘智能的助力下给潜在用户带来了耳目一新的体验。类似的服务方式可以在各行业中落地，通过与拥有垂直行业渠道资源的企业合作，开展联合营销，提升业务质量。例如，在零售领域，边缘智能平台将与移动设备通信能力结合，向消费者和商场提供更有价值的信息，在网络中的关键点收集的信息可以作为大数据分析的一部分，更好地为客户提供服务。

（3）体验提升的场景

VR/AR 是典型的需要体验提升的场景。目前，VR/AR 已广泛地应用在很多场景中，如旅游景区、博物馆、游乐场、演唱会等。之前很多无线 VR/AR 采用终端和云端服务器交互的方式，但此类设备产生的图像信息量巨大，导致传输过程中时延太长而影响用户体验。一般采用的优化方案是将相应服务器部署在网络边缘侧，有效分担 VR/AR 图像识别运算压力，及时给终端反馈，增强用户体验。类似的体验提升场景非常多，智能物流、智能工业、车联网、智能医疗等需要保证实时性、可靠性的应用都有不断提升用户体验的需求，这也是边缘智能能够直接应用的场所。

1.3　边缘智能的发展

边缘智能是边缘计算发展的下一个阶段，更注重与产业应用的结合，促使产业的落地与实现。相比于边缘计算，边缘智能除了拥有更高的安全性、更低的功耗、更短的时延、更高的可靠性、更低的宽带需求以外，还可以更大限度地利用数据，让数据变得更有价值。与云计算、边缘计算相比，边缘智能可以更进一步缩减数据处理成本。研究发现[4]，大部分边缘设备与云端相距很远，当边缘与云端的距离减小到322公里的时候，数据处理成本将缩减30%；当两者的距离缩减至161公里的时候，数据处理成本将缩减60%；而当边缘具备人工智能分析能力的时候，这一数字还有进一步缩减的空间。

从云计算、分布式计算、边缘计算一直到现在的边缘智能，计算方式正在一步步从云计算落实到贴地计算，边缘计算将轻量化的云计算与设备端结合，而边缘智能则是将边缘计算与用户、业务结合。边缘智能不是简单地把边缘计算搭建起来，而是对管道能力的整体提升，是物联网应用的使能者，是未来的必然趋势。

1.4　边缘智能面临的挑战

目前边缘智能已经得到了各行各业的广泛重视，并且在很多应用场景下开花结果。相比于云计算中心等大规模服务器集群，边缘智能可以实时处理和执行本地数据，同时也能减轻网络中的数据流量和云计算中心的工作量。但随之而来的问题是边缘设备的计算、存储能力总是远远小于专用服务器的处理能力，无法满足人工智能所需的大量计算和存储资源。除此之外，部分边缘设备采用蓄电池等小型供电设备，所以也无法满足大量计算带来的能耗。因此边缘智能的实际应用还存在很多问题。我们对其中的几个主要问题进行分析，包括优化边缘智能性能、安全性、互操作性以及智能边缘操作管理服务。

（1）优化边缘智能性能

在边缘智能架构中，不同层次的边缘服务器所拥有的计算能力有所不同，负载分配将成为一个重要问题。用户需求、延时、带宽、能耗及成本是决定负载分配策略的关键指标。针对不同的工作负载，应设置指标的权重和优先级，以便系统选择最优分配策略。成本分析需要在运行过程中完成，分发负载之间的干扰和资源使用情况，都对边缘智能架构提出了挑战。

（2）安全性

边缘智能的分布式架构增加了攻击向量的维度，边缘智能客户端越智能，越容易受到恶意软件感染和安全漏洞攻击。边缘智能架构中，在数据源的附近进行计算是保护隐私和数据安全的一种较合适的方法。但对于有限资源的边缘设备而言，现有数据安全的保护方法并不能完全适用于边缘智能架构，而且，网络边缘高度动态的环境也会使网络更加易受攻击和难以保护。

（3）互操作性

边缘设备之间的互操作性是边缘智能架构能够大规模落地的关键。不同设备商之间需要通过制定相关的标准规范和通用的协作协议，实现异构边缘设备和系统之间的互操作性。

（4）智能边缘操作管理服务

边缘设备的服务管理在物联网环境中需要满足识别服务优先级、灵活可扩展和具备复杂环境下的隔离线等条件。在传感器数据和通信不可靠的情况下，系统如何通过利用多维参考数据源和历史数据记录提供可靠的服务是目前需要关注的问题。

针对目前边缘智能发展面临的挑战和问题，寒武纪团队率先提出"端云一体"的智能处理思路，专注于智能芯片研发，为 AI 系统提供高能效人工智能处理器，结合产学研，打造边缘智能的开源生态建设。

1.5 本章小结

本章分为四个小节，分别从边缘智能的概念、应用场景、发展和面临的挑战阐述了边缘智能在人工智能这个大环境中扮演的角色和任务。在人工智能发展如火如荼的当下，边缘智能作为其载体，能让使用者感受到人工智能技术的切实存在。读者通过本章，应明确边缘智能对于人工智能的重要性，在心中建立起边缘智能与人工智能的联系。

第2章 深度学习介绍

2.1 深度学习发展历程

深度学习 (deep learning) 是机器学习的一个重要分支。所谓深度学习算法，可以理解为一种试图使用包含复杂结构或由多重非线性变换构成的多个处理层对数据进行高层抽象的算法。深度学习与神经网络模型息息相关，纵观神经网络曲折的发展史和现如今深度学习的广泛应用，可以说深度学习是对神经网络的一次重塑。本章的重点内容是深度学习在图像处理领域的网络模型，包括图像分类，目标检测和图像分割的网络结构。

当前深度学习的研究与应用非常广泛：主要的研究领域有语音处理、图像处理和自然语言处理；深度学习的应用，在最近几年获得飞速发展之后，已经拓展到了非常多的领域，主要有医疗、军事、工业生产、智能家居、自动驾驶等。近期，国家在经济、外交等国家政策的制定方面也引入了人工智能相关技术作为辅助。

在语音处理领域，自从2010年微软在大词汇量连续语音识别系统里成功引入深层神经网络后，有关语音识别的研究和应用就进入了深度学习时代。最近几年，语音识别领域的发展速度飞快，每年都有新的且更有效的模型和方法产生。在 IBM、微软、讯飞、上海交大等研究机构报告中，深层卷积网络 (deep CNN) 在大词汇量连续语音识别领域中实现了多次成功应用。由于深层卷积网络的时延比较小而且可控，所以可以用于实时语音识别系统。在语音合成领域，用机器合成的"微软小冰"的声音，机器感已经少了很多。

在图像处理领域，深度学习带来了革命性的发展。以图像识别为例，在2012年的 ImageNet 大规模视觉识别挑战 (ILSVRC) 竞赛中，一组研究人员制作了一个 CNN 模型 (称为 AlexNet)，比起传统模式的方法，该模型在 ImageNet 上的准确度达到了85%（改进的性能精度为10.8%，等价于41%的误差改善率）。这一成就将焦点从传统的图像识别方法转移到了使用深度神经网络的新方法，这是图像识别史上的一个转折点，也标志着这个领域光明前途的开始。在2013年的 ILSVRC 竞赛中，所有参与者都有基于深度学习技术的算法和解决方案。在2015年的 ILSVRC 竞赛中，基于 CNN 的多种算法的识别率超过了人类所能达到的95%的识别率（5%的错误率）。在2017年，38位参与者中有29位的识别率超过了人类图像识别率95%，最高的是97.3%。深度学习在以基础图像处理——图像识别领域的应用也促进了图像内容理解、目标检测等技术的发展，进而推动诸如自动驾驶、辅助医疗等应用的发展。

自然语言处理领域仍然存在许多具有挑战性的问题。深度学习方法在某些特定的语言问题上可以获得非常良好的结果，比较有代表性的有文本分类、语言模型、机器翻译等。具体应用如包括 Gmail 在内的电子邮件提供商利用文本分类自动检测垃圾邮件、微软小冰作诗，还有微软、谷歌等公司提供的准确度越来越高的机器翻译技术等等。

2.2　感知机

1957年，美国学者 Frank Rosenblatt 搭建了第一个具有学习能力的神经网络，并称之为感知机（perceptron）。这对以后"神经网络"的发展有着深远的影响。因此，了解感知机的原理对我们学习神经网络有很大帮助。

单层感知机由两层神经元组成，是最简单的神经网络，如图2.1所示，其中输入信号可以是一个或多个参数值。当输入信号被送往神经元时，会被分别乘以固定的权重值，当加权求和超过了阈值 θ 时，则输出1，表明这个神经元被"激活"，其中输出层是 M-P 神经元。

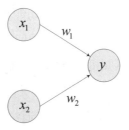

图2.1　感知机模型

给定训练数据集，权重 w_i（$i=1,2,\ldots,n$）以及阈值 θ 可通过学习得到。如训练样本为 (x, y)，当前感知机的输出为 $\hat{y}$，则感知机的权重应该做以下调整：

$$w_i \leftarrow w_i + \Delta w_i \tag{2.1}$$

$$\Delta w_i = \eta(y - \hat{y})x_i \tag{2.2}$$

其中，$\eta \in (0,1)$ 称为学习率。

感知机属于二分类的线性模型，输入的是实例的特征向量，输出的是实例的类别，分

别是 +1 和 −1,属于判别模型。这是因为感知机中只有输出神经元进行激活函数处理,即只拥有一层功能神经元,学习能力非常有限,所以对于简单的逻辑与、或、非这样的线性可分问题还是很容易实现的,如图 2.2(a) ~ (c) 所示。而类似异或这样的非线性可分问题,感知机显得无能为力。

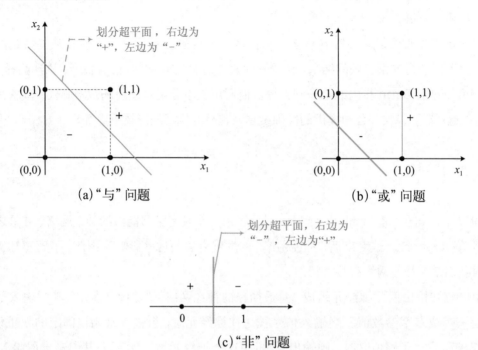

图2.2　线性可分问题

要解决非线性可分问题,需要考虑使用多层功能神经元。如图 2.3 所示的网络结构可以很好地解决异或的问题,其中输出层和输入层中间添加了一层神经元,被称为隐层或隐含层,正是这层隐含层解决了单层感知机不能解决的非线性可分问题。

更一般的神经网络如图 2.4 所示,每层的神经元都与下一层神经元全互联,神经元间不存在同层链接以及跨层链接。这样的神经网络通常称为"多层前馈神经网络",是典型的深度学习模型。相对于单层感知器,它的输出端从一个变到了多个,输入端和输出端之间也不仅仅只有一层,可以有一个或多个隐藏层。其中输出层和隐含层神经元都是拥有激活函数的功能神经元。

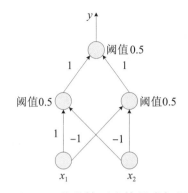

图 2.3　非线性可分的异或问题

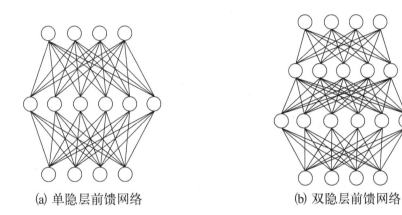

(a) 单隐层前馈网络　　　　　(b) 双隐层前馈网络

图 2.4　多层前馈神经网络

2.3　神经网络

神经网络 (neural networks) 方面的研究在很早就已出现了，但神经网络被人们所认可，却是在很多年后。如今的神经网络已是一个庞大的、多学科交叉的学科领域。神经网络的定义多种多样，最为广泛的一种定义为：神经网络是由具有适应性的简单单元组成的广泛并行互连的网络，它的组织能够模拟生物神经系统对真实世界物体所做出的交互反应。

神经网络中最基本的成分是神经元 (neuron) 模型。在生物神经网络中，每个神经元与其他神经元相连，当它"兴奋"时，就会向相连的神经元发送化学物质，从而改变这些神经元的电位；如果某神经元的电位超过了一个阈值，那么它就会被激活，也变得"兴奋"起来，并向其他神经元发送化学物质。

1943年，McCulloc 和 Pitts 将生物神经网络抽象为如图2.5所示的简单模型，即 M-P 神经元模型。在这个模型中，神经元收到来自 n 个其他神经元传递过来的输入信号，这些输入信号通过带权重的连接进行传递，神经元将接收到的总输入值与神经元的阈值进行比较，然后通过激活函数处理，产生神经元的输出。

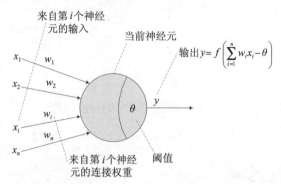

图2.5　M-P 神经元模型

根据图2.5的结构，输入层各节点的输入加权和如式（2.3）：

$$\sum_{i=2}^{n} w_i x_i - \theta \tag{2.3}$$

经过激活函数后得到神经元的输出如式（2.4）：

$$y = f\left(\sum_{i=1}^{n} w_i x_i - \theta\right) \tag{2.4}$$

基于上述模型，将生物神经元和 M-P 神经元模型对应，可以得到表2.1。

表2.1　生物神经元和 M-P 神经元模型的对应关系

生物神经元	M-P 神经元
神经元	j
输入信号	x_i
权值	w_i
输出信号	y
总和	$\sum$
膜电位	$\sum_{i=1}^{n} w_i x_i$
阈值	θ

2.4　卷积神经网络

卷积神经网络 (CNN) 是一种用来处理具有类似网格结构数据的神经网络，例如时间序

列数据和图像数据 (二维的像素网络)。顾名思义,卷积神经网络最主要的特点是该网络使用了卷积这种数学运算。卷积神经网络是指至少在网络的一层中使用卷积运算来替代一般的矩阵乘法运算的神经网络。

2.4.1　卷积运算

卷积是分析数学中一种重要的运算。

简单来说,卷积就是两个函数相互作用产生一个新的函数。设 $x(t)$,$w(t)$ 是 $\mathbf{R}$ 上的两个可积函数,作积分:

$$h(t) = \int_{-\infty}^{\infty} x(\tau) w(t-\tau) \, d\tau \tag{2.5}$$

以上这种运算就叫作卷积运算,卷积运算通常用星号表示:

$$H(t) = (x*w)(t) \tag{2.6}$$

或者说,卷积是两个变量在某范围内相乘后求和的结果。如果卷积的变量是序列 $x(\tau)$ 和 $w(t-\tau)$,则卷积的结果为:

$$h(t) = (x*w)(t) = \sum_{-\infty}^{\infty} x(\tau) w(t-\tau) \tag{2.7}$$

上式中,这种相乘后求和的计算法是离散形式的卷积。t 是使 $w(-\tau)$ 位移的量,不同的 t 对应不同的卷积结果。

2.4.2　二维卷积

在上一小节中简单介绍了一维卷积操作,而在卷积神经网络中使用的通常为二维卷积。在卷积网络中,上式卷积的第一个参数 (函数 x) 通常叫作输入,第二个参数 (函数 w) 叫作核函数,输出被称为特征映射。

在机器学习中,输入一般是多维数组的数据,而核通常是由学习算法优化得到的多维数组的参数。例如,把一张二维的图像 I 作为输入,使用一个二维的核 K 进行卷积运算:

$$H(I, j) = (I * K)(I, j) = \sum_m \sum_n I(m, n) K(i-m, j-n) \tag{2.8}$$

卷积是可以交换的,上式可以等价为:

$$H(I, j) = (I * K)(I, j) = \sum_m \sum_n I(i-m, j-n) K(m, n) \tag{2.9}$$

卷积运算可交换是因为可以将核相对输入进行翻转,可交换性在神经网络的应用中不十分广泛。与之不同的是,神经网络中会实现一个相关的函数,成为互相关函数,和卷积运算几乎一样,但是不会对核进行翻转:

$$H(I, j) = (I * K)(I, j) = \sum_m \sum_n I(i+m, j+n) K(m, n) \tag{2.10}$$

图 2.6 演示了一个在二维图像上的卷积运算,当给定一张新图时,CNN 并不能准确地知道这些特征 (feature) 到底要匹配原图的哪些部分,所以它会在原图中把每一个可能的位置都进行尝试:

图2.6中相当于把特征变成了一个过滤器，它与输入进行匹配的过程就被称为卷积操作，这也是卷积神经网络名字的由来。卷积的操作如图所示：规定只对核完全处在图像中的位置进行运算，输入张量的左上角元素通过与核进行卷积得到输出张量。在上面的运算中，要计算一个特征和其在原图上对应的某一小块的结果，只需将两个小块内对应位置的像素值进行乘法运算，然后将整个小块内乘法运算的结果累加起来，最后再除以小块内像素点总个数即可，有时候也可以省略这个除法运算。可以看出，二维卷积操作就是利用卷积核对原图像进行加权求和的操作。

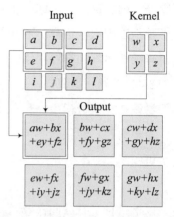

图2.6　单色图像上的卷积运算

2.4.3　多通道二维卷积

如果输入的图像有多个通道，又是如何进行卷积运算的呢？假设输入图像有4个通道，这里考虑有一个和两个卷积核的情况，多个卷积核的情形类似。如图2.7所示，每层有一个卷积核，分别在这一层上进行卷积运算，在同样的位置得到4个值，相加得到输出特征图feature map的数值。最后输出的特征图的通道数为卷积核的个数，即1。

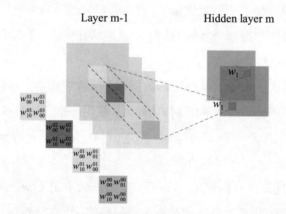

图2.7　多通道卷积运算时一个卷积核的情况

图2.8中是有两个卷积核的情况，通过卷积运算生成了两个通道。其中需要注意的是，四个通道上每个通道对应一个卷积核（每个通道的卷积核参数不同），先将 w^2 忽略，只看 w^1，那么在 w^1 的某位置 (i, j) 处的值，是由四个通道上 (i, j) 处的卷积结果相加再经过取激活函数值得到的。所以最后得到两个特征图，即输出层的卷积核，核个数为特征图的个数。可以看出，输出的特征图的通道数与卷积核的个数是相等的。

Layer m-1　　　　　Hidden layer m

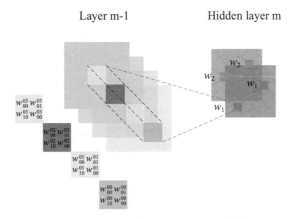

图 2.8　多通道卷积运算时两个卷积核的情况

卷积神经网络通常由卷积层、池化层和全连接层三种层别构成,其排列顺序通常为卷积层后跟池化层,而全连接层常常加在整个神经网络的末尾。卷积神经网络的优势在于含有卷积层,相比只含全连接层的神经网络有了更进一步的提高。下面介绍各个层在神经网络中的主要作用。

2.4.4　输入层

与全连接神经网络的输入格式不太一样的是,CNN 输入层中的输入格式保留了图片本身的结构,将图像数据转换成矩阵像素数据输入到卷积神经网络中,同时在输入层中可以做一些预处理操作,如去均值和归一化。

例如输入一张 28×28 的黑白图片,CNN 输入的是一个 28×28 的二维神经元,如图 2.9 所示。

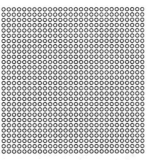

图 2.9　黑白格式的输入图像

对于一张 28×28 的 RGB 格式图片,CNN 输入的是一个 $3 \times 28 \times 28$ 的三维神经元,其中每一个通道中的 28×28 矩阵分别代表 RGB 中的一个颜色,如图 2.10 所示。

图 2.10　RGB 格式的输入图像

2.4.5　卷积层

卷积神经网络中的每层卷积层由若干卷积核组成，每个卷积核的参数都是通过反向传播算法得到的。卷积运算的目的是提取输入的不同特征，第一层卷积层可能只提取一些低级的特征如边缘、线条和角等，更多层的网络能从低级特征中迭代提取更复杂的特征。

每一层的卷积核卷积的过程，就是在输入的张量上面滑动，并将相应的区域加权求和得到该卷积层的输出，即该层的特征图。二维卷积操作的计算过程在上面已经介绍，在实际的计算中有还有几个参数需要在设置卷积层结构时指定。

1. 步长 (Stride)

步长是卷积核在输入图像上一次移动的距离，步长的设置，会影响最终输出特征图的大小。图 2.11 展示了不同步长的移动。

−1	−1	−1	−1	−1	−1	−1	−1	−1
−1	1	−1	−1	−1	−1	−1	1	−1
−1	−1	1	−1	−1	−1	1	−1	−1
−1	−1	−1	1	−1	1	−1	−1	−1
−1	−1	−1	−1	1	−1	−1	−1	−1
−1	−1	−1	1	−1	1	−1	−1	−1
−1	−1	1	−1	−1	−1	1	−1	−1
−1	1	−1	−1	−1	−1	−1	1	−1
−1	−1	−1	−1	−1	−1	−1	−1	−1

(a) 卷积核的起始位置

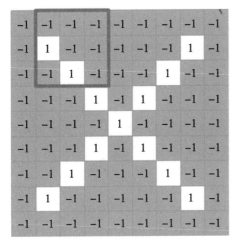 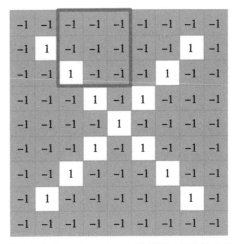

(b) 步长为1时，下一次计算卷积核的位置　　(c) 步长为2时，下一次计算卷积核的位置

图2.11　卷积核中不同步长的移动 (3 × 3)

2. 卷积核大小 (Kernel size)

卷积核通常是长宽相等的二维矩阵。卷积核的大小对于输出特征图的大小也有影响。如图2.11所示，该卷积核的大小为3 × 3。

3. 填充 (Padding)

当应用卷积层时，输出特征图的大小减小得比想象的快。在网络的早期层中，要保存尽可能多的原始输入信息，以便可以提取这些低阶特征。这时就需要对网络边界进行填充，扩大图像的边界，保证输出大小。常用的就是零填充 (zero-padding)，图2.12中是给图像添加了 padding=2 的边界。

图2.12　Padding 为2的32 × 32图像

4. 卷积核个数

卷积核个数对应输出特征图的通道数。

卷积层的卷积运算特征图的大小是逐步减小的，对于一个 $W*H$ 的图片，经过卷积运算以后的输出大小为：

$$W' = \frac{W-K+2P}{S} + 1 \tag{2.11}$$

$$H' = \frac{H-K+2P}{S} + 1 \tag{2.12}$$

其中，K 为卷积核大小，P 为填充大小，S 为步长大小。

2.4.6　池化层

池化层通常跟在卷积层后，对卷积层的输出进行处理，减小模型大小，从而提高整个网络的运行速度以及鲁棒性。为便于理解，可以将池化层看作一个特殊的卷积层，它们主要区别如下：

一个卷积层可以有多个过滤器 (Filter)，其输出矩阵的通道数等于该层使用的 Filter 数，而一个池化层只有一个 Filter，当该 Filter 作用到输入矩阵上时，Filter 的各个通道与输入矩阵的各个通道分别作用，互不影响，因此池化前后不改变输入矩阵的通道数；

池化层没有参数，只有超参数 f 和 s（对于池化层，通常不对输入进行填充，即 $P=0$），因此在神经网络的反向传播算法中没有需要学习的参数。

池化层 Filter 的各个通道在输入矩阵的各个通道上平移扫描时进行的运算并不是对应元素乘积取和。池化层的运算主要有两种，分别为最大池化 (max pooling) 和平均池化 (mean pooling)。下面分别讲解这两种池化层的运作方式。

最大池化：池化层 Filter 的各个通道分别在输入矩阵的各个对应通道上平移扫描，将输入矩阵上被 Filter 覆盖住的部分记为 A_slice，在扫描过程中依次取 A_slice 中的最大值作为输出矩阵对应行、列的数值。图 2.13 为一个 $f=2$，$s=2$ 的最大池化实例。

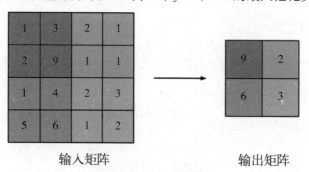

输入矩阵　　　　　　　　　　　　输出矩阵

图 2.13　最大池化

平均池化：与最大池化类似，只是将 A_slice 中的平均值作为输出矩阵对应行、列的数值。图 2.14 为一个 $f=2$，$s=2$ 的平均池化实例。

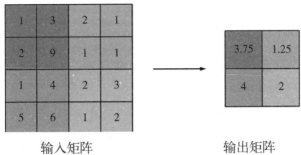

输入矩阵 输出矩阵

图2.14 平均池化

2.4.7 全连接层

卷积神经网络的最后一层大多是全连接层，全连接层可以实现最终的分类，在整个卷积神经网络中起到"分类器"的作用。如果说卷积层、池化层和激活函数层等操作是将原始数据映射到隐层特征空间的话，那么全连接层则起到将学到的特征表示映射到样本标记空间的作用。如图2.15是包含全连接层的卷积神经网络。

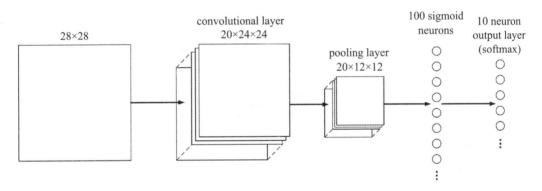

图2.15 卷积神经网络

在上图中，最后的两列小圆球就是两个全连接层。一张输入图像经过若干卷积层和池化层之后，输出了20个12×12的矩阵，即$20\times12\times12$的张量，下面经过全连接层得到的是$100\times1\times1$的向量。可以看出，这里其实就是12×12的卷积核与最后输出的池化层的卷积操作，共有100个卷积核（卷积核大小为$20\times12\times12$）。对于输入的每一张图，用一个和图像一样大小的核卷积，若厚度是20，那么就是将20个核卷积分别和每一个通道上的图片进行卷积并相加求和，这样就能把一张图高度浓缩成一个数了。对于后面的全连接层，可以转化为卷积核为1×1的卷积。

2.4.8 归一化层

Batch Normalization 即批归一化（又叫批规范化，以下简称 BN），是应用比较广泛的归一化方法，即在每次 SGD 时，通过 mini-batch 来对相应的激活函数的输出做规范化操作，

使得结果 (输出信号各个维度) 的均值为0, 方差为1。BN 层的具体计算算法如下:

输入: 一个 mini-batch 上 x 的值 $B=\{x_{1\cdots m}\}$;

需要学习的参数: γ, β

输出: $\{y_i=BN_{\gamma, \beta}(x_i)\}$

归一化的输出 y_i 的计算公式如下:

$$y_i \leftarrow \gamma \tilde{x}_i + \beta \equiv BN_{\gamma, \beta}(x_i) \tag{2.13}$$

其中, $\hat{x}$ 是对输入 x_i 的标准化, 如式:

$$\hat{x}_i \leftarrow \frac{x_i - \mu_B}{\sqrt{\sigma_B^2 + \in}} \tag{2.14}$$

$$\mu_B \leftarrow \frac{1}{m} \sum_{i=1}^{m} x_i \tag{2.15}$$

$$\sigma_B^2 \leftarrow \frac{1}{m} \sum_{i=1}^{m} (x_i - \mu_B)^2 \tag{2.16}$$

上述运算是让因训练所需而 "刻意" 加入的归一化层能够有可能还原最初输入的方式,避免单纯的归一化操作打乱输出数值的相关性。其中参数 β 和 γ 是通过反向传播的算法来更新数值的。

通过批归一化层,网络中每层输入数据的分布相对稳定,加速模型学习速度,也使得模型对网络中的参数不那么敏感,简化调参过程,使得网络学习更加稳定。

还有一种归一化方法是局部响应归一化 (local response normalization, LRN),该思想来自生物学中激活神经元会抑制周围神经元的活动的现象,LRN 的计算公式如下:

$$b_{x, y}^{i} = a_{x, y}^{i} / (k + \alpha \sum_{j=max(0, i-n/2)}^{min(N-1, i+n/2)} (a_{x, y}^{j})^2)^{\beta} \tag{2.17}$$

其中 $b_{x, y}^{i}$ 是归一化的值, $a_{x, y}^{i}$ 表示第 i 个卷积核在位置 (x, y) 运用激活函数 ReLU 后的输出, n 是同一位置上临近的 kernel map 的数目, N 是 kernel 的总数。其中参数 K, n, α, β 都是超参数。

2.5 RNN 和 LSTM

RNN 即循环神经网络 (Recurrent Neural Networks),通过不停地将信息循环操作,保证信息可以持续存在。

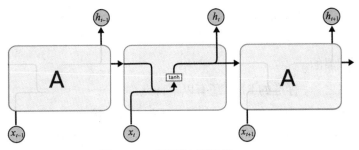

图 2.16　循环神经网络

如图 2.16 所示,图中绿色的部分叫作 cell (细胞),看起来它们好像是三个独立的 cell,但实际上只是一个 cell 在不同时刻的样子。就中间这个 cell 来看,输入是上一次 cell 输出的状态值和此时的输入,整理以后乘以权重和偏置,经过一次 tanh 就可以得到这个 cell 的输出。

基础神经网络包含输入层、隐藏层、输出层,通过激活函数控制输出,层和层之间通过权重连接。因为激活函数是事先就确定好的,所以神经网络模型通过训练学到的内容就包含在"权值"之中。而 RNN 与基础神经网络最大的不同之处就是在层与层之间也建立了权值的连接。

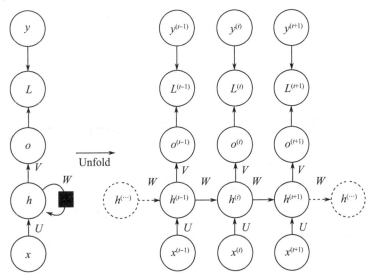

图 2.17　RNN 结构图

图 2.17 是一个比较标准的 RNN 结构图,图中每个箭头代表做一次变换,也就是说箭头连接带有权值。左侧是折叠起来的样子,右侧是展开的样子,左侧中 h 旁边的箭头代表此结构中的"循环"体现在隐层。

在展开结构中我们可以观察到,在标准的 RNN 结构中,隐层的神经元之间也是带有

权值的。也就是说，随着序列的不断推进，前面的隐层将会影响后面的隐层。图中 o 代表输出，y 代表样本给出的确定值，L 代表损失函数，我们可以看到，"损失"也是随着序列的推进而不断积累的。

除上述特点之外，标准的 RNN 还有以下特点：

（1）权值共享。图中的 W 全是相同的，U 和 V 也一样。

（2）每一个输入值都只与它本身的那条路线建立权连接，不会和别的神经元连接。

LSTM 全称为 Long Short Term Memory，即长短时记忆网络，这种网络是一种特殊的 RNN 网络，由 Hochreiter 和 Schmidhuber 设计出来并被用于解决长依赖问题。

LSTM 与标准的 RNN 网络一样，具有链式结构，但是它的重复单元不同于标准 RNN 网络里的单元（只有一个网络层），它的内部包含4个网络层，如图2.18所示。

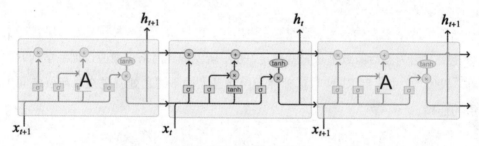

图 2.18　LSTM 网络

在解释 LSTM 的详细结构前，先定义一下图中各个符号的含义，如图2.19所示。

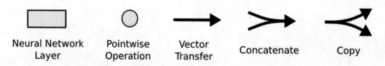

图 2.19　LSTM 符号

图中黄色方块类似于 CNN 里的激活函数操作，粉色圆圈表示点操作，单箭头表示数据流向，箭头合并表示向量的合并（concat）操作，箭头分叉表示向量的拷贝操作。

LSTM 的细胞状态如图2.20所示，LSTM 的核心思想就是细胞状态，用贯穿细胞的水平线来表示。细胞状态分支很少但却贯穿了整个细胞，这样就能够保证信息能够流过整个网络。

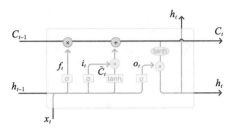

图 2.20　LSTM 细胞状态

LSTM 网络主要通过被称为门的结构对新报状态进行删除或者添加，这种门结构能够选择性地决定让哪些信息通过。门的结构主要由一个 sigmoid 层和一个点乘操作组成，如图 2.21 所示。

Sigmoid 层的输出范围是 $0 \sim 1$，0 代表不能通过，1 则表示能够通过。LSTM 中这样的门一共分为三种，分别是忘记门、输入门和输出门。

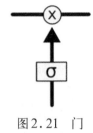

图 2.21　门

LSTM 的第一步就是决定细胞状态需要丢弃哪些信息，通过忘记门来处理。忘记门中的 sigmoid 单元通过查看 h_{t-1} 和 x_t 信息来输出一个 $0 \sim 1$ 之间的向量，该向量里面的值表示细胞状态 C_{t-1} 中的哪些信息保留或丢弃。0 表示不保留，1 表示都保留。忘记门如图 2.22 所示。

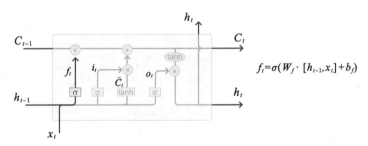

$$f_t = \sigma(W_f \cdot [h_{t-1}, x_t] + b_f)$$

图 2.22　忘记门

下一步是决定给细胞状态添加哪些新的信息，这一步又分为两个步骤：首先，利用 h_{t-1} 和 x_t 通过一个称为输入门的操作来决定更新哪些信息；然后利用 h_{t-1} 和 x_t 通过一个 tanh 层得到新的候选细胞信息 $\tilde{C}_t$，这些信息可能会被更新到细胞信息中。这两步操作如图 2.23 所示。

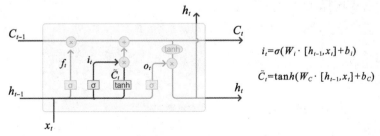

$$i_t = \sigma(W_i \cdot [h_{t-1}, x_t] + b_i)$$

$$\tilde{C}_t = \tanh(W_C \cdot [h_{t-1}, x_t] + b_C)$$

图 2.23　添加状态步骤

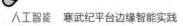

下面将更新旧的细胞信息 C_{t-1}，变为新的细胞信息 C_t。更新的规则就是通过忘记门选择忘记旧细胞信息的一部分，通过输入门选择添加候选细胞信息 $\widetilde{C}_t$ 的一部分，得到新的细胞信息 C_t。更新操作如图2.24所示。

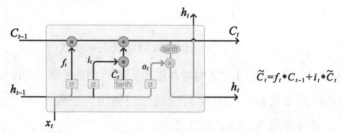

$$\widetilde{C}_t = f_t * C_{t-1} + i_t * \widetilde{C}_t$$

图2.24 更新细胞步骤

更新完细胞状态后需要根据输入的 h_{t-1} 和 x_t 来判断输出细胞的状态特征，这里需要将输入经过一个称为输出门的 sigmoid 层得到判断条件，然后将细胞状态经过 tanh 层得到一个 $-1\sim1$ 之间值的向量，该向量与输出门得到的判断条件相乘就得到了最终该 RNN 单元的输出。该步骤如图2.25所示。

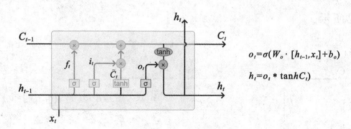

$$o_t = \sigma(W_o \cdot [h_{t-1}, x_t] + b_o)$$

$$h_t = o_t * \tanh hC_t)$$

图2.25 获得输出

2.6 本章小结

本章主要介绍了深度学习中较为重要的几个部分，也是后续案例中涉及的相关基础知识（每个案例中不同模型所采用的技术会在案例章节中具体说明）。其中卷积神经网络作为神经网络中最常见也是采用度最高的神经网络，应该重点学习，读者可根据自身对于深度学习的了解程度选择性阅读。

第3章　PyTorch 使用

3.1　PyTorch 简介

开发深度学习应用一般会使用深度学习框架。PyTorch 是目前最流行的深度学习框架之一，它简单易用，容易理解，非常适合初学者，同时也适合于各种环境，是一个优秀的深度学习框架。

学习 PyTorch，首先要了解 Torch。Torch 是纽约大学在 2012 年开发的一款机器学习框架，采用 Lua 语言为接口，但因 Lua 语言使用率较低，导致 Torch 不被大众熟知，进而衍生出 PyTorch，被广泛使用在各种实践研究中，著名的 Facebook、Twitter 等都在使用它。

2016 年，Facebook 在 Torch 7 的基础上重新开发了一款深度学习框架，这就是 2016 年 10 月发布的 PyTorch 0.1，它使用 THNN 作为后端。从名称可以看出，PyTorch 是由 Py 和 Torch 构成的。2018 年 12 月，PyTorch 1.0 正式版发布，它使用 CAFFE 2 作为后端，以弥补 PyTorch 在工业部署上的不足。2019 年 5 月，PyTorch 1.1 发布，这是目前使用较为广泛的 PyTorch 版本。

PyTorch 是在 Torch 基础上用 Python 语言进行封装和重构打造而成的，是一个著名的支持 GPU 加速和自动求导的深度学习框架，其动态图机制符合思维逻辑，方便调试，适合于需要将想法迅速实现的研究者。

目前，深度学习框架主要分为 Google、Facebook、微软及亚马逊三大阵营，但主流的深度学习框架只有 TensorFlow 和 PyTorch。在 TensorFlow 2 发布之前，TensorFlow 和 PyTorch 的主要区别是使用动态图还是静态图进行运算。静态图的运行机制是一个不可分割的整体，很不适合研究者进行调试，而动态图则类似 Python 语言的运行机制，方便调试。

PyTorch 的优点主要体现在以下几个方面。

(1) 上手快：掌握 Numpy 和基本深度学习概念即可上手。

(2) 代码简洁：用 nn.module 封装使网络搭建更方便；基于动态图机制，更灵活。

(3) Debug 方便：调试 PyTorch 就像调试 Python 代码一样简单。

（4）资源多：arXiv 中的新算法大多由 PyTorch 实现。

（5）开发者多：GitHub 上的贡献者已超过 1100 位。

3.2　PyTorch 安装

安装 PyTorch 最简便的方法是通过 Conda 配置虚拟环境进行安装。

3.2.1　Conda 简介

Anaconda 是一个开源的 Python 发行版本，其包含了 Conda、Python、Numpy 等 180 多个科学包及其依赖项，可以帮助 Python 开发者省去很多安装科学包的工作。其核心组件 Conda 是一个开源的软件包管理系统和环境管理系统，用于安装多个版本的软件包及其依赖关系，并在它们之间轻松切换。

如果说 venv 是虚拟环境管理器，pip 是包管理器，那么 Conda 则是两者的结合（pip 只能安装 Python 的包，Conda 可以安装一些工具软件，即使这些软件不是基于 Python 开发的）。Conda 的每个虚拟环境不会占用项目文件夹的空间，它创建在用户设定的一个位置，这使得多个项目共享一个虚拟环境更加方便。Conda 界面如图 3.1。

图 3.1　Conda 界面

3.2.2　PyTorch 下载安装

首先我们来到 PyTorch 的官网 https://pytorch.org/，然后根据自己电脑的配置进行下载安装（如图 3.2 所示结合实际电脑的 CUDA 进行下载安装，否则无法使用）。

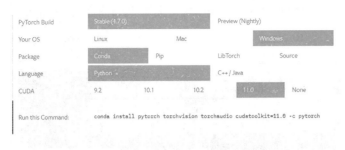

图 3.2　Pytorch 下载界面

安装方式有多种,这里介绍使用 Conda 安装 PyTorch 1.3.0 和 TorchVision 0.2.1 的过程。TorchVision 是 PyTorch 提供的包含一些常用的数据集、模型、转换函数等工具包,一般会随 PyTorch 一起安装。

(1) 创建新的虚拟环境

在命令行中输入:

```
conda create -n pytorch python=3.5
```

这里我们创建一个名为 pytorch,Python 版本为 3.5 的虚拟环境。在提示中选择"Y"即可完成创建,如图 3.3 所示。

图 3.3　环境创建成功

创建完成后会出现激活环境的相应提示。

(2) 激活虚拟环境

在命令行中输入:

```
conda activate pytorch
```

即可激活刚刚创建的虚拟环境，这里命令提示符前面的前缀由 base 变为了 pytorch，表示已经成功进入了 pytorch 虚拟环境，如图3.4所示。

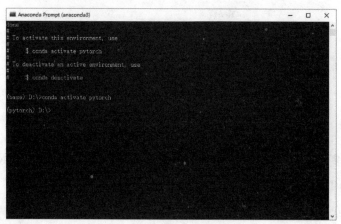

图3.4　激活虚拟环境

(3) 安装 PyTorch

在命令行中输入：

```
conda install pytorch==1.3.0 torchvision==0.2.1 cpuonly -c pytorch
```

在提示中选择"Y"即可完成安装，如图3.5所示。

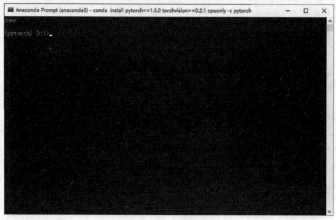

图3.5　安装完成

安装完成后可在 Python 中验证是否安装成功，在 Python 交互环境中输入：

```
import torch
print(torch.__version__)
```

出现如图3.6的提示表示 PyTorch 安装成功。

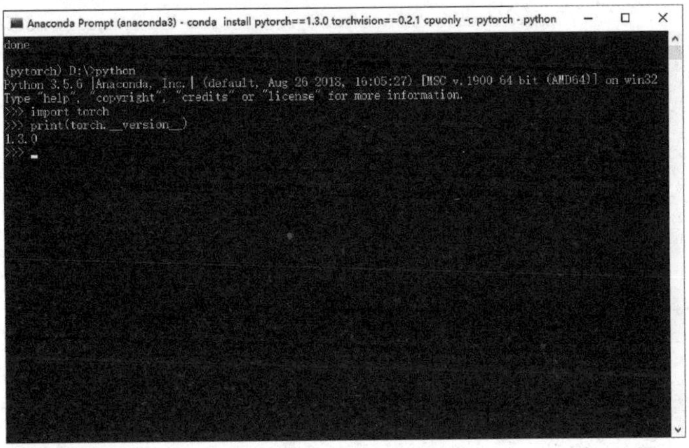

图 3.6　验证安装是否成功

3.3　PyTorch 基础

3.3.1　Tensor(张量)

Tensor (张量) 是 PyTorch 最基本的数据结构。Tensor 是多维数组, 目的是把向量、矩阵推向更高的维度。一个标量 (一个数字) 有 0 维, 一个向量有 1 维, 一个矩阵有 2 维, 一个张量有 3 维或更多维。我们通常也称向量和矩阵为张量。

Tensor 储存的基本数据类型有五种。

32 位浮点型: torch.FloatTensor。pytorch.Tensor() 默认就是该类型。

64 位整型: torch.LongTensor。

32 位整型: torch.IntTensor。

16 位整型: torch.ShortTensor。

64 位浮点型: torch.DoubleTensor。

此外, 在 pytorch 中, Tensor 能够很好地跟 numpy 中的 array 进行转换, 需注意的是, Python 其他数据结构或数据类型转为 Tensor 时需提前将其转成 array。

```
# 1. Torch Tensor 转为 numpy array 的调用需使用调 numpy() 的方法
import torch
x = torch.ones(5)
print(x)      #tensor([1.,1.,1.,1.,1.])
y = x.numpy()
print(y)      #array([1.,1.,1.,1.,1.],dtype=float32)
# 打印出 y 的类型，这里的 y 类型为 np.array
print(type(y)) #<class 'numpy.ndarray'>


# 2. numpy array 转为 Torch Tensor，调用 from_numpy() 方法
import torch
import numpy as np
m = np.ones(5)
n = torch.from_numpy(m)
print(m)      #array([1.,1.,1.,1.,1.],dtype=float32)
print(n)      #tensor([1.,1.,1.,1.,1.],dtype=torch.float64)
```

Tensor 最重要的特性是自动求导，该特性包含前向传播、反向传播、计算梯度等功能，在计算图的构建中起着很重要的作用。Tensor 中最重要的两个属性是 data 和 grad。data 表示该 Tensor 保存的实际数据，通过该属性可以访问到它所保存的原始张量类型，而关于该 Tensor 的梯度会被累计到 grad 上去。

用 Tensor 自动求导时需要调用 torch.autograd.grad() 方法，下面通过一个例子来看一下它自动求导的过程：

```
import torch
import torch.nn.functional as F
x = torch.ones(1)
w = torch.full([1], 2, requires_grad=True) # 允许求导
b = torch.zeros(1)
y = torch.ones(1)
mse = F.mse_loss(y, x * w + b)
torch.autograd.grad(mse, [w])
```

```
# ========================= #
OUT:
(tensor([2.]),)
```

3.3.2　网络

当我们要定义一个神经网络时，需要定义一个继承于 torch.nn.Module 的类，并在类中实现 __init__ 方法和 forward 方法。其中 __init__ 方法用来构建网络结构，forward 方法用来做前向计算。

下面定义一个单个卷积层网络的例子：

```
class ConvNet(torch.nn.Module):
  def __init__(self):
    super().__init__()
    self.conv1 = nn.Conv2d(in_channels, out_channels, kernel_size)

  def forward(self, x):
    x = self.conv1(x)
    return x
```

torch.nn 模块提供了各种常见的网络层和激活函数，可以非常方便地搭建各种神经网络。定义好网络后，使用时先生成一个模型实例：

```
model = net()
```

使用神经网络进行前向计算只需要调用：

```
outputs = model(inputs)
```

相当于调用了 forward 方法，inputs 是输入网络的数据，outputs 是网络输出的数据。

3.3.3　损失函数

定义好了网络结构之后，就需要定义损失函数。torch.nn 中提供了大量预定义的损失函数，我们可以直接使用。例如取得 nn 模块中预定义的交叉熵损失函数：

```
criterion = nn.CrossEntropyLoss()
```

计算损失值时只需要调用损失函数，计算得到的网络输出和标签数据间的损失值：

```
loss = criterion(outputs, labels)
```

3.3.4　优化器

定义了网络之后，需要先对网络进行训练，由神经网络的原理可知，训练实际就是不断计算损失函数的梯度，并用梯度对整个网络中的参数进行优化。torch.optim 中提供了大量预定义的优化器，我们可以直接使用。如使用最常见的 SGD 优化器：

```
optimizer = optim.SGD(model.parameters(), lr=0.001)
```

表示对 model 的网络参数进行优化，学习率为0.001。

3.4　PyTorch 编程流程

3.4.1　概述

学会上述 PyTorch 基础后，相信大家已经迫不及待地想动手尝试搭建一个神经网络了吧。接下来，我们将学习搭建一个网络流程的构架。一般来说，搭建和训练一个网络的流程如图3.7所示。

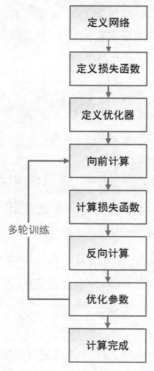

图3.7　搭建训练网络流程

接下来，我们以搭建和训练一个简单的两层全连接网络为例讲述具体的步骤。

3.4.2　实现步骤

（1）完整流程

先看一下整个代码结构，其中 train_loader 是 PyTorch 提供的 DataLoader 类，可以方便地从数据集中取得一个 batch 的数据。

```python
# 定义网络
class TwoLayerNet(torch.nn.Module):
    def __init__(self, D_in, H, D_out):
        super(TwoLayerNet, self).__init__()
        self.linear1 = torch.nn.Linear(D_in, H)
        self.linear2 = torch.nn.Linear(H, D_out)
    def forward(self, x):
        h_relu = self.linear1(x).clamp(min=0)
        y_pred = self.linear2(h_relu)
        return y_pred


# 生成网络实例
model = TwoLayerNet(D_in, H, D_out)
# 定义损失函数
criterion = nn.CrossEntropyLoss()
# 定义优化器
optimizer = optim.SGD(net.parameters(), lr=0.001)


# 开始训练
for i, data in enumerate(train_loader):
    # 取一个 batch 数据
    inputs, labels = data
    # 前向计算
    outputs = model(inputs)
    # 计算损失函数
    loss = criterion(outputs, labels)
```

```
# 梯度清0
optimizer.zero_grad()
# 反向求导
loss.backward()
# 优化网络参数
optimizer.step()
```

（2）定义网络

这里定义一个简单的网络：

```
class TwoLayerNet(torch.nn.Module):
  def __init__(self, D_in, H, D_out):
    super(TwoLayerNet, self).__init__()
    self.linear1 = torch.nn.Linear(D_in, H)
    self.linear2 = torch.nn.Linear(H, D_out)

  def forward(self, x):
    h_relu = self.linear1(x).clamp(min=0)
    y_pred = self.linear2(h_relu)
    return y_pred

model = TwoLayerNet(D_in, H, D_out)
```

定义完成后生成一个实例 model。

（3）定义损失函数

使用交叉熵损失函数：

```
criterion = nn.CrossEntropyLoss()
```

（4）定义优化器

使用 SGD 优化器，学习率为0.001：

```
optimizer = optim.SGD(net.parameters(), lr=0.001)
```

（5）前向计算

将一个 batch 的数据送到网络中进行前向计算：

```
outputs = model(inputs)
```

调用后会使用 net 的 forward 方法进行前向计算。

（6）计算损失函数

根据前向计算的结果和标签数据计算损失函数的值：

```
loss = criterion(outputs, labels)
```

（7）梯度清零

每次反向计算时，梯度需要重新计算，因此每轮反向计算之前需要先对网络的梯度进行清零，否则梯度会被累加。

```
optimizer.zero_grad()
```

调用后 model 中的所有参数的梯度会被设为 0。

（8）反向计算

对损失函数反向求导，计算梯度：

```
loss.backward()
```

由于前向计算和计算损失函数的过程中已经记录了计算路径，因此调用 backward 函数将计算所有结点的梯度。

（9）优化参数

使用优化器对网络参数进行更新：

```
optimizer.step()
```

调用后会将 model 中的网络参数根据梯度进行更新。

3.5 PyTorch 实现 MNIST 识别

经过上面的学习，我们已经对神经网络的构建有了较为清晰的了解，接下来将通过一个识别 MINST 手写数据集的完整例子来更好地学习 PyTorch 的使用方法。

3.5.1　引用和定义超参数

引入程序中使用到的模块，定义基本参数：

```
import torch
import torch.nn as nn
import torch.nn.functional as F
import torch.optim as optim
from torchvision import datasets, transforms


BATCH_SIZE = 600 # 每批次数量
EPOCHS = 10 # 总共训练批次
# 如果有 GPU 则使用 GPU 训练
DEVICE = torch.device("cuda" if torch.cuda.is_available() else "cpu")
```

3.5.2　加载数据集

PyTorch 需要先实例化数据集对象 (MNIST 是 PyTorch 内置的对象，可以直接使用，如果使用非内置的数据集，则需要自己编写数据集的类)，再实例化 DataLoader 类，就可以用 for 循环提取数据样本了。

```
# 准备训练集
train_dataset = datasets.MNIST('data', train = True, download = True, transform = transforms.ToTensor())
train_loader = torch.utils.data.DataLoader(train_dataset, batch_size = BATCH_SIZE, shuffle = True)


# 准备测试集
test_dataset = datasets.MNIST('data', train = False, transform = transforms.ToTensor())
test_loader = torch.utils.data.DataLoader(test_dataset, batch_size = BATCH_SIZE, shuffle = True)
```

3.5.3　定义模型

模型是程序中最核心的部分，现在我们来构建一下。网络结构为：卷积—Relu—池化—

卷积—Relu—池化—全连接—Relu—全连接—softmax。

```python
# 定义模型
class ConvNet(nn.Module):
    def __init__(self):
        super().__init__()
        # 卷积层1
        self.conv1 = nn.Conv2d(1, 10, 5)
        # 卷积层2
        self.conv2 = nn.Conv2d(10, 20, 3)
        # 全连接层1
        self.fc1 = nn.Linear(20 * 10 * 10, 500)
        # 全连接层2
        self.fc2 = nn.Linear(500, 10)

    def forward(self, x):
        in_size = x.size(0)
        # 输入数据为1*1*28*28
        out = self.conv1(x) # 卷积后变为1* 10 * 24 *24
        out = F.relu(out)
        out = F.max_pool2d(out, 2, 2) # 池化后变为1* 10 * 12 * 12
        out = self.conv2(out) # 卷积后变为1* 20 * 10 * 10
        out = F.relu(out)
        out = out.view(in_size, -1) # 展平为1 * 2000
        out = self.fc1(out) # 经过全连接层后变为1 * 500
        out = F.relu(out)
        out = self.fc2(out) # 经过全连接层后变为1 * 10
        out = F.log_softmax(out, dim = 1)
    return out
```

3.5.4 模型训练

实例化网络：

```
# 生成模型实例
model = ConvNet().to(DEVICE)
```

设置损失函数和优化器：

```
# 定义损失函数
criterion = nn.NLLLoss()
# 定义优化器
optimizer = optim.Adam(model.parameters())
```

训练部分代码：

```
# 定义训练函数
def train(model, device, train_loader, optimizer, epoch):
    model.train()
    for batch_idx, (data, target) in enumerate(train_loader):
        data, target = data.to(device), target.to(device)
        output = model(data)
        loss = criterion(output, target)
        optimizer.zero_grad()
        loss.backward()
        optimizer.step()
        if (batch_idx+1) % 10 == 0:
            print('Train Epoch: {} [{}/{} ({:.0f}%)]\tLoss: {:.6f}'.format(
                epoch, (batch_idx+1) * len(data), len(train_loader.dataset),
                    100. * (batch_idx+1) / len(train_loader), loss.item()))
```

3.5.5 模型测试

进入测试模式后，就不再需要计算梯度，最后通过观察每一步的准确率，判断网络的精准程度。

```
# 定义测试函数
def test(model, device, test_loader):
    model.eval()
    test_loss = 0
    correct = 0
    with torch.no_grad():
        for data, target in test_loader:
            data, target = data.to(device), target.to(device)
            output = model(data)
            test_loss += F.nll_loss(output, target, reduction = 'sum') # 将一批的损失相加
            pred = output.max( 1, keepdim = True)[ 1] # 找到概率最大的下标
            correct += pred.eq(target.view_as(pred)).sum().item()

    test_loss /= len(test_loader.dataset)
    print("\nTest set: Average loss: {:.4f}, Accuracy: {}/{} ({:.0f}%) \n".format(
        test_loss, correct, len(test_loader.dataset),
        100.* correct / len(test_loader.dataset)
            ))
```

3.5.6　程序运行

运行 EPOCHS 个循环：

```
# 开始训练和测试
for epoch in range( 1, EPOCHS + 1):
    train(model,  DEVICE, train_loader, optimizer, epoch)
    test(model, DEVICE, test_loader)
```

保存模型：

```
torch.save(model.state_dict(), './mnist_state.pth')
```

运行结果如图3.8。

图3.8 运行结果

进行5个EPOCHS的训练后，得到的准确率为99%。

3.6 本章小结

本章对 PyTorch 框架做了详细介绍，通过介绍使用方法以及一个 MNIST 识别的案例，让读者能更好地理解 PyTorch 框架的原理和使用。从环境安装到框架使用，每一步的代码都一一列出，较为详尽，读者可在理解框架的基础上，跟随书中的步骤一步步进行实践。

第4章　寒武纪平台介绍

4.1　寒武纪介绍

寒武纪是全球智能芯片领域的先行者，宗旨是打造各类智能云服务器、智能终端以及智能机器人的核心处理器芯片。公司创始人、首席执行官陈天石教授，在处理器架构和人工智能领域深耕十余年，是国内外学术界享有盛誉的杰出青年科学家。其团队骨干成员均毕业于国内顶尖高校，具有丰富的芯片设计开发经验和人工智能研究经验，从事相关领域研发的平均时间达九年以上。

寒武纪是全球第一个成功流片并拥有成熟产品的智能芯片公司，拥有终端和服务器两条产品线。2016年推出的"寒武纪1A"处理器 (Cambricon-1A) 是世界上首款商用深度学习专用处理器，面向智能手机、可穿戴设备、无人机和智能驾驶系统等各类终端设备，在运行主流智能算法时性能功耗比全面超越 CPU 和 GPU，与特斯拉增强型自动辅助驾驶、IBM Watson 等新兴信息技术的杰出代表同时入围第三届世界互联网大会评选的十五项"世界互联网领先科技成果"。在人工智能爆发的时代拐点，寒武纪将持续致力于让机器更好地理解和服务人类，用芯片支撑人工智能对传统产业带来的全新变革。寒武纪将秉承开放共赢的姿态，与全球诸多合作伙伴一起共建智能新生态。

寒武纪的创始团队来自学术界，在过去十年的基础学术研究中，与国际同行紧密合作，为国际学术界和工业界同仁们奉献了一系列人工智能与处理器架构交叉研究的新思想。2013年前后，创始团队与中科院计算技术研究所、法国国家信息与自动化研究所 (INRIA) 的同事们一道见证了 DianNao 系列深度学习处理器架构在国际学术界引起的轰动性效应。如今 DianNao 系列学术论文已经将智能处理器的创新思想播撒到全世界，得到哈佛大学、斯坦福大学、麻省理工学院、普林斯顿大学、英特尔、谷歌等顶尖国际研究机构的高频次学术引用，成为诸多国际顶尖大学处理器架构教学的重要资料，成为全世界每一家智能芯

片设计公司无法忽略的参考。

　　DianNao 系列学术论文的核心思想内涵在于不断追求智能处理最极致的性能。但要让学术界之外的普通民众都能受益于这样的创新思想，还需要更多的努力和协作。寒武纪创立的目的就是要让全世界都能用上智能处理器，不让思想停留在论文纸面，落上历史的灰尘。"一花独放不是春，万紫千红春满园"，寒武纪在成立之初就延续了学术界开放、协作的精神，以处理器 IP 授权的形式与全世界同行共享公司的最新技术成果，帮助全球客户能够快速设计和生产具备人工智能处理能力的芯片产品。公司研发的"寒武纪 1A" (Cambricon-1A) 是全球第一款商用终端智能处理器 IP 产品，赋能华为麒麟 970 芯片成为世界上首款人工智能手机芯片，为华为 Mate 10、P 20 等四款手机插上了智慧之翼。未来，更多的国内外客户也将陆续发布他们集成寒武纪处理器的芯片产品。

　　2018 年 5 月 3 日，寒武纪在上海发布了首款云端智能芯片 MLU 100 及相应的板卡产品。MLU 100 芯片主要用于云端的机器学习推断任务，可支持视觉、语音、自然语言处理等多种类型的云端应用场景，平衡模式下的等效理论峰值达 128 万亿次定点运算每秒，高性能模式下的等效理论峰值更可达 166.4 万亿次定点运算每秒，但典型板级功耗仅为 80 瓦，峰值功耗不超过 110 瓦。MLU 100 芯片是寒武纪发展历程上的全新里程碑，标志着寒武纪已成为我国第一家 (也是世界上少数几家) 同时拥有终端和云端智能处理器产品的商业公司。

　　寒武纪在技术上贯彻"端云协作"的理念，在研发和推广终端处理器 IP 产品的同时，非常重视云端智能芯片的研发。MLU 100 云端芯片不仅本身可以高效完成多任务、多模态、低延时、高通量的复杂智能处理任务，还可以与寒武纪 1A/1H/1M 系列终端处理器完美适配，以端云协作的方式为广大客户提供前所未有的智能应用体验。MLU 100 云端芯片的发明是寒武纪发展的里程碑，更是智能芯片领域的新标杆。

　　2019 年 6 月 20 日，寒武纪推出第二代云端 AI 芯片思元 270 (MLU 270) 及板卡产品，提供卓越的人工智能推理性能，带来速度更快、功耗更低、性价比更高的 AI 加速解决方案。思元 270 板卡产品可通过 PCIe 接口快速部署在服务器和工作站内，INT 8 的理论峰值性能达到 128TOPS，INT 4 和 INT 16 运算的理论峰值性能分别是 256TOPS 和 64TOPS。

　　2019 年 11 月 14 日，寒武纪在第 21 届高交会上正式发布边缘 AI 系列产品思元 220 (MLU 220) 芯片及 M.2 加速卡产品。思元 220 的发布标志着寒武纪在云、边、端实现了全方位、立体式的覆盖。

4.2　寒武纪产品介绍

4.2.1　产品简介

寒武纪公司的主要产品线有针对云端人工智能推理计算加速的高性能计算加速芯片和针对边缘设备的低功耗智能计算加速芯片，目前的主推产品是 MLU 270 和 MLU 220，接下来我们分别介绍这两款产品的主要特性。

4.2.2　思元 270(MLU 270)

MLU 270 是寒武纪面向云端推理的第二代高性能计算加速芯片，集成了寒武纪在处理器架构领域的一系列创新性技术，处理非稀疏深度学习模型的理论峰值性能提升至上一代 MLU 100 的 4 倍，达到 128TOPS(INT 8)；同时兼容 INT 4 和 INT 16 运算，理论峰值分别达到 256TOPS 和 64TOPS；支持浮点运算和混合精度运算。

图 4.1　思元 270-S 4 数据中心级加速卡

MLU 270 主要产品形态为 PCI-E 接口的智能计算加速卡（如图 4.1），用于数据中心和服务器。技术规格如表 4.1。

表 4.1　思元 270-S 4 技术规格

—	规格
产品性能	INT 8 理论峰值：128TOPS
	INT 4 理论峰值：256TOPS
	INT 16 理论峰值：64TOPS
计算精度支持	低精度、混合精度 INT 16，INT 8，INT 4，FP 32，FP 16
内存规格	内存容量：16GB DDR 4，ECC
	内存位宽：256bit
	内存带宽：102 GB/s
接口	PCI-E 接口：x 16 PCI-E Gen.3
功耗	最大热设计功耗：70 W
	散热设计：被动散热
形态	半高半长，单槽位
尺寸	167.5 mm x 68.9 mm
重量	310 g

4.2.3 思元220（MLU220）

MLU220是一款专门用于边缘计算应用场景
的AI加速产品，如图4.2，基于寒武纪MLUv02
架构，集成4核ARM CORTEX A55，LPDDR4x
内存及丰富的外围接口。标准M.2加速卡集成
了8TOPS理论峰值性能，功耗仅为8.25 W，可以
轻松实现终端设备和边缘端设备的AI赋能方案。
规格参数如表4.2。

图4.2 M.2边缘智能加速卡

表4.2 思元220-M.2规格参数

	规格
型号	MLU220-M.2
内存	LPDDR4x 64bit，4GB
理论峰值性能	8TOPS (INT8)
编解码性能	支持H.264，HEVC (H.265)，VP8，VP9
图片解码	JPEG解码，最大图片分辨率8192 x 8192
接口规格	M.2 2280，B+M key （PCI-E3.0 X2）
功耗	8.25 W
结构尺寸	长80 mm，宽22 mm，高7.3 mm(无散热)/21.3 mm (带散热)
散热	被动散热
表面温度	−20℃～80℃

4.3 寒武纪加速原理

4.3.1 CPU的计算瓶颈

虽然深度学习技术相对传统算法具有非常大的优势，但同时对计算量的需求也非常大。
以ResNet152网络为例，一个4核4 GHz的CPU每秒只能处理1~2帧224×224的图像，无
法实时处理视频，而且成本很高，因此实际应用时一般需要借助专用的人工智能加速设备。
寒武纪的芯片产品就是针对加速计算推出的。

4.3.2 硬件加速原理

寒武纪的MLU设备一般与CPU设备搭配使用，虽然是辅助加速设备，但MLU本身
也是一个独立系统，具备和CPU类似的系统结构 (冯诺依曼结构)。MLU设备中的运算单
元为人工智能计算的专用计算单元，能够高效地进行深度学习的计算，并且MLU芯片中

集成了多个运算单元，MLU 270 为 16 个，MLU 220 为 4 个，这些运算单元能够并行计算，从而大幅提高计算效率。

在执行深度学习计算任务时，主程序在 CPU 设备上运行，当需要进行深度学习的计算时，CPU 会将计算所需的指令和数据拷贝到 MLU 设备上，由 MLU 设备进行计算，计算完成后，再将计算结果从 MLU 设备拷贝到 CPU 端，继续进行后续操作。加速原理如图 4.3。

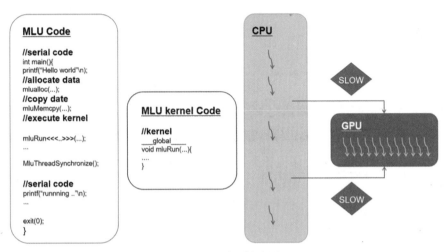

图 4.3　加速原理图

4.4　寒武纪开发环境

寒武纪为 MLU 系列产品提供了配套的软件开发环境 (称为 Cambricon Neuware)。图 4.4 是寒武纪软件栈的架构图，主要有以下几个模块：

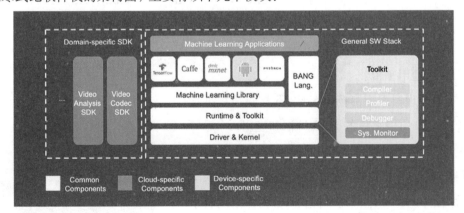

图 4.4　Cambricon Newware 软件栈

驱动层：操作系统驱动程序，负责通过物理底层与计算卡交互，一般不直接使用。

CNRT(Cambricon Neuware Run Time)：运行时库，是最基础的软件层接口。

BangC：MLU 设备上的编程语言，类似 C 语言。

CNML(Cambricon Neuware Machine Learning)：机器学习库，提供了针对深度学习计算的高层级封装，可以更方便地实现深度学习算法。

Toolkits：工具集，包括 BangC 编译器、调试器、性能分析工具、状态监测工具。

4.5　硬件开发环境

4.5.1　平台简介

本书的案例使用的是基于寒武纪 MLU 220 芯片的实验箱，如图 4.5，该实验箱基于寒武纪国产自主最新一代人工智能边缘计算芯片 MLU 220，提供高达 8TOPS 算力，运行于通用 x86 平台上，兼容性强，方便移植各类算法，支持 TensorFlow、PyTorch、Caffe 等主流编程框架和工具。

4.5.2　主要特性

（1）高性能

核心单元为寒武纪最新边缘智能处理芯片 MLU 220，提供高达 8TOPS AI 算力，能够同时支持处理 8 路 1080P 视频流。

（2）低功耗

满载功耗仅 20W，远低于 GPU 平台，适用于各类终端领域。

（3）支持多种深度学习网络

可支持多种常见深度学习网络，如 AlexNet，GoogleNet，MobileNet，MTCNN，VGG，ResNet，Faster-rcnn，YOLO，SSD 等，并可支持 Caffe 和 TensorFlow 两个深度学习框架的模型。

（4）x86 通用平台

主应用处理器采用赛扬 3865U，双核双线程处理器，兼容性强，方便移植各类 AI 算法和应用。

（5）国产自主可控

以寒武纪 MLU 220 计算芯片为核心计算单元，核心技术由中科寒武纪公司掌握，该公司由中国科学院计算技术研究所孵化而出，是目前全球智能芯片领域的引领者。

图 4.5　高算力人工智能高级实验箱

4.5.3　功能接口

具备丰富的外部接口，配合外接模块可完成丰富的实验内容，如图4.6。

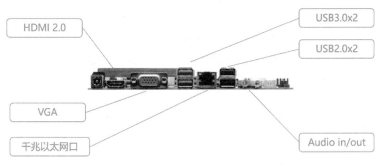

图4.6　功能接口

4.5.4　硬件规格

设备的技术规格如表4.3。

表4.3　寒武纪 MLU 220 实验箱技术规格表

参数	规格
NPU	寒武纪 MLU 220，8TOPS 算力
CPU	赛扬3865U，双核双线程，主频1.8GHz，TDP 15 W
RAM	4GB DDR 4
ROM	240GB SSD
扩展接口	RJ45(10/ 100/ 1000 Mbps) x 1 USB 2.0 x 2，USB 3.0 x 2 VGA x 1 HDMI 2.0 x 1 Audio in x 1，Audio out x 1，SPDIF out x 1
电源	DC 12 V
功耗	待机11 W，满载20 W

4.5.5　软件规格

（1）支持寒武纪 Cambricon NeuWare 计算平台；

（2）支持 TensorFlow、PyTorch、Caffe 等主流深度学习框架；

（3）支持多种常见深度学习网络，包括 AlexNet，GoogleNet，MobileNet，MTCNN，VGG，ResNet，Faster-rcnn，YOLO，SSD 等；

（4）支持脱离应用框架运行离线模型。

4.6　本章小结

本章主要介绍寒武纪国产智能芯片。MLU 270和MLU 220作为寒武纪主要产品，分别对应满足不同的算力需求。本章的重点是理解寒武纪芯片的加速原理，以便更好地完成后续模型移植相关的案例实践。

第5章　寒武纪 PyTorch 使用

5.1　概述

寒武纪 PyTorch 对原生 PyTorch 进行了修改，使其能够在 MLU 设备上运行。PyTorch 本身的架构支持多设备运行，寒武纪 PyTorch 对原生 PyTorch 的后端进行了修改，添加了对 MLU 设备的支持，同时保留了其原来的全部特性，可以很方便地对原生 PyTorch 训练的模型进行移植和推理。如图 5.1。

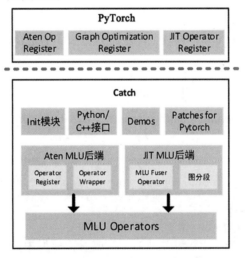

图 5.1　寒武纪 PyTorch 结构框图

寒武纪 PyTorch 主要通过一个名为 Catch 的扩展模块对原生 PyTorch 进行修改，目的是将 PyTorch 后端执行算子运算时转移到 MLU 设备上进行计算。

5.2　移植流程

将原生 PyTorch 上训练好的模型移植到寒武纪 PyTorch 上进行推理主要分三个步骤：模型量化、在线逐层推理和在线融合推理。最后为了离线运行还需要生成离线模型。移植

流程如图5.2。

模型量化：由于 MLU 设备执行整形的效率最高，因此需要将模型中的浮点数用整形来表示，这个转换过程称为量化。

在线逐层推理：使用寒武纪 PyTorch 中量化后的模型在 MLU 设备上进行推理，默认情况下会按模型的每一层逐层进行运算，称为在线逐层推理。

在线融合推理：在寒武纪 PyTorch 中，可以将模型的各层融合后一次性调用 MLU 设备执行推理，称为在线融合推理。

生成离线模型：为了使 MLU 设备发挥最高效率，可以生成离线模型后脱离框架使用。

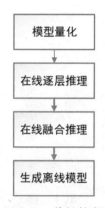

图5.2 移植流程

5.3 模型量化

5.3.1 概述

模型量化是对模型参数的一个转换，转换后的模型称为量化模型。

5.3.2 步骤

模型量化非常简单，一共分为三个步骤：

（1）调用 torch_mlu.core.mlu_quantize.quantize_dynamic_mlu 函数，根据原始模型生成一个量化模型：

```
quantized_model = torch_mlu.core.mlu_quantize.quantize_dynamic_mlu(model, 量化参数）
```

（2）使用量化模型在 CPU 上做一次推理，生成量化模型中的参数：

```
quantized_model(data)
```

（3）用 torch.save 保存量化模型的参数：

```
torch.save(quantized_model.state_dict(), 'quantize_state.pth')
```

保存好量化模型参数后，就可以使用这个参数来进行推理了。

5.3.3 函数说明

量化过程中，最重要的函数是 torch_mlu.core.mlu_quantize.quantize_dynamic_mlu，这

个函数的原型如下：

> quantized_model = torch_mlu.core.mlu_quantize.quantize_dynamic_mlu(model, qconfig_spec = None, dtype = None, mapping = None, inplace = False, gen_quant = False)

参数说明如下。

model

待进行量化的模型。在生成量化模型时，model 必须加载过原始的权重。在运行量化模型时，model 不必要加载权重，仅是原始网络定义即可。

qconfig spec

配置量化的字典。默认为：

{'iteration'：1, 'use_avg'：False, 'data_scale'：1.0, 'mean'：[0,0,0], 'std'：[1,1,1], 'firstconv'：True, 'per_channel'：False}。

– iteration：用于量化的图片数量，默认值为 1，即使用 1 张图片进行量化。

– use_avg：设置是否使用最值的平均值用于量化，默认值为 False，即不使用。

– data_scale：设置是否对图片的最值进行缩放，默认值为 1.0，即不进行缩放。

– mean：设置数据集的均值，默认值为 [0,0,0]，即减均值 0。

– std：设置数据集的方差，默认值为 [1,1,1]，即除方差 1。

– firstconv：设置是否使用 firstconv 以在网络计算时执行减均值、除方差和 C 方向对齐等操作，这对大部分网络有一定加速效果。默认值为 True，即使用 firstconv，此时必须设置 mean 和 std 参数。如果设置为 False，则设置的 mean、std 均失效，不会执行 firstconv 计算。

– per_channel：设置是否使用分通道量化，默认值为 False，即不使用分通道量化。

dtype

设置量化的模式。当前支持 'int 8' 和 'int 16' 模式，使用字符串类型传入。

mapping

设置量化的层。保持默认即可，脚本在读取过程时会读入已配置好的 DEFAULT_MLU_MODULE_MAPPING。

5.4　在线逐层推理

在线逐层推理是调用量化后的模型进行推理，需要以下三个步骤：

（1）设置运行的 MLU 设备参数：

```
import torch_mlu.core.mlu_model as ct
ct.set_core_number(4)
ct.set_core_version("MLU270")
```

（2读取量化模型参数：

```
quantized_model = torch_mlu.core.mlu_quantize.quantize_dynamic_mlu(model)
quantized_model.load_state_dict(torch.load('./quantize_state.pth'))
```

（3）将模型和输入数据都放到 MLU 设备上并执行推理：

```
quantized_model_mlu = quantized_model.to(ct.mlu_device())
data_mlu = data.to(ct.mlu_device())
output = quantized_model_mlu(data_mlu)
```

5.5　在线融合推理

在线融合推理是将各层融合在一起，一次性调用 MLU 设备进行运算，只需要在推理前调用 torch.jit.trace 生成带静态图的模型再进行推理即可。另外，融合推理前需要先调用 torch.set_grad_enabled(False) 禁用梯度计算。

```
torch.set_grad_enabled(False)
traced_quantized_model_mlu = torch.jit.trace(quantized_model_mlu, data_mlu,
check_trace=False)
output = traced_quantized_model_mlu(data_mlu)
```

5.6　生成离线模型

离线模型可以脱离框架运行，并且可以最高效率地发挥出 MLU 的性能，实际的生产环境中一般会使用离线模型。这里介绍寒武纪 PyTorch 下生成离线模型的方法。离线模型的使用方法见后续章节。

　　生成离线模型只需要在融合推理前调用 torch_mlu.core.mlu_model.save_as_cambricon (model_name) 开启离线模型生成，推理一次之后即可生成离线模型，生成完成后调用 torch_mlu.core.mlu_model.save_as_cambricon("") 关闭即可。

```
torch.set_grad_enabled(False)

# 开启离线模型生成，离线模型文件名为 model.cambricon
torch_mlu.core.mlu_model.save_as_cambricon('model')
traced_quantized_model_mlu = torch.jit.trace(quantized_model_mlu, data_mlu,
check_trace=False)
output = traced_quantized_model_mlu(data_mlu)

# 关闭离线模型生成
torch_mlu.core.mlu_model.save_as_cambricon("")
```

5.7　MNIST 识别模型的移植实例

5.7.1　概述
本节将以 MNIST 手写识别模型为例，给出完整的移植流程。
5.7.2　原生模型
以下是 PyTorch 中定义的识别模型：

```
# 定义模型
class ConvNet(nn.Module):
  def __init__(self):
    super().__init__()
    # 卷积层 1
    self.conv1 = nn.Conv2d(1, 10, 5)
```

```
# 卷积层2
self.conv2 = nn.Conv2d(10, 20, 3)
# 全连接层1
self.fc1 = nn.Linear(20 * 10 * 10, 500)
# 全连接层2
self.fc2 = nn.Linear(500, 10)


def forward(self, x):

    in_size = x.size(0)
    # 输入数据为1*1*28*28
    out= self.conv1(x) # 卷积后变为1* 10 * 24 *24

    out = F.relu(out)

    out = F.max_pool2d(out, 2, 2) # 池化后变为1* 10 * 12 * 12

    out = self.conv2(out) # 卷积后变为1* 20 * 10 * 10

    out = F.relu(out)

    out = out.view(in_size, -1) # 展平为1 * 2000

    out = self.fc1(out) # 经过全连接层后变为1 * 500

    out = F.relu(out)

    out = self.fc2(out) # 经过全连接层后变为1 * 10

    out = F.log_softmax(out, dim = 1)
    return out
```

在原生 PyTorch 中训练后保存状态：

```
torch.save(model.state_dict(), './mnist_state.pth')
```

得到"mnist_state.pth"模型参数文件。

5.7.3　模型量化

调用 torch_mlu.core.mlu_quantize.quantize_dynamic_mlu 生成量化模型，推理一次之后保存状态到 mnist_quantize_state.pth：

```
# 读取原始模型
model.load_state_dict(torch.load('./mnist_state.pth'))
# 转换成量化模型
quantized_model = torch_mlu.core.mlu_quantize.quantize_dynamic_mlu(model,
{'firstconv':False}, dtype='int16', gen_quant=True)
# 取一个 batch 测试数据
dataiter = iter(test_loader)
data, target = dataiter.next()
# 执行推理，同时生成量化数据
output = quantized_model(data)
# 保存量化模型参数
torch.save(quantized_model.state_dict(), './mnist_quantize_state.pth')
```

5.7.4　在线逐层推理

将保存的状态重新读取到量化模型中，并放到 MLU 设备上，就可以进行在线逐层推理了。

```
# 设置 MLU 设备参数
ct.set_core_number(4)
ct.set_core_version("MLU270")
# 转换成量化模型
quantized_model = torch_mlu.core.mlu_quantize.quantize_dynamic_mlu(model)
# 读取量化数据
quantized_model.load_state_dict(torch.load('./mnist_quantize_state.pth'))
# 取一个 batch 测试数据
dataiter = iter(test_loader)
data, target = dataiter.next()
# 把模型和数据放到 MLU 设备上并执行推理
quantized_model_mlu = quantized_model.to(ct.mlu_device())
data_mlu = data.to(ct.mlu_device())
output = quantized_model_mlu(data_mlu)
```

5.7.5 在线融合推理

使用 torch.jit.trace 生成带静态图的跟踪模型，即可进行在线融合推理：

```
# 设置 MLU 设备参数
ct.set_core_number(4)
ct.set_core_version("MLU 270")
torch.set_grad_enabled(False)
# 转换成量化模型
quantized_model = torch_mlu.core.mlu_quantize.quantize_dynamic_mlu(model)
quantized_model.load_state_dict(torch.load('./mnist_quantize_state.pth'))
quantized_model_mlu = quantized_net.to(ct.mlu_device())
# 取一个 batch 测试数据
dataiter = iter(test_loader)
data, target = dataiter.next()
data_mlu = data.to(ct.mlu_device())
# 转换为带静态图的跟踪模型
traced_quantized_model_mlu=torch.jit.trace(quantized_model_mlu,data_mlu,check_trace=False)
# 执行推理
output = traced_quantized_model_mlu(data_mlu)
```

5.7.6 生成离线模型

在线融合推理前后调用 torch_mlu.core.mlu_model.save_as_cambricon，即可生成离线模型：

```
# 设置 MLU 设备参数
ct.set_core_number(4)
ct.set_core_version("MLU 270")
torch.set_grad_enabled(False)
```

```
# 转换成量化模型
quantized_model = torch_mlu.core.mlu_quantize.quantize_dynamic_mlu(model)
quantized_model.load_state_dict(torch.load('./mnist_quantize_state.pth'))
quantized_model_mlu = quantized_net.to(ct.mlu_device())
# 取一个 batch 测试数据
dataiter = iter(test_loader)
data, target = dataiter.next()
data_mlu = data.to(ct.mlu_device())
# 转换为带静态图的跟踪模型
traced_quantized_model_mlu = torch.jit.trace(quantized_model_mlu, data_mlu,
check_trace=False)
# 开启离线模型生成
torch_mlu.core.mlu_model.save_as_cambricon('mnist')
# 执行推理
output = traced_quantized_model_mlu(data_mlu)
# 关闭离线模型生成
torch_mlu.core.mlu_model.save_as_cambricon("")
```

5.8　本章小结

　　本章将 PyTorch 与寒武纪芯片结合,在该芯片上实现离线模型的生成。前半部分简述
了在寒武纪芯片上生成离线模型的基本步骤,后半部分主要通过之前完成过的 MNIST 识
别模型的离线模型的生成来帮助加深对前半部分的理解。读者可通过书中的代码一步一步
自主实现离线模型的生成,在该过程中出现疑问可及时查阅前半部分的内容。

第6章 寒武纪离线推理

6.1 概述

寒武纪 MLU 设备支持离线推理。离线推理是将在应用框架 (PyTorch、TensorFlow 等) 中训练好的模型转换成离线模型，使之可以脱离框架直接运行。离线模型的运行只依赖于 CNRT 运行时库，并且完全在 MLU 设备上执行，中间不需要 CPU 的调度，可以最大程度地发挥 MLU 设备的性能。

6.2 生成离线模型

寒武纪 PyTorch 中提供了生成离线模型的接口，只需要在框架中调用相应接口，就可以很容易地生成离线模型 (具体方法已在第 5 章进行了详细介绍)。离线模型生成后，可以脱离框架运行，只需要借助 CNRT 运行时库。

6.3 使用离线模型

6.3.1 概述

CNRT 运行时库是 Cambricon Neuware 最底层的软件接口，提供与 MLU 设备的数据交互，需要使用 C/C++ 调用。简单地说，CNRT 主要完成以下三个任务：

(1) 准备计算数据，并将数据从 CPU 内存拷贝到 MLU 内存；

(2) 在 MLU 中执行计算任务；

(3) 将计算结果从 MLU 内存拷贝到 CPU 内存。

CNRT 运行逻辑如图 6.1 所示。

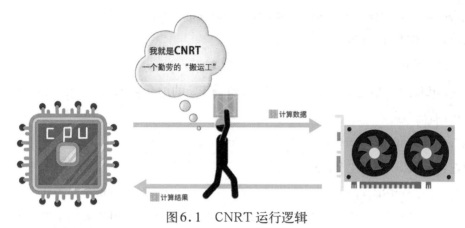

图6.1　CNRT 运行逻辑

6.3.2　基本概念

（1）Function

Function 是 MLU 设备上执行的一个计算任务，顾名思义相当于调用 MLU 设备执行一个函数。Function 包含了调用 MLU 做一次运算所需的静态数据，最主要的是运算指令（编译后的 MLU 机器指令）。Function 是静态的数据，在运行的时候需要根据当前运行环境重新调整。

核心函数：cnrtRet_t cnrtExtractFunction(cnrtFunction_t *pfunction, cnrtModel_t model, const char *symbol)。

用途：从离线模型中提取出 function。

（2）RuntimeContext

RuntimeContext 是调用 MLU 做运算的动态数据，是 Function 在运行时根据环境调整之后的数据，可以传递给当前的 MLU 设备去做运算，类似于硬盘上的可执行文件，实际执行时需要加载到内存空间中进行重定位才能由 CPU 执行。

核心函数：cnrtCreateRuntimeContext(cnrtRuntimeContext_t *pctx, cnrtFunction_t function, void *extra)。

用途：根据 Function 创建一个 RuntimeContext。

（3）Queue

由于 MLU 是一个独立系统，调用 MLU 运算是需要时间的，不能像调用本地函数那样立即返回，所以计算时使用了队列的机制。

核心函数：cnrtRet_t cnrtInvokeRuntimeContext(cnrtRuntimeContext_t pctx, void **params, cnrtQueue_t queue, void *extra)。

用途：将 RuntimeContext 加入 MLU 任务队列中并执行，params 是运算数据的指针。

核心函数：cnrtRet_t cnrtSyncQueue(cnrtQueue_t queue)。

用途：等待队列中的任务执行完成。

（4）内存管理

由于 MLU 上有独立的内存，为了数据能在 CPU 的内存和 MLU 的内存之间做交换，需要进行内存管理。

核心函数：cnrtRet_t cnrtMalloc(void **pPtr, size_t bytes)。

用途：在 MLU 设备上分配一块内存。

核心函数：cnrtRet_t cnrtMemcpy(void *dst, void *src, size_t bytes, cnrtMemTransDir_t dir)。

用途：在 CPU 和 MLU 之间复制内存，方向可以是 CNRT_MEM_TRANS_DIR_HOST2DEV（从 CPU 复制到 MLU）、CNRT_MEM_TRANS_DIR_DEV2HOST（从 MLU 复制到 CPU）。

6.3.3　使用流程

用 MLU 设备运行离线模型使用以下标准流程。

（1）初始化 CNRT：

```
cnrtInit(0);
```

（2）设置使用的 MLU 设备：

```
cnrtDev_t dev;
cnrtGetDeviceHandle(&dev, 0);
cnrtSetCurrentDevice(dev);
```

（3）加载模型：

```
cnrtModel_t model;
cnrtLoadModel(&model, "./mnist.cambricon");
```

（4）从离线模型中取出 Function：

```
cnrtFunction_t function;
cnrtCreateFunction(&function);
cnrtExtractFunction(&function, model, "subnet0");
```

（5）创建并初始化 RuntimeContext：

```
// 从 Function 创建 RuntimeContext
cnrtRuntimeContext_t ctx;
cnrtCreateRuntimeContext(&ctx, function, NULL);
// 设置当前使用的设备
cnrtSetRuntimeContextDeviceId(ctx, 0);
// 初始化 RuntimeContext
cnrtInitRuntimeContext(ctx, NULL);
```

（6）创建队列：

```
cnrtQueue_t queue;
cnrtRuntimeContextCreateQueue(ctx, &queue);
```

（7）获取 Function 的输入输出参数：

```
int inputNum, outputNum;
int64_t *inputSizeS, *outputSizeS;
cnrtGetInputDataSize(&inputSizeS, &inputNum, function);
cnrtGetOutputDataSize(&outputSizeS, &outputNum, function);
```

其中 inputNum、outputNum 为输入、输出参数的个数，inputSizeS 和 outputSizeS 数组为输入、输出参数的大小（字节数）。

（8）分配 CPU 端和 MLU 端的内存。

由于是在 MLU 设备上进行计算，需要将计算数据传输到 MLU 设备上，先分配相关的内存，再将数据从 CPU 端复制到 MLU 端：

```
// 分配 CPU 端的内存指针
void **inputCpuPtrS = (void **)malloc(inputNum * sizeof(void *));
void **outputCpuPtrS = (void **)malloc(outputNum * sizeof(void *));
// 分配 MLU 端的内存指针
void **inputMluPtrS = (void **)malloc(inputNum * sizeof(void *));
void **outputMluPtrS = (void **)malloc(outputNum * sizeof(void *));
```

```
// 分配输入内存
for (int i = 0; i < inputNum; i++) {
    // 分配 CPU 端的输入内存
    inputCpuPtrS[i] = malloc(inputSizeS[i]);
    // 分配 MLU 端的输入内存
    cnrtMalloc(&(inputMluPtrS[i]), inputSizeS[i]);
}

// 分配输出的内存
for (int i = 0; i < outputNum; i++) {
    // 分配 CPU 端的输出内存
    outputCpuPtrS[i] = malloc(outputSizeS[i]);
    // 分配 MLU 端的输出内存
    cnrtMalloc(&(outputMluPtrS[i]), outputSizeS[i]);
}
```

因为输入、输出参数可能有多个，因此先为每个参数分配一个内存指针，再为每个指针分配一块对应大小的内存。

(9) 准备调用 cnrtInvokeRuntimeContext_V2 时的 param 参数。

由于使用 MLU 设备执行 Function 时，要将参数的内存地址告诉 MLU 设备，因此将输入、输出参数的内存指针地址放到一个 param 结构里，调用 cnrtInvokeRuntimeContext_V2 时传入：

```
void **param = (void **)malloc(sizeof(void *) * (inputNum + outputNum));
for (int i = 0; i < inputNum; ++i) {
param[i] = inputMluPtrS[i];
}
for (int i = 0; i < outputNum; ++i) {
param[inputNum + i] = outputMluPtrS[i];
}
```

（10）把输入模型的数据填充到 CPU 端的输入参数中：

```
// 以下为示例，不同的模型各不相同
memcpy((void *)inputCpuPtrS[0], (void *)input1, inputSizeS[0]);
memcpy((void *)inputCpuPtrS[1], (void *)input2, inputSizeS[1]);
......
```

（11）把 CPU 端的输入参数复制到 MLU 端的对应内存中：

```
// 从 CPU 端的内存复制到 MLU 端的内存
for (int i = 0; i < inputNum; i++) {
    cnrtMemcpy(inputMluPtrS[i], inputCpuPtrS[i], inputSizeS[i], CNRT_MEM_
TRANS_DIR_HOST2DEV);
}
```

（12）将 RuntimeContext 放入队列进行计算：

```
cnrtInvokeRuntimeContext_V2(ctx, NULL, param, queue, NULL);
```

（13）等待队列执行完毕：

```
cnrtSyncQueue(queue);
```

（14）从 MLU 端取回计算结果数据到 CPU 端：

```
// 取回数据
for (int i = 0; i < outputNum; i++) {
    cnrtMemcpy(outputCpuPtrS[i], outputMluPtrS[i], outputSizeS[i], CNRT_MEM_
TRANS_DIR_DEV2HOST);
}
```

（15）将计算结果数据填充到输出数据内存中：

```
memcpy(output1, outputCpuPtrS[0], outputSizeS[0]);
memcpy(output2, outputCpuPtrS[1], outputSizeS[1]);
......
```

（16）释放内存：

```
for (int i = 0; i < inputNum; i++) {
    free(inputCpuPtrS[i]);
    cnrtFree(inputMluPtrS[i]);
}
for (int i = 0; i < outputNum; i++) {
    free(outputCpuPtrS[i]);
    cnrtFree(outputMluPtrS[i]);
}
free(inputCpuPtrS);
free(outputCpuPtrS);
free(param);
```

（17）销毁资源：

```
cnrtDestroyQueue(queue);
cnrtDestroyRuntimeContext(ctx);
cnrtDestroyFunction(function);
cnrtUnloadModel(model);
cnrtDestroy();
```

以上过程虽然复杂，但大部分都是标准调用格式，一般情况下只需要修改第10步填充输入数据和第15步填充输出数据。

6.4 MNIST 离线模型实例

6.4.1 概述

本节使用寒武纪 PyTorch 生成的 MNIST 手写识别离线模型，详述离线模型的编程使用，并用 CNRT 进行调用。为了更好地说明数据处理过程，将不使用任何第三方库，直接对数据进行处理，包括从 MNIST 数据集中读取图像数据。

6.4.2　流程

读取 MNIST 数据调用离线模型处理的流程如图6.2。

6.4.3　步骤

以下分步骤详述, 其中推理部分使用标准流程, 仅对修改的地方进行说明。

（1）读取 MNIST 数据

MNIST 数据集的测试集中, 原始数据文件为"t10k-images-idx3-ubyte", 该文件有16字节的文件头, 后面是连续的$28 \times 28 \times 1$字节的图像数据, 以下代码为读取最前面1个 batch 的原始图像数据:

图6.2　离线模型处理流程

```
#define IMAGESIZE (28*28*1)
u_int8_t fileBuffer[IMAGESIZE*BATCHSIZE];

FILE *fp = fopen("t10k-images-idx3-ubyte", "rb");
// 跳过16字节文件头
fseek(fp, 16, SEEK_SET);
// 读取1个 batch 的原始数据
fread(fileBuffer, IMAGESIZE, BATCHSIZE, fp);
fclose(fp);
```

（2）转换数据格式

原始的图像数据是1字节的灰度整数, 范围是0~255, 而模型的输入数据是 float 类型的数据, 范围是0~1, 因此需要进行规范化 (nomalization):

```
float inputData[IMAGESIZE*BATCHSIZE];

for(int i=0; i<IMAGESIZE*BATCHSIZE; i++)
{
// 将整数转换为0~1的浮点数
    inputData[i] = float(fileBuffer[i])/255;
}
```

（3）对输入模型进行处理

由于模型只有一个输入参数，只需要对 CNRT 调用离线模型的标准流程中的填充数据部分作如下修改：

```
memcpy((void *)inputCpuPtrS[0], (void *)inputData, inputSizeS[0]);
```

（4）获取处理结果

调用离线模型推理完成后，由于只有一个输出参数，复制第 1 个输出参数即可：

```
memcpy(outputData, outputCpuPtrS[0], outputSizeS[0]);
```

以上就是使用 MNIST 手写识别离线模型的全部过程，对于更复杂的模型，基本流程也是一样的，只是在数据的前后处理上稍有不同。

6.5　本章小结

本章的内容是对前一章生成的离线模型进行处理，将离线模型移植到芯片上，从而脱离原有框架，实现其在国产智能化芯片上自主运行，这也是后续案例中最为重要的一步。离线模型移植成功代表移植的网络模型可以部署在搭载寒武纪芯片的边缘化设备上，该部分完成后，整个开发流程基本结束。

第 2 部分　边缘智能实践篇

　　本篇我们选取了常见的 8 个应用场景，分别详细叙述了案例背景、技术方案、模型训练及模型移植。案例背景主要介绍案例的使用场景，为实现该场景产生的技术和发展历程，需要实现的目标效果；技术方案主要阐述案例的整体技术方案，具体技术的理论知识以及实现的思路和逻辑；模型训练主要是搭建工程、准备数据、搭建模型、训练模型、使用模型；最后是模型移植，学习如何将训练好的模型移植到边缘设备中使用。本篇中的每一章都可作为一个独立的部分阅读，每一章中涉及的深度学习基础知识都可以在本书第 1 部分中找到，读者可以在阅读和实践的过程中，结合第一部分的基础知识获得更深入的理解。

第 7 章　人像分割

　　人像分割就是将图片中的人像和背景进行分离，并用不同的标签进行区分。如今，手机拍照特效、短视频等已成为一个个炙手可热的话题，在此背景下，图像分割的应用十分广泛。如自拍时，将人像与背景分开，对背景进行虚化、渲染和替换，对所拍的短视频进行人像缩放特效、背景突变和人像色彩变换，娱乐行业的明星海报制作、广告、影视特效等。

　　人像分割其实是一种语义分割技术，随着深度学习的不断深入和卷积神经网络的飞速发展，该技术在深度学习领域已经趋向成熟化。以百度、华为为代表的科技企业已实现人像分割技术的商业化落地，在网页端上传图片或视频即可进行人像美化、背景虚化等。本章将从人像分割案例入手，对案例进行分析并制定从人像分割技术的实现到使用寒武纪 MLU 270 进行在线、离线推理的一整套方案，记录实施该方案的整个过程。

7.1　案例背景

7.1.1　案例介绍

虽然人像分割技术已比较成熟，但将分割算法部署到终端设备还是比较少的。我们熟知的此类网页、App 等，背后都需要分割算法支持。而分割算法的计算则需要依靠云端，即将图片通过网络传输到云端，云端计算后得到的结果也通过网络传输到终端。这个传输过程必然有一定的局限性 (网络延迟、网络中断等)。本案例将分割算法移植到搭载了寒武纪计算卡的终端设备，无需依靠网络即可进行人像分割。

7.1.2　技术背景

图像分割作为图像技术领域的一个经典难题，吸引了众多研究人员的研究热情并为之付出了巨大努力。目前在数字图像处理领域中，图像分割有着非常广泛的应用，在医学领域中，图像分割可用于医学图像分割，例如区分脑部区域和非脑部区域；在对路面交通情况的分析应用中，可用图像分割技术从监控或航拍等模糊复杂背景中分割出要提取的目标车辆等。本章从图像分割的概念和发展过程入手，对其原理进行深入剖析，最后从应用层面阐述图像分割的优点和不足。

(一) 概述

1. 什么是图像分割

简单地说，计算机将数字图像按照一定的独特性质分成若干区域，并将感兴趣的区域提取出来的这个过程称为图像分割。图像分割技术可分为传统图像分割和基于深度语义的图像分割。

传统图像分割主要是根据灰度、颜色、纹理和形状等特征将图像进行区域划分，让区域间显差异性、区域内呈相似性。比较经典的算法有 Otsu 阈值分割、分水岭、Canny 边缘检测等等。深度语义图像分割主要以神经网络为基础，提取图像的纹理、语义等信息，最后以像素为单位进行前景和背景的分类，比较经典的算法有 FCN、U-net、Mask Rcnn 等。

2. 图像分割的发展历程

图像分割由图像处理孕育而来，20 世纪 50 年代中期，在计算机视觉理论体系形成之前，图像分割就已经开始萌芽了。到了 20 世纪 60 年代，基于像素的图像分割慢慢成长起来，经过十几年的不断探索，传统图像分割进入了高速发展期。直到 20 世纪 90 年代，BP 人工神经应用到图像分割，基于高层语义进行图像分割登上了历史的舞台，才出现了并驾齐驱的局面。后面经过了二十几年的长足发展，2012 年，卷积神经网络在 ImageNet 挑战赛上大展拳脚，基于高层语义的图像分割逐渐被人们熟知。

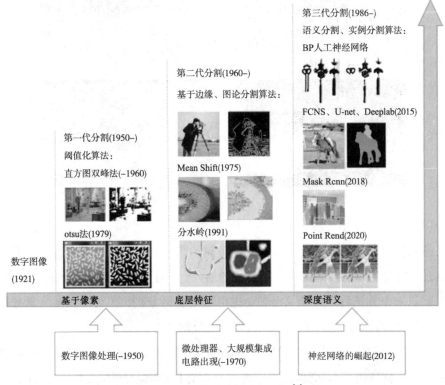

图 7.1　图像分割发展历程[1]

(二) 基于深度语义的图像分割

目前，图像分割技术应用到实际图像上的效果是非常好的，在我们身边也有非常多图像分割的例子。下面我们就将揭开图像分割技术的神秘面纱。由于传统图像分割在实际应用中有比较大的局限性，所以我们着重对基于深度语义的图像分割技术进行介绍。

1. 原理简述

基于深度语义的图像分割技术根据分割目的可细分为语义分割、实例分割、全景分割。对于要分割的对象，只需要区分其属于不同类别的任务，我们称之为语义分割 (semantic segmentation)；对于要分割的对象，需区分相同类别的不同个体的任务，则称之为实例分割 (instance segmentation)。实例分割往往只能分辨可数目标，为了同时实现多种类别的语义分割和实例分割，2018 年 Alexander Kirillov 等人提出了全景分割 (panoptic segmentation) 的概念。这三种图像分割的区别和联系如图 7.2 所示。

原始图像　　　　　　　　　　　　语义分割

实列分割　　　　　　　　　　　　全景分割

图7.2　三种图像分割的区别和联系[1]

从上述概念可以清晰地知道一个分割任务属于哪种分割。那清楚分割任务后，我们需要选取什么样的分割算法？不同于分割目的的划分，分割算法其实并没有不可逾越的界限。简单地说就是一个算法可以做语义分割，也可以做实例分割，甚至可以做全景分割，前提是该算法的损失函数以及处理方式需符合特定的分割任务。

对于全景分割，假设给定全景分割任务的语义标签集 L：{0，1，…，N-1} (集合中的每个元素表示一个物体类别)，图像的每个像素 p 都有自己对应的语义类 p_N∈L，以及该语义类的某个具体实例 (同类物体的不同编号) p_I∈Z (整数)。此时该任务需要一个分割算法模型将图像的每个像素 p 映射到 (p_N, p_I) 中，并且还需要一个适合全景分割的损失函数，能够计算出分割算法所分割的结果与真实结果的误差，然后对损失函数求导，沿着导函数下降的方向不断迭代使损失函数值降低，更新算法模型的权值，从而达到算法模型的训练目的。

以上是语义分割、实例分割以及全景分割的任务格式，那么它们的损失函数分别是什么？从它们的概念分析，实例分割需要预测目标边框、对目标做分类、像素点掩膜，那么它需要的损失函数就是分类损失函数、边框回归损失函数以及逐像素点分类损失函数；语义分割需要做的就只有预测每个像素点属于哪个类别 (包括背景类)，因此损失函数只有逐像素点的分类损失函数；全景分割的损失函数即为实例分割和语义分割损失函数的结合。

2. 图像分割损失函数

（1）分类损失函数：

$$L(X_i, Y_i) = -\sum_{j=1}^{c} y_{ij} \times \log(p_{ij})$$ (7.1)

其中 Y_i 是一个 one-hot 向量，P_{ij} 表示第 i 个样本属于类别 j 的概率。在图像分割中，softmax 函数来得到样本属于每个类别的概率（0~1），y_{ij} 是第 i 个样本的标签（0 或 1）。

（2）边框回归损失函数：

$$L_G = 1 - \text{IoU} + R(P,G) = 1 - \text{IoU} + \frac{d^2(p,g)}{c^2}$$ (7.2)

其中 IoU 表示预测框和目标框之间的重合度（值域为 [0, 1]），$d^2(p, g)$ 表示预测框中心点坐标与目标框中心点坐标之间的距离的平方，c 表示两个框的最小包围矩形框的对角线长度。当两个框距离无限远时，中心点距离和外接矩形框对角线长度无限逼近，即 $R \to 1$。

（3）逐像素点分类损失函数：

$$Dice = \frac{2|A \cap B|}{|A| + |B|}$$ (7.3)

其中 A，B 都是一个值域为 [0, 1] 的矩阵，这里假设 A 是预测结果图，B 是真实掩膜图，那么 $A \cap B$ 表示预测图和真实掩膜图的点乘，$|A|+|B|$ 则表示矩阵对应的像素值相加。因此这个损失函数描述的是预测结果和真实结果之间的重合度。

3. U-Net 算法

U-Net 的结构如图 7.3 所示，左侧可看作一个编码器，右侧则为一个解码器。在编码器中总共有四个子模块，每个子模块中包含两个卷积层，子模块之间使用 max pool 操作进行下采样，输入图像的分辨率是 572×572。由于卷积的填充模式是 valid（不填充），网络中使用到的 3×3 卷积会使输入图像的分辨率减少 2，故一个子模块的输出分辨率为（该子模块输入分辨率 −2×2）/2。同样的，在解码器中也包含四个子模块，子模块与子模块之间通过反卷积将特征图的分辨率放大了 2 倍，同时通道数减半，然后与编码器对称的特征图在通道上进行合并。由于编码器和解码器特征图的尺寸不一样，U-Net 通过将编码器的特征图裁剪到和解码器的特征图相同尺寸进行归一化，再进行通道合并。

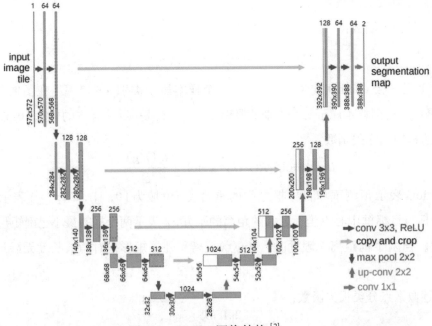

图 7.3 U-Net 网络结构[2]

网络算法的原图输入是 712×712，但是在本案例中网络的实际输入为 772×772，这是因为在图像预处理阶段边缘经过镜像操作，图像四周扩展了 30 个像素 (如图 7.4)。这个镜像操作是为了让网络下采样的最后一层可以保留原图的边缘信息，而扩展的 30 个像素是根据下采样的感受野来计算的。图像经 U-Net 一层下采样后，初始位置平移 $(1+1)+0 \times 2$ (0 表示该层下采样的第一个像素包含第一层输出的第一个像素，没有移动)，经过两层后则平移 $((1+1)+0 \times 2+1+1) \times 2$，以此类推，经过 4 层下采样将平移 30 个像素。

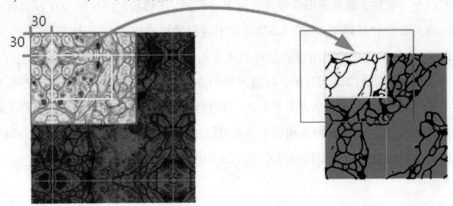

图 7.4 镜像操作[2]

以上所介绍的内容都是网络提取特征信息，那么该分割网络如何有分割能力呢? 这跟网络的损失函数有关。

U-Net 网络使用的损失函数是加权交叉熵损失函数 (WCE)：

$$E=\sum_{x\in\Omega}\omega(x)\log(p_{i(x)}(x)) \tag{7.4}$$

其中 $\Omega\in\{1, 2,...,n\}$，表示像素点的标签值，$p_{i(x)}(x)$ 是 softmax 损失函数，ω 是像素点的权值，图像像素距离边界越近，其 ω 值越高，计算公式表达如下：

$$\omega(x)=\omega_c(x)+\omega_0.exp[-\frac{(d_1(x)+d_2(x))^2}{2\sigma^2}] \tag{7.5}$$

其中 ω_c 是平衡类别比例的权值 (为了缓解数据集类别不平衡程度)，$d_1(x)$、$d_2(x)$ 是两个距离函数。在细胞分割 (如图 7.5) 问题中，用于计算当前像素到最近的和第二近细胞的边界距离，ω_0 和 σ 是两个常数，这两个常数的值是经过实验获得的，分别是 10 和 5。

 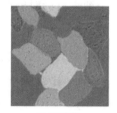 

原始图像　　　　　　　　　标签图像　　　　　　　　　分割图像

图 7.5　细胞分割[2]

(三) 主流数据集

1. 语义分割

(1) PASCAL VOC(PASCAL Visual Object Classes)[3]

VOC 数据集包括背景类在内总计有 21 个类别，分割数据集包含 1464 张训练图片和 1449 张测试图片。

(2) Aisegmentcom Mating Human Datasets[4]

该数据集包含 34 427 张图像和相应的抠像结果，是目前最大的人像抠像数据集。数据集中的原始图像来自 Flickr、百度和淘宝。经过面部检测和区域裁剪后，得到了 600 × 800 的半身像。clip_img 目录是一个半身人像图，格式为 jpg，matting 目录是相应的抠图文件 (以透明度来隐藏背景)，格式为 png。

2. 实例分割

(1) COCO(Microsoft Common Objects in Context)[5]

微软发布的图像分类、对象检测、实例分割、图像语义的大规模数据集，其中图像分割部分有 80 类 82 783 张训练图像、40 504 张验证图像以及 80 000 张测试集图像。其中测试集本身被分为四种不同类型的测试数据，分别应对开发测试、标准测试、评估挑战、过拟合测试。

（2）SBD (Semantic Boundaries Dataset) 数据集[6]

它的数据来自那些在 PASCAL VOC 中没有被语义分割标注的图像数据，总计有 11 355 张图像来自 PASCAL VOC 2011，其标注是图像中目标的种类和类别，其中 8 498 张为训练集，2 857 张为测试集。

（3）DAVIS(Densely-Annotated VIdeo Segmentation)[7]

该数据集主要是视频中对象的分割数据，用于适应实时动态视频语义分割挑战。主要由 50 段视频序列构成，其中 4 219 帧是训练数据，2 013 帧是验证数据。所有的视频数据都下采样至 480 P 大小，按像素级别对每帧数据标注四个类别，分别是人、动物、车辆、对象。视频的另外一个特征是每帧至少有一个前景目标对象在视频帧中出现。

3. 全景分割

PASCAL Context[8] 数据集是 PASCAL VOC 2010 数据集的扩展，包含 10 103 张基于像素级别标注的训练图像，它包含 540 个类别，其中 59 个类别是常见类别。

7.1.3　实现目标

使用深度学习技术将摄像头采集到的含有背景环境的人像照片的人像与背景分割，分割出来的人像不能存在明显瑕疵，且环境应分割清晰（如图 7.6），最后将该深度学习程序放到寒武纪 MLU 270 上进行在线推理及离线推理，推理出的结果与本机 CPU 或 GPU 上的推理结果不能存在明显差别。

原图　　　　　　　　分割图

图 7.6　人像分割案例[4]

7.2 技术方案

7.2.1 方案概述

根据案例描述可以很容易想到,其应用的场景应该是在实际环境下拍摄一张人像照片制作半身免冠照片(蓝底、红底、白底照片),但在实际环境下拍照往往会有背景环境、光线强度的影响,所以模型需对环境、光线有一定的鲁棒性。

在技术层面,该案例属于图像单目标语义分割,即人像属于前景类,人像之外的部分属于背景类,所以数据的标签是一张黑白掩膜图即可。由于图像分割对精度有一定的要求,在MLU270上做在线或离线推理之前必须做模型量化,量化后的结果可能会与量化前有差距。

根据以上分析,可以制定如图7.7所示的人像分割技术方案。

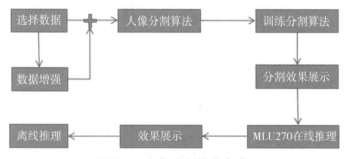

图7.7 人像分割技术方案

1. 数据集选择

结合案例分析可以了解到,实际环境是复杂多样的,而且室内、户外拍照光线有很大差异,加之要求人像分割不能有太多瑕疵,那么数据集必须满足多环境、数据量大(10 000张训练图片以上)、不同人物面孔、不同拍摄姿势、标注无明显瑕疵等要求,因此本方案选择了Aisegmentcom Matting Human Datasets数据集来训练和测试模型。

2. 数据增强

数据集中人像图的拍摄角度都是比较正的,而实际情况下拍摄角度可能是倾斜的,拍摄时补光,甚至加入效果(晨光、影棚光、黄昏)等,因此要提高网络模型的泛化性能和鲁棒性,需对训练数据进行增强。

3. 人像分割算法

图像分割算法相比于图像分类、目标检测等算法在计算量上要大很多,并且网络模型要对多环境下的人像图进行分割,这对网络的提取有效特征能力、计算量以及鲁棒性无疑是个比较大的考验。U2-net网络使用多层RSU结构和深度可分离卷积,不仅可以很好

地解决上述问题，而且该网络不需要使用图像分类中的任何预先训练的骨干网络，意味着训练难度将会有所降低，而训练效果会有所提高。

7.2.2　人像分割算法

U2-net 在网络结构上与 U-net 有很多相似的地方，U2-net 使用 U-blocks 块堆叠了一个 U 型网络结构，使得 U2-net 网络从外形上看是一个两级嵌套的结构（如图 7.8）。

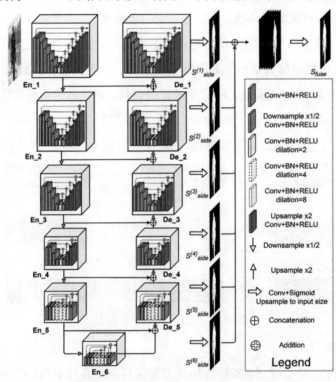

图 7.8　U2-Net 网络结构[9]

这里同样将 U2-Net 看成由编码部分和解码部分组成，用 En_i 和 De_i 分别表示编码部分第 i 层和解码部分第 i 层。从全局来看，该网络输入的是一张 320×320 的图像，输出的是由 6 个解码结果通过 1×1 卷积加 sigmoid 函数得到一个灰度图（像素点值域为 $[0,1]$），其中每个解码结果同样也是通过 1×1 卷积加 sigmoid 函数获得的。由于网络在下采样时感受野不断增大，特征图信息较少，U-blocks 块的结构也将趋向简单化（En_6 的结构最为简单）。这使得网络低层学习的为图像的细节信息，高层学习的为轮廓信息，因此图像分割的结果中 $S^{(1)}side$ 是最好的。

从局部看，网络中使用的 ReSidual U-blocks (RSU) 结构如图 7.9 所示。其中 $F_1(x)$ 是上一层的输出结果，由于网络在

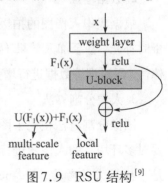

图 7.9　RSU 结构[9]

下采样的过程中感受野不断增大，相对于下面的层的输出 U (F_1(x)) 来说，F_1(x) 属于局部特征。因此该结构一方面允许网络走得更深，另一方面可以融合不同尺寸的特征，使网络可以去捕捉不同尺度的语义信息。

　　RSU 结构中的 U-block 结构如图 7.10 所示，它的结构和 U-net 的结构非常相似，只是 U-net 每层的卷积数量有多个，而这里只有一个。除此之外，U-net 最后使用的连接方式是 Concatenate，而这里最后使用的连接方式是 Addition，Addition 是将特征图之间对应的值相加，可增加网络所提取图像的每个特征图的信息量，而 Concatenate 是特征图的通道数合并，可增加网络提取图像的特征图数量；在 U2-net 中，底部的几个 RSU 块 (En_5,En_6,De_5) 中使用了扩展的卷积层 (dilated convolution) 代替了池化和上采样操作。深度学习中有一个矛盾，就是网络中加入池化层 (pooling) 必然会损失信息，降低精度，但不加 pooling 层会使感受野变小，学不到全局的特征。因此 U2-net 在感受野较大的块中 (En_5、En_6、De_5) 用扩展卷积层替换 Pooling 和上采样的操作，恰恰中和了这个矛盾。

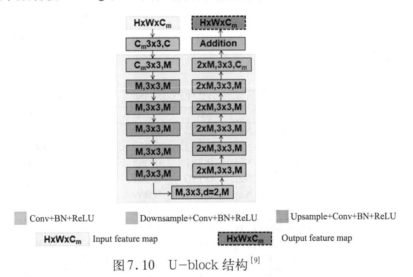

图 7.10　U–block 结构[9]

　　根据以上介绍，与其说 U2-net 是一个神经网络模型，倒不如说它是一个神经网络框架模型，因为 U2-net 中的 RSU 块可以替换成其他模块去实现同样的分割任务。图 7.11 展示了 U2-net 中的 RSU 块与普通卷积块 (PLN)、剩余块 (RES)、稠密块 (DES)、初始块 (INC)、金字塔池模块 (PPM) 和普通 U-net 块 (NIV) 的输入通道数 (I)、中间层通道数 (M) 以及输出通道数 (O)，其中 En_1~En_6 对应网络的编码部分，De_1~De_6 对应网络的解码部分。NIV-4F、RSU-4F 中的"F"其实就是上面说的该模块用扩展卷积层替换 Pooling 和上采样操作。

Architecture with different blocks	Stages										
	En_1	En_2	En_3	En_4	En_5	En_6	De_5	De_4	De_3	De_2	De_1
PLN U-Net	I:3 M:64 O:64	I:64 M:128 O:128	I:128 M:256 O:256	I:256 M:512 O:512	I:512 M:512 O:512	I:512 M:512 O:512	I:1024 M:512 O:512	I:1024 M:256 O:256	I:512 M:128 O:128	I:256 M:64 O:64	I:128 M:64 O:64
RES U-Net	I:3 M:64 O:64	I:64 M:128 O:128	I:128 M:256 O:256	I:256 M:512 O:512	I:512 M:512 O:512	I:512 M:512 O:512	I:1024 M:512 O:512	I:1024 M:256 O:256	I:512 M:128 O:128	I:256 M:64 O:64	I:128 M:64 O:64
DSE U-Net	I:3 M:32 O:64	I:64 M:32 O:128	I:128 M:64 O:256	I:256 M:128 O:512	I:512 M:128 O:512	I:512 M:128 O:512	I:1024 M:128 O:512	I:1024 M:64 O:256	I:512 M:32 O:128	I:256 M:16 O:64	I:128 M:16 O:64
INC U-Net	I:3 M:32 O:64	I:64 M:32 O:128	I:128 M:64 O:256	I:256 M:128 O:512	I:512 M:128 O:512	I:512 M:128 O:512	I:1024 M:128 O:512	I:1024 M:64 O:256	I:512 M:32 O:128	I:256 M:16 O:64	I:128 M:16 O:64
PPM U-Net	I:3 M:32 O:128	I:64 M:32 O:256	I:128 M:64 O:512	I:256 M:128 O:512	I:512 M:128 O:512	I:512 M:128 O:512	I:1024 M:128 O:512	I:1024 M:64 O:256	I:512 M:32 O:128	I:256 M:16 O:64	I:128 M:16 O:64
NIV U^2-Net	NIV-7 I:3 M:32 O:64	NIV-6 I:64 M:32 O:128	NIV-5 I:128 M:64 O:256	NIV-4 I:256 M:128 O:512	NIV-4F I:512 M:256 O:512	NIV-4F I:512 M:256 O:512	NIV-4F I:1024 M:256 O:512	NIV-4 I:1024 M:128 O:256	NIV-5 I:512 M:64 O:128	NIV-6 I:256 M:32 O:64	NIV-7 I:128 M:16 O:64
U^2-Net (Ours)	RSU-7 I:3 M:32 O:64	RSU-6 I:64 M:32 O:128	RSU-5 I:128 M:64 O:256	RSU-4 I:256 M:128 O:512	RSU-4F I:512 M:256 O:512)	RSU-4F I:512 M:256 O:512)	RSU-4F I:1024 M:256 O:512	RSU-4 I:1024 M:128 O:256	RSU-5 I:512 M:64 O:128	RSU-6 I:256 M:32 O:64	RSU-7 I:128 M:16 O:64
U^2-Net† (Ours†)	RSU-7 I:3 M:16 O:64	RSU-6 I:64 M:16 O:64	RSU-5 I:64 M:16 O:64	RSU-4 I:64 M:16 O:64	RSU-4F I:64 M:16 O:64	RSU-4F I:64 M:16 O:64	RSU-4F I:128 M:16 O:64	RSU-4 I:128 M:16 O:64	RSU-5 I:128 M:16 O:64	RSU-6 I:128 M:16 O:64	RSU-7 I:128 M:16 O:64

图 7.11 U 2-Net 的填充模块 [9]

下面来对比下 RSU U2-net 和其他模块组成的 U-net 网络在 DUT-OMRON 数据集和 ECSSD 数据集中表现 (如图 7.12)。

Configuration	DUT-OMRON		ECSSD		Time /ms
	$maxF_\beta$	MAT	$maxF_\beta$	MAT	
Baseline U-Net	0.725	0.082	0.896	0.066	**14**
PLN U-Net	0.782	0.062	0.928	0.043	**16**
RES U-Net	0.781	0.065	0.933	0.042	19
DSE U-Net	0.790	0.067	0.927	0.046	70
INC U-Net	0.777	0.069	0.921	0.047	57
PPM U-Net	0.792	0.062	0.928	0.049	105
Stacked HourglassNet [31]	0.756	0.073	0.905	0.059	103
CU-NET [37]	0.767	0.072	0.913	0.061	50
NIV U^2-Net	0.803	0.061	0.938	0.085	30
U^2-Net w/ VGG-16 backbone	0.808	0.063	0.942	0.038	23
U^2-Net w/ ResNet-50 backbone	0.813	0.058	0.937	0.041	41
(Ours) RSU U^2-Net	**0.823**	**0.054**	**0.951**	**0.033**	33
(Ours†) RSU U^2-Net†	**0.813**	**0.060**	**0.943**	**0.041**	25

图 7.12 网络模型的在数据集上的表现 [9]

其中 maxF_β 是精确度 (precision) 和召回率 (recall) 的综合评价方法，MAE 是平均绝对误差。可以看到 RSU U2-net 在两个数据集下效果都是最好的，在耗时上也是非常理想的。

$$F_\beta = \frac{(1+\beta^2) \times Precision \times Recall}{\beta^2 \times Precision + Recall} \tag{7.6}$$

$$MAE = \frac{1}{H \times W} \sum_{r-1}^{H} \sum_{c-1}^{W} |P(r,c) - G(r,c)| \tag{7.7}$$

其中，β 是系数，$\beta^2=1$ 是 $F1$ 指数，P 和 G 分别为预测概率图和对应的概率图标签，$(H,$ $W)$ 和 (r, c) 分别是图像的高宽和像素坐标。

7.2.3 实现方法

对所下载的数据，通过 Python 的 PIL 库去掩模图的第四个通道单独做一张掩模灰度图，如果原图在做数据增强时位置发生变化，同样也对掩模灰度图进行变化，将原数据和增强后的数据打乱放入数据加载器去训练 U2-net 网络，然后用训练好的网络分割两张测试集的人像图片，并将分割结果显示出来，最后应用 OpenCV 对图片进行背景变换，展示最终网络的分割效果。将训练好的网络模型参数保存下来，在搭载了 MLU 270 的设备上加载，用该网络进行在线、离线推理，并将最终推理效果与 CPU 效果以对比的方式展示出来。

7.3 模型训练

7.3.1 工程结构

在训练分割算法之前，先说明下目录中有哪些文件。文件目录如图 7.13 所示。

图 7.13 文件目录

data_file：存放训练集数据

model：存放搭建 U2-net 网络模型代码，如目录中的 u2net.py

offline_Inference：离线推理部分

test_data：存放用于测试的图像数据

data_loader.py：加载数据的代码

genoff.py：用于生成离线模型

u2net_test.py：Mlu 端推理部分

data_addition.py：数据增强部分

u2net_test_pc.py：用于 PC 端算法模型推理

u2net_train.py：用于训练算法模型

7.3.2　数据准备

基本数据图片如图7.14。其中第一排是真实图像 (RGB)，第二排是经过抠图得到的含透明度的图像 (RGBA)，第三排是取 A 通道绘制的掩膜图。

图7.14　基本数据图片[4]

1.数据增强

为了使数据多样化，使用 OpenCV 对图像的亮度、饱和度、对比度、锐度进行调节，作为一组，将图像水平镜像翻转，作为一组，将图像旋转作为一组，这三组变换随机组合。其中的旋转角度、水平翻转度、亮度、饱和度、对比度和锐度等参数都是随机数，这样可以极大程度上使数据多样化，三组变换代码位于 data_addition.py 文件中：

```python
# 第一组变换：图像的亮度、饱和度、对比度、锐度调节
def randomColor(image):
    # 设置随机因子
    random_factor = np.random.randint(0, 16) / 12.
    # 调整图像的饱和度
    color_image = ImageEnhance.Color(image).enhance(random_factor)
    random_factor = np.random.randint(10, 16) / 12.
    # 调整图像的亮度
    brightness_image = ImageEnhance.Brightness(color_image).
                            enhance(random_factor)
    random_factor = np.random.randint(10, 15) / 12.
    # 调整图像对比度
    contrast_image = ImageEnhance.Contrast(brightness_image).
                            enhance(random_factor)
    random_factor = np.random.randint(0, 16) / 12.
    # 调整图像锐度
    return ImageEnhance.Sharpness(contrast_image).enhance(random_factor)


# 第二组变换：图像翻转
def flip(image, label_image):
    # 水平镜像
    xImg = cv2.flip(image, 1)
    # 掩模图水平镜像
    xImg_label = cv2.flip(label_image, 1)
    return xImg,xImg_label
```

人工智能 寒武纪平台边缘智能实践

```
# 第三组变换：图像旋转
def rotate(image, mask):
    (h, w) = image.shape[:2]
    center = (w // 2, h // 2)
    # 中心坐标
    (h_mask, w_mask) = mask.shape[:2]
    center_mask = (w_mask // 2, h_mask // 2)
    # 旋转角度
    random_factor = np.random.randint(0, 45)
    # 获取图像旋转参数
    M = cv2.getRotationMatrix2D(center, random_factor, 1.0)
    # 获取掩模图旋转参数
    M_mask = cv2.getRotationMatrix2D(center_mask, random_factor, 1.0)
    # 根据参数对图像进行仿射变换（旋转）
    rotated = cv2.warpAffine(image, M, (w, h))
    rotated_mask = cv2.warpAffine(mask, M_mask, (w, h))
    # 返回经过旋转后的图片
    return rotated, rotated_mask
```

2. 数据加载与预处理

训练算法模型，首先要加载数据，在 PyTorch 中加载数据来训练网络需要数据生成器和数据迭代器。数据生成器的作用是生成网络所需要的数据（比如通过图像路径生成图像数据），数据迭代器的作用是得到一个可以用来迭代生成器生成数据的对象，这样方便网络进行批量数据训练。具体代码位于 u2net_train.py 文件中：

```
# 数据生成器
salobj_dataset = SalObjDataset(
    # 图片路径列表
    img_name_list=tra_img_name_list,
```

— 80 —

```
            # 掩模图路径列表
            lbl_name_list=tra_lbl_name_list,
            # 图像数据转换
         transform=transforms.Compose([
                RescaleT( 320),
                   # 使图像尺寸缩放到 320x 320
                RandomCrop( 288),
                   # 剪切图像大小到 288x 288
                   # 对数据进行归一化并转为 tensor( 张量)
                ToTensorLab(flag= 0)]))
      # 数据迭代器
      salobj_dataloader = DataLoader(salobj_dataset,
                        # 迭代的批量大小
                        batch_size=batch_size_train,
                        # 是否随机迭代
                     shuffle=True,
                        num_workers= 1)
```

7.3.3　模型搭建

本方案用到的算法模型是在 github 上开源的 u2netP 网络模型, 具体地址为: https://github.com/NathanUA/U-2-Net。

7.3.4　模型训练

本次网络模型是在 pytorch 1.6.0 上训练的 (网络模型保存为后缀名为 pt/pth 的 zipfile 文件格式), 而后面搭载了 MLU 270 的设备上使用的 pytorch 是 1.2.0 的 (只能加载后缀名为 pt/pth 的文本格式), 为了后面可以加载该模型参数, 这里在保存网络模型参数时设置了 _use_new_zipfile_serialization=False。网络模型训练关键代码位于 u2net_train.py 文件中, 如下所示:

```
# 迭代周期次数
epoch_num = 20
# 批量大小
batch_size_train = 6
# 损失函数
bce_loss = nn.BCELoss(size_average=True)
# 优化器
optimizer=optim.Adam(net.parameters(),
                     lr=0.001,
                     betas=(0.9, 0.999),
                     eps=1e-08,
                     weight_decay=0)
# 保存模型
torch.save(net.state_dict(),
        save_model_path,
        _use_new_zipfile_serialization=False)
# 评估指标 (DICE, 类似 IOU)
"""
input: 算法预测结果 (值域为 [0, 1])
target: 掩膜图 (值域为 [0, 1])
"""
def forward(self, input, target):
# 防止下面除数为0的
        eps = 0.0001
        # 张量首先通过 view() 函数转为一维, 然后通过 dot() 函数进行点乘运
输 (矩阵相乘得到 1 个结果), 相当于 A    B 操作
        self.inter = torch.dot(input.view(-1), target.view(-1))
        # 相当于一个 A ∪ B 操作
        self.union = torch.sum(input) + torch.sum(target) + eps
        # 相当于 IOU 值计算
        t = (2 * self.inter.float() + eps) / self.union.float()
        return t
```

将数据放入规定文件后，设置好如上参数，在终端输入以下命令即可运行 u2net_train.py 文件来训练网络模型：

```
# 打开中终端，激活环境并进入到 U-2-Net-master 文件目录下输入：
cd ~/U-2-Net-master
Python u2net_train.py
```

训练情况如图 7.15 所示，其中 epoch 为迭代周期，batch 为已迭代图片数 / 图片总数，ite 为迭代次数，$l_0 \sim l_6$ 是第 1 层到第 7 层的输出结果损失值，类似于图 7.8 中 $S_{side}^{(1)} \sim S_{side}^{(6)}$ 的输出结果，train_loss 是一个批量中 l_0 的输出结果损失值的平均值，target loss 是一个批量中 $l_0 \sim l_6$ 输出结果损失值总和的平均值。

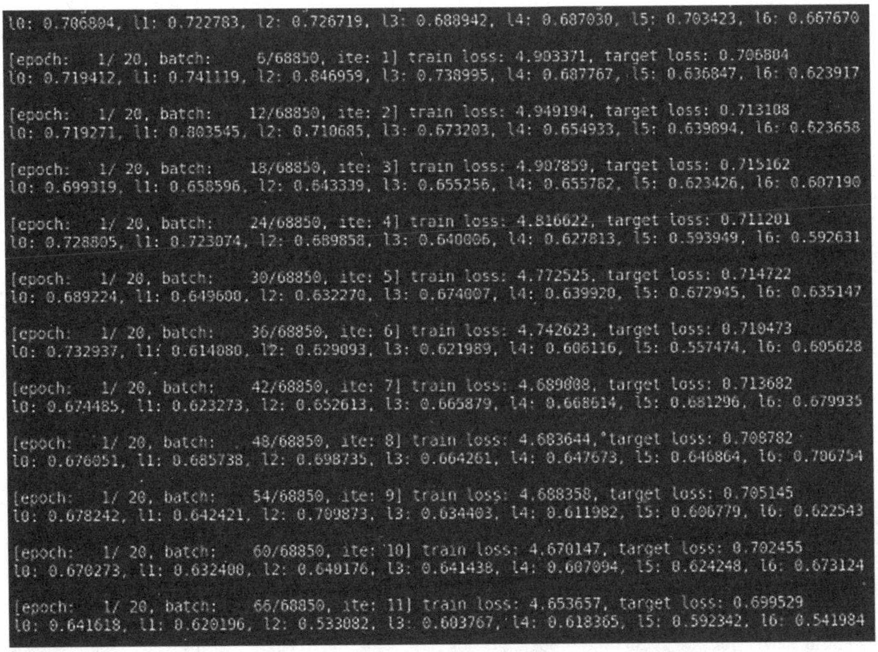

图 7.15　网络模型训练情况

为了更加清晰地观察训练过程，使用了 tensorboard 对算法模型的训练情况进行了可视化，如图 7.16、图 7.17、图 7.18 所示：

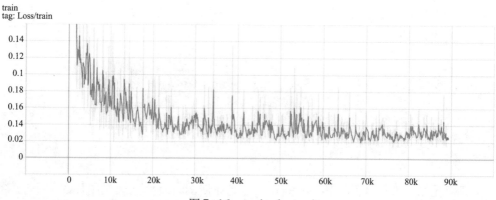

图 7.16　train_loss—ite

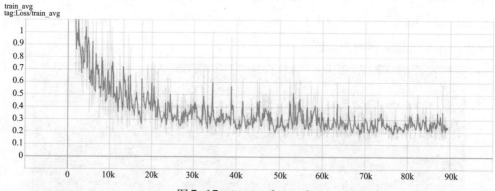

图 7.17　target loss—ite

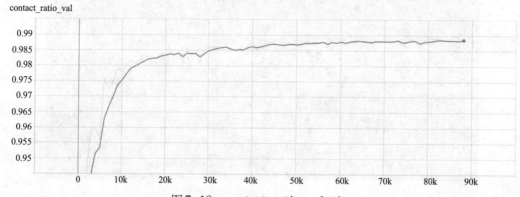

图 7.18　contact_ratio_val—ite

从图 7.16 和图 7.17 来看，训练到 60k 以后，网络模型基本拟合好了，图 7.18 在 60k 以后掩膜图正确率 (contact_ratio_val) 并没有下降，说明网络训练过程中没有出现过拟合现象。训练结果如下所示：

> 网络模型在训练过程中使用到的验证集图片有：3000+ 张，训练集：验证集 =20 ： 1
>
> 模型在验证集上的结果 (掩膜图平均正确率)：98.8%

7.3.5 模型使用

网络模型的使用主要在于模型输出结果后的处理。该网络模型输出的结果有 7 张图像，分别对应网络的 7 层，这里使用了分割效果最好的 d1 层（类似于图 7.8 的 $S^{(1)}_{side}$ 结果），输出的图片每个像素的值阈为 $[0, 1]$，而且图片大小为 320x320，因此需要输出结果的值阈映射到 0~255，然后将其放大到原图。为了更直观的效果，将该图作为掩膜图在原图上进行掩膜，保存掩膜后的图（如图 7.19）。代码位于 u2net_test.py 中，如下所示：

```python
# 创建网络模型对象
net = U2NETP(3, 1)
# 将训练好的网络模型参数加载到网络模型中
net.load_state_dict(torch.load(save_model_path))
# 将网络模型加载到 gpu 上
net.cuda()
# 固定网络中 BatchNormalization 层和 Dropout 层的参数
net.eval()
# 迭代测试数据
for i_test, data_test in enumerate(test_salobj_dataloader):
    # 获取经过预处理的图像数据
    inputs_test = data_test['image']
    # 转换图像数据类型
    inputs_test = inputs_test.type(torch.FloatTensor)
    # 将数据加载到 gpu 上，并进行网络模型推理得出 7 个层的预测结果
    d1,d2,d3,d4,d5,d6,d7= net(inputs_test.cuda())
    # 获取第一层的输出结果 (输出图像的第一个通道)
    pred = d1[:, 0,:,:]
    # 将预测结果的数据映射到 0~255 范围
    Max_value = torch.max(pred)
    Min_value = torch.min(pred)
    Predict_np = (pred-Min_value)/(Max_value-Min_value)*255
    # 将数据数据加载到 Image 对象中
    im = Image.fromarray(predict_np)
```

```
# 加载原图
image = cv2.imread(src_image_path)
# 将数据缩放到原图大小
imo = im.resize((image.shape[1],image.shape[0])
                ,resample=Image.BILINEAR)
# 将 imo 转为数组
pb_np = np.array(imo)
#opencv 图像掩膜得到图 7.19 右侧图像
masked_image = cv2.bitwise_and(image, image, mask=pb_np)
```

原图   结果图

图 7.19   PC 端预测结果[4]

为了提升分割效果，使用训练好的分割算法模型将一张人像图分割后，使用 Opencv 工具换一个背景，主要代码如下：

```
#content_img：背景图；
#type_img：人像图片；
#mask_img：网络模型推理的结果 (掩膜图)
def deal_pic(content_img, mask_img):
    # 在模板 mask 上，将 image 和 image 做"与"操作得到图 2.15 的右图部分
    type_img= cv2.bitwise_and(image, image, mask=mask_img[:,:,0])
    # 获取背景图尺寸大小
    size_content = content_img.shape
    # 获取人像图尺寸大小
    size_type = type_img.shape
```

```
# 用于填充人想图的上边部分和右边部分，使人像图处于背景图左下角位置
append_top = np.zeros(
                (size_content[0]-size_type[0],size_content[1],3),
                type_img.dtype)
append_right = np.zeros(
                (size_type[0],size_content[1]-size_type[1],3),
                type_img.dtype)
change1 = np.hstack((type_img,append_right))
change2 = np.vstack((append_top,change1))
# 将人像图像素值大于0的像素赋值到背景图中
content_img[np.where(change2>0)] = change2[np.where(change2>0)]
retun content_img
```

最终效果呈现如图7.20所示。

a. 背景图

b. 人像图

c. 算法分割后

d. 图像背景替换后

图 7.20　效果图[5]

7.4　模型移植

知识来源于生活，同时也服务于生活，一种好的技术，不单单只是停留在书面文字中，更需要应用于社会生活中，机器学习算法也同样如此。比如手机人脸解锁功能、智能语音功能以及自动驾驶系统功能等，都需要通过模型移植将机器学习算法部署到硬件设备中，并能在硬件设备上进行推理运算。本节以寒武纪 MLU 270 计算卡为例，将人像分割算法部署到搭载了 MLU 270 的设备上，使其能够进行在线推理和离线推理。

7.4.1　在线推理

算法模型在寒武纪 MLU 270 上进行在线推理前的操作流程如图 7.21 所示：

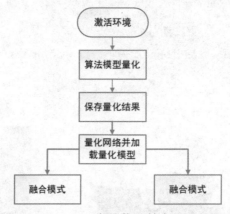

图 7.21　在线推理流程图

1. 激活环境

将 MLU 设备路径加载到环境变量中，激活 Python 运行环境用于推理，主要代码如下：

```
source /opt/cambricon/env_pytorch.sh
source /opt/cambricon/pytorch/src/catch/venv/pytorch/bin/activate
```

2. 算法模型量化

模型量化流程如图 7.22 所示。

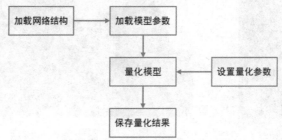

图 7.22　模型量化流程图

量化之前需设置量化参数，一般量化参数有如下几个：

```
qconfig_spec={
    # 迭代次数
    'iteration': 1,
    # 是否使用最值的平均值进行量化
    'use_avg':False,
    # 对图像数据最值的缩放尺度
    'data_scale': 1.0,
    # 图像通道的平均值 (firstconv 为 False 此参数无效)
    'mean':[0,0,0],
    # 通道的方差 (firstconv 为 False 此参数无效)
    'std':[1,1,1],
    # 卷积加速
    'firstconv':False,
    # 是否进行通道量化
    'per_channel':False
}
```

加载模型参数时需注意，该算法模型是在 NVIDIA 显卡上训练后保存的权值参数，因此权值参数的格式是 GPU 的，而此时所加载的网络模型是在 CPU 上，因此这里需使用 map_location 参数将权值参数加载为 CPU 格式。模型量化代码如下：

```
#torch_mlu 内部量化函数
import torch_mlu.core.mlu_quantize as mlu_quantize
# 算法模型
from model import U2NETP
#model_dir: 模型参数文件路径
#save_model_dir: 存储量化后的模型参数文件路径
def quant_mode(model_dir,save_model_dir):
    # 创建网络模型对象
    net = U2NETP(3,1)
```

```
# 加载模型参数到 cpu 上
param_state = torch.load(model_dir, map_location='cpu')
# 网络模型加载训练好的参数
net.load_state_dict(param_state, strict=True)
qconfig_spec = {'iteration': 1,
                'use_avg':False, 'data_scale':1.0,
                'mean':[0, 0, 0], 'std':[1, 1, 1],
                'firstconv':False, 'per_channel':False}
# 模型量化
quantized = mlu_quantize.quantize_dynamic_mlu(net,
                            qconfig_spec=qconfig_spec,
                            dtype='int 16', mapping=None,
                            inplace=False, gen_quant=True)
# 提取量化后的模型参数
params_model = quantized.state_dict()
# 保存量化后的模型参数
torch.save(params_model,  save_model_dir)
```

3. 逐层模式

　　加载了网络模型后，需将网络模型进行量化，用量化后的网络去加载量化后的权值参数。具体代码如下所示：

```
#quant_model_dir：量化模型权值文件路径
def load_quant_model(quant_model_dir):
    # 创建网络模型对象
    net = U 2NETP(3, 1)
    # 加载量化后的模型参数
    param_state = torch.load(quant_model_dir)
    # 量化网络
    quantized_model = mlu_quantize.quantize_dynamic_mlu(net)
    # 加载参数到网络模型中
    quantized_model.load_state_dict(param_state, strict=True)
    return quantized_model
```

4. 融合模式

在线融合推理时，必须设置固定权值梯度，因为融合模式是将动态图转为静态图。

```python
import torch_mlu.core.mlu_model as ct
import torch_mlu.core.mlu_quantize as mlu_quantize
import torchvision.models as models
def fuse_model(quant_model_dir,net):
    # 设置参与计算的内核数量可选择1、4、16
    ct.set_core_number(1)
    # 加载量化后的模型参数
    param_state = torch.load(quant_model_dir)
    # 量化网络
    quantized_model = mlu_quantize.quantize_dynamic_mlu(net)
    # 加载参数到网络中
    quantized_model.load_state_dict(param_state, strict=True)
    # 设置固定权值梯度
    torch.set_grad_enabled(False)
    # 设置输入数据形状和数据类型
    trace_input = torch.randn(1, 3, 320, 320,dtype=torch.float)
    # 生成静态图
    model_inference = torch.jit.trace(
    quantized_model.to(ct.mlu_device()),
    trace_input.to(ct.mlu_device()),
    check_trace = False).to(ct.mlu_device())
```

5. 在线推理结果展示

在线推理时，权值参数需要量化，量化过程中会有一定的精度损失，因此，得到的结果相较于 CPU 端的结果略有差异，具体结果如图 7.23 所示。

原图　　　　　　　　　CPU 结果　　　　　　　MLU 270结果

图7.23　在线推理结果[5]

7.4.2　生成离线模型

离线模型生成即在在线推理融合模式的基础上，加入保存为离线模型的代码，具体代码实现如下：

```
def genoff(model_params_path,  # 量化后模型参数路径
        save_offline_model_path,  # 保存离线模型路径
        batch_size,    # 网络模型批量数
        core_number,   # 参与推理的核心数量
        in_heigth,     # 输入网络的图像的行
        in_width):     # 输入网络的图像的列


    # 创建网络模型对象
    net = U2NETP(3,1)
    ……    # 量化网络并加载量化后的参数到量化后的网络得到 net
    # 制作一个输入数据
    example_mlu=torch.randn(batch_size,3,in_heigth,in_width,dtype=torch.float)
```

```
# 设置离线模型保存路径
ct.save_as_cambricon(save_offline_model_path)
# 设置固定权值梯度
torch.set_grad_enabled(False)
# 设置参与计算的内核数量
ct.set_core_number(core_number)
# 生成静态图
net_traced = torch.jit.trace(net.to(ct.mlu_device()),
                             example_mlu.to(ct.mlu_device()),
                             check_trace=False)
# 融合模式推理
net_traced(example_mlu.to(ct.mlu_device()))
# 将保存离线模型路径设置为空
ct.save_as_cambricon("")
```

生成离线模型时有以下几点需要注意：

（1）生成离线模型时输入网络模型的可以不是标准输入数据（无需再进行处理，可以直接放到网络模型进行推理的数据），但是一定要和标准输入数据的数据信息（批量大小、通道、图像形状、数据类型）一样，这些输入的数据信息将作为后续进行离线推理时的输入格式。

（2）在生成离线模型的代码中只是设置了保存模型路径，并没有保存模型，是因为在进行融合模式推理时，如果设置了保存模型路径则自动将离线模型保存到该路径下。

（3）离线模型保存后一定要关闭该路径文件，关闭时只需将参数设为空字符即可。

（4）生成的离线模型会有两个文件，其文件名分别是"保存的离线模型名 .cambricon"、"保存的离线模型名 .twins"。第一个文件是离线模型文件，用于离线推理时加载模型及参数，第二个文件是网络模型的输入输出信息（如图 7.24），可以作为后续离线推理时设置输入输出内存大小的依据。

在进行量化模型、逐层模式运行、融合模式运行以及 CPU 运行时，只需将 u2net_test.py 文件中 114 行的 mlu_mode_state 改为对应的 1、2、3、4，再在命令行中输入 python u2net_test.py 即可。

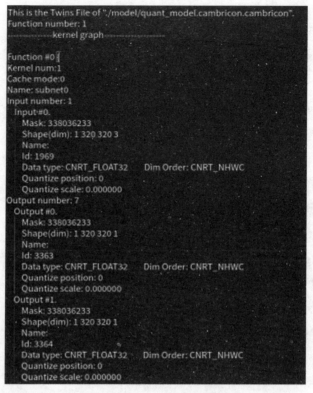

图 7.24　twins 文件信息

7.4.3　使用离线模型

在线推理是一个依赖神经网络框架的推理模式,需要通过 CNML 将神经网络框架内的算子转为寒武纪支持的算子,再进行推理。而离线推理直接调用 CNRT 库进行推理,整个过程都在 C/C++ 上进行,这将大大提高程序的运行效率。使用离线模型进行离线推理的流程图如图 7.25 所示。

图 7.25　离线推理运行流程

在进行离线推理的代码中主要设置了两个类:一个是管理数据的类 (Data_obj),其主要功能是设置图像数据的路径、预处理以及对进行推理后的结果进行后处理;另一个是进行离线推理的类 (Runtime_obj),主要功能有推理前准备工作、离线推理以及推理后销毁工作。下面结合图 7.25 进行具体的代码展示,代码位于 u2net_offline.h 文件中:

```cpp
class Data_obj{
    public:
        // 数据预处理
        cv::Mat preProcess(int height , int width);
        // 设置处理图像的名字
        void setFilename(char* in_filename, char* save_filename);
        // 推理结果后处理
        void resultDeal(float*result);
    private:
        // 输入图像路径、保存分割后的图像路径
        char *in_filename, *save_filename;
        // 真实图像的高、宽
        int realImg_height, realImg_width;
};
class Runtime_obj{
    public:
        // 构造函数。做推理前的准备工作，即包含图7.25的前6步
        Runtime_obj(char* model_path);
        // 离线模型进行推理，即包含图7.25的第7、8、9步
        void Run(cv::Mat img_mat);
        // 用于销毁推理时所开辟的所有内存，即图7.25的最后一步
        void destroy_all();
        // 接收加载的离线模型
        cnrtModel_t model;
        // 接收提取离线模型的模型符号
        cnrtFunction_t function;
```

```
    // 接收 Runtimecontext
    cnrtRuntimeContext_t ctx;
    // 存放需进行推理的顺序队列
    cnrtQueue_t queue;
    // 输入、输出数量
    int inputNum, outputNum;
    // 输入、输出内存大小
    int64_t *inputSizeS, *outputSizeS;
    //CPU、MLU 端的输入、输出指针
    void **inputCpuPtrS, **outputCpuPtrS, **inputMluPtrS, **outputMluPtrS;
    // 将输入输出连接起来作为参数进行离线推理
    void **param;
};
```

离线模型推理前准备工作的主要代码如下所示，在代码中需注意以下两点：

（1）初始化运行环境即初始化设备，若 cnrtInit(param) 中的 param=0 则表示初始化实际设备，若 param=1 则表示初始化虚拟设备。

（2）在使用 cnrtExtractFunction 方法提取离线模型信息时，使用到了"subnet0"，这个信息来自于图 7.24 中的"Name="subnet0""，具体代码位于 lib_inference.cc 文件中。

```
Runtime_obj::Runtime_obj(char *model_path){
    cnrtInit(0);
    // 加载模型
    cnrtLoadModel(&model, model_path);
    // 创建 Function
    cnrtCreateFunction(&function);
    // 从模型中取得算子符号存放在 Function 中。
    cnrtExtractFunction(&function, model, "subnet0");
    // 获取输入输出参数
    cnrtGetInputDataSize(&inputSizeS, &inputNum, function);
```

```
    // 分配 CPU 端的内存指针
    inputCpuPtrS = (void **)malloc(inputNum * sizeof(void *));
    …… // 分配 MLU 端的内存指针 inputMluPtrS
    …… // 为每个二级指针 inputMluPtrS[i]、inputCpuPtrS [i] 再分配输入、输出内存
    // 创建 RuntimeContext
    cnrtCreateRuntimeContext(&ctx, function, NULL);
    // 设置当前使用的设备
    cnrtSetRuntimeContextDeviceId(ctx, 0);
    // 初始化 RuntimeContext
    cnrtInitRuntimeContext(ctx, NULL);
    cnrtRuntimeContextCreateQueue(ctx, &queue);
    // 为连接输入、输出开辟内存
    param = (void **)malloc(sizeof(void *) * (inputNum + outputNum));
}
```

数据预处理的工作首先是读取图片，并将通道顺序转为 RGB，其次将图像缩放到网络模型的输入大小，最后对图像数据进行标准化。具体代码如下所示，代码中有两点需要注意。

（1）彩色图像使用 opencv 读取时是 BGR 格式，离线推理时必须转为 RGB 格式进行推理，否则推理结果将会有较大误差。

（2）代码中出现了 (0.485, 0.456, 0.406)、(0.229, 0.224, 0.225) 这两组数据，他们分别是训练集数据进行归一化后每个通道的均值和方差，具体代码位于 u2net_offline.cc 文件中。

```
Mat Data_obj::preProcess(int height , int width) {
    // 读取图片为矩阵
    cv::Mat image = cv::imread(in_filename, cv::IMREAD_COLOR);
    cv::cvtColor(image,image,cv::COLOR_BGR2RGB);
    // 获取真实图像的宽、高信息，作为后处理中 resize 的目标尺寸
    realImg_width = image.cols;
    realImg_height = image.rows;
```

```cpp
// 图像缩放
cv::resize(image, image, cv::Size(width, height));
// 将图像转为浮点型
cv::Mat normalized_image;
image.convertTo(image, CV_32FC2);
// 标准化输入数据
cv::Mat subtract_image = cv::Mat(image.rows,image.cols, CV_32FC3,
                cv::Scalar(0.485*255, 0.456*255, 0.406*255));
cv::subtract(image, subtract_image, subtract_image);
cv::Mat img_device = cv::Mat(image.rows, image.cols, CV_32FC3,
                cv::Scalar(0.229*255, 0.224*255, 0.225*255));
cv::divide(subtract_image , img_device, normalized_image);
return normalized_image;
}
```

离线模型推理的主要代码如下所示：

```cpp
void Runtime_obj::Run(cv::Mat img_mat){
    ……// 填充输入数据
    // 通过 for 循环使用以下代码从 cpu 端将数据拷入到 MLU 端
    cnrtMemcpy(inputMluPtrS[i], inputCpuPtrS[i], inputSizeS[i],
                CNRT_MEM_TRANS_DIR_HOST2DEV);
    // 通过 for 循环用 param 连接输入、输出数据作为推理参数
    ……
    // 进行推理
    cnrtInvokeRuntimeContext_V2(ctx, NULL, param, queue, NULL);
    // 等待执行完毕
    cnrtSyncQueue(queue);
    // 通过 for 循环使用以下代码从 MLU 端将数据取回 CPU 端
    cnrtMemcpy(outputCpuPtrS[i], outputMluPtrS[i], outputSizeS[i],
                CNRT_MEM_TRANS_DIR_DEV2HOST);
}
```

推理结果是一个值域为 [0，1] 的 float 类型的指针数据，若结合图像则可以理解为按行、列、通道的顺序展平排列的 320×320 单通道图像数据。因此后处理的步骤为：

(1) 将推理结果数据转为图像矩阵；

(2) 将数据映射到 [0，255] 的范围内；

(3) 将掩模灰度图进行阈值变换得到黑白图；

(4) 使用双线性插值缩放到原图矩阵大小；

(5) 读取原图并使用掩膜黑白图对原图进行掩膜得到图 7.26 所示结果。

具体是实现代码如下所示：

```cpp
void Data_obj::resultDeal(float *result ){
    // 创建接收推理结果的矩阵
    cv::Mat result_(cv::Size( 320, 320), CV_32FC1);
    // 拷贝结果数据到矩阵中
    memcpy(result_.data, result, 320 * 320 * 4);
    // 将数据范围由 [0,1] 映射到 [0,255]
    cv::normalize(result_,result_,0,255,NORM_MINMAX);
    cv::Mat result_img, rst;
    result_.convertTo(result_img, CV_8UC1);
    // 进行阈值变换
    cv::threshold(result_img,rst,70,255,0);
    cv::Mat resized_image, real_img;
    // 将图像缩放到真实图像大小
    cv::resize(rst,resized_image,
            cv::Size(realImg_width,realImg_height));
    cv::Mat image = cv::imread(in_filename, cv::IMREAD_COLOR);
    // 二值掩膜图掩膜原图
    cv::bitwise_and(image, image, real_img,resized_image);
    // 保存结果图像
    cv::imwrite(save_filename,real_img);
}
```

推理完成对推理过程中开辟的内存资源进行释放，具体代码如下所示：

```
void Runtime_obj::destroy_all(){
    // 在 MLU 端开辟的内存使用 cnrtFree 方法释放内存
    cnrtFree(inputMluPtrS[i]);
    ……
    // 在 CPU 端开辟的内存使用 free 方法释放内存
    free(inputCpuPtrS[i]);
    ……
    // 销毁资源
    cnrtDestroyQueue(queue);
    cnrtDestroyRuntimeContext(ctx);
    cnrtDestroyFunction(function);
    cnrtUnloadModel(model);
    cnrtDestroy();
}
```

离线推理只需在 inference_MLU/offline_inference/src 下的命令行输入 ./u2net_offline. out 即可。

图 7.26　离线推理结果展示[4]

7.5. 本章小结

本章主要以人像分割为例，全面介绍了如何使用寒武纪 MLU 220 进行网络模型推理。为了明确该工作的意义，从人像分割的背景到原理进行了一一阐述，为了理解寒武纪的推理流程，对每个推理模块进行了细化，细化后的每块都以流程图的形式展现。读者可以清晰地了解人像分割技术的来龙去脉，并对 MLU 220 的使用有一个新的认识，能灵活地改写并使用案例中的模块。

参考文献

[1] Kaiming He; Georgia Gkioxari; Piotr Dollár; Ross Girshick.Mask R-CNN[J].IEEE Transactions on Pattern Analysis and Machine Intelligence, 2018, 42(2): 386- 397. A Kirillov, Y Wu, K He, etc. PointRend: Image Segmentation As Rendering[C]. 2020 IEEE/CVF Conference on Computer Vision and Pattern Recognition (CVPR).Seattle, WA, USA:IEEE, 2020. 9796- 9805.

[2] Alexander Kirillov; Kaiming He; Ross Girshick; Carsten Rother; Piotr Dollár.Panoptic Segmentation[C]. 2019 IEEE/CVF Conference on Computer Vision and Pattern Recognition (CVPR).Long Beach, CA, USA:IEEE, 2019. 9396- 9405.

[3] Nassir Navab, Joachim Hornegger, William M. Wells, etc.U-Net: Convolutional Networks for Biomedical Image Segmentation[C].Medical Image Computing and Computer-Assisted Intervention – MICCAI 2015.Germany:MICCAI 2015, 2015. 234- 241.

[4] Mark Everingham (University of Leeds), Luc van Gool (ETHZ, Zurich), Chris Williams (University of Edinburgh), John Winn (Microsoft Research Cambridge)，Andrew Zisserman (University of Oxford).Visual Object Classes Challenge 2012 (VOC 2012)[EB/OL].http://host.robots.ox.ac.uk/ pascal/VOC/voc 2012/index.html, 2010.

[5] kaggle[DS/OL]https://www.kaggle.com.

[6] coco[DS/OL]https://cocodataset.org/.

[7] SBD[DS/OL]https://hyper.ai/datasets/ 5726.

[8] DAVIS: Densely Annotated VIdeo Segmentation[DS/OL]https://davischallenge.org/.

[9] PASCAL-Context Dataset[DS/OL]https://cs.stanford.edu/~roozbeh/pascal-context/.

第8章 风格迁移

深度学习引领的人工智能技术已经进入了交通、医疗、军事等各个领域中，而风格迁移就是一项新颖的人工智能技术。将照片附加名画效果就是通过基于深度学习的图像风格迁移技术实现的。图像风格迁移可用于艺术创作，使批量产生艺术作品成为现实，将生活与艺术结合，创造出更多的艺术作品。

8.1 案例背景

8.1.1 案例介绍

简单地说，风格迁移就是给图像上上滤镜，但又不同于传统滤镜，风格迁移的实现是基于人工智能的，每个风格的转化都是通过大量的艺术作品训练创作而成的。本案例将实施利用pytorch搭建一个风格迁移的神经网络，利用人工智能复现旧时代艺术，同时实现用摄像头实时对拍摄到的图像进行风格迁移。

8.1.2 技术背景

随着显卡计算能力的增强，深度学习再一次崛起，利用深度学习来训练物体识别的模型成为深度学习的主要应用。在这种环境下，利用神经网络经过训练自动提取特征成为实现风格迁移这一技术的有力支持。2015年，基于神经网络的图像风格迁移由Gatys提出，但每次进行风格迁移都需要大量时间的训练，过于复杂；2016年，Justin Johnson发表论文《Perceptual Losses for Real-Time Style Transfer and Super-Resolution》，提出了一种快速实现风格迁移的算法。这种方法通常被称为Fast Neural Style，只需要在GPU上运行几秒钟就能生成对应的风格迁移图片，之后还有另外的对抗生成网络cyclegan，其本质上是两个镜像对称的GAN，构成了一个环形网络。本案例采用Fast Neural Style作为本次风格迁移的算法，因其训练好模型以后转换图片所需时间少，可以满足快速转换图片的需要。

在风格迁移中会主要接触两个名词，一个是风格，代表作品有梵高的《星月夜》、《向日葵》，毕加索的《A muse》，莫奈的《印象—日出》，日本浮世绘的《神奈川冲浪里》（如

图8.1)等等,这些图片从色彩、线条、轮廓等上都具有十分突出的艺术风格;另一个是内容,例如随手拍下的生活图片等。

《星月夜》

《神奈川冲浪里》

《A muse》

《印象—日出》

图8.1 风格作品代表

要得到效果理想的风格迁移图片需要满足两个方面的要求(风格图片是指要实现的艺术风格的作品,内容图片是原本的图片):一是生成的图片在风格上尽可能地与风格图片相类似;二是在内容、细节上尽可能地与内容图片相似。

8.1.3 实现目标

本案例要求通过摄像头对图片进行风格迁移,延时不能超过2 ms,在 CPU 上也要达到实时风格迁移的效果。因此整个模型必须能达到快速风格迁移的要求,这样才能对摄像头采集的数据进行实时处理。最终效果展示如图8.2。

图8.2 最终效果展示

上图中,左图是摄像头捕捉到的画面,右图是风格迁移后的画面。二者同时显示,方

便是否实时转化以及对比效果。

8.2　技术方案

8.2.1　方案概述

本方案采用了快速实现风格迁移的算法 Fast Neural Style。利用 pytorch 官网提供的预训练 VGG-16 模型提取图片特征，通过训练图片生成模型，利用风格损失和内容损失将输入图片转换成风格图片。特征提取网络和图像生成网络在整个过程中起关键作用，两者都是深度学习的模型，需要经过大量的训练以后才能得到相应的参数进行实际应用。特征提取网络可以用 pytorch 官网提供的预训练模型，图像生成网络需要使用大量图片训练网络，学习相应参数。本方案将使用相应的数据集训练网络，应用训练好的模型用于生成风格图片。方案流程如图 8.3 所示。

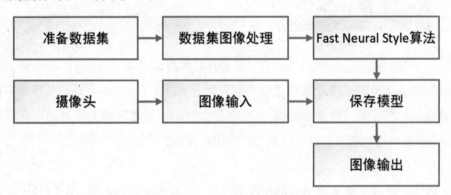

图 8.3　方案流程图

8.2.2　VGG-16

VGG-16 网络结构如图 8.4 所示，图中可以很清楚地看到整个网络每一层的结构，利用该网络提取图片特征可以更好地捕捉图片线条等内容。其中白色层为卷积层，红色层为池化层，这里使用的是最大池化，蓝色层是全连接层，最后的黄色层输出 1000 个分类，其中卷积层和全连接层使用的激活函数都是 ReLU 函数。

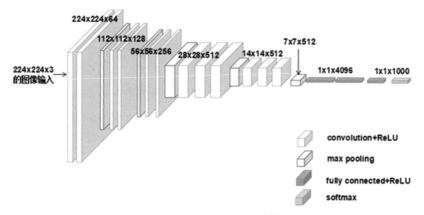

图 8.4　VGG 16 网络结构[1]

8.2.3　Transformer Network

图 8.5 是 Transformer Network 的论文中的一部分内容，可以看到，Transformer Network 的网络主要是由三层卷积，五层残差和三层卷积构成的下采样卷积层、深度残差层和上采样卷积层，其中卷积层激活函数是 ReLU 函数。

1　Network Architectures

Our style transfer networks use the architecture shown in Table 1 and our super-resolution networks use the architecture shown in Table 2. In these tables "$C \times H \times W$ conv" denotes a convolutional layer with C filters size $H \times W$ which is immediately followed by spatial batch normalization [1] and a ReLU nonlinearity.

Our residual blocks each contain two 3×3 convolutional layers with the same number of filters on both layer. We use the residual block design of Gross and Wilber [2] (shown in Figure 1), which differs from that of He *et al* [3] in that the ReLU nonlinearity following the addition is removed; this modified design was found in [2] to perform slightly better for image classification.

Layer	Activation size
Input	$3 \times 256 \times 256$
$32 \times 9 \times 9$ conv, stride 1	$32 \times 256 \times 256$
$64 \times 3 \times 3$ conv, stride 2	$64 \times 128 \times 128$
$128 \times 3 \times 3$ conv, stride 2	$128 \times 64 \times 64$
Residual block, 128 filters	$128 \times 64 \times 64$
Residual block, 128 filters	$128 \times 64 \times 64$
Residual block, 128 filters	$128 \times 64 \times 64$
Residual block, 128 filters	$128 \times 64 \times 64$
Residual block, 128 filters	$128 \times 64 \times 64$
$64 \times 3 \times 3$ conv, stride 1/2	$64 \times 128 \times 128$
$32 \times 3 \times 3$ conv, stride 1/2	$32 \times 256 \times 256$
$3 \times 9 \times 9$ conv, stride 1	$3 \times 256 \times 256$

Table 1. Network architecture used for style transfer networks.

图 8.5　Transformer Network 网络结构[2]

8.2.4　Fast Neural Style

Fast Neural Style 对应的网络结构如图 8.6 所示。

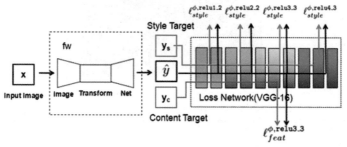

图 8.6　Fast Neural Style 对应的网络结构[3]

如图8.6所示，其网络结构由两个神经网络组成（分别在上图的两个虚线框内标出），第一个虚线框内代表的是图像转换网络，第二个虚线框内代表的是损失网络。图像转换网络的作用是生成训练好的某一种风格的图像，它的输入是一个图像，输出也是一个图像。损失网络是一个VGG-16网络，利用该网络来定义风格损失与内容损失，调整它们的参数比例，生成偏风格或者偏内容的图像。生成的图像只需要在转换网络中计算一遍，所以速度很快。

8.2.5　实现方法

首先接收摄像头数据作为输入，然后将摄像头采集到的视频流以图片的形式进行图片处理，同时输出此时摄像头采集到的图片，将经过处理后得到的图片输入网络之中生成新的风格图片，再显示在屏幕上，这样就能看到两个实时显示的图片，一个是没经过风格迁移的原图，另一个是经过风格迁移后的图片。输入的图片可以是任意大小，图片越大，所需风格迁移的时间也越更久。为了方便观看转换前后的变化，编写时加入了同时输出转换前后图片的程序。

8.3　模型训练

8.3.1　工程结构

图8.7　工程结构图

工程结构如图8.7所示，主要文件说明如下。

dataset：训练时所用的 coco 数据集

images：测试时用的图片以及训练时生成的图片

model 5：存放着之前训练好的模型

models：官网提供的 vgg 16 预训练模型

online.py：在线量化模型文件

testonline.py: 逐层、融合模式和离线模型生成文件

train.py：训练模型文件

stylize.py：使用图片进行风格迁移的文件

test.py：使用摄像头进行风格迁移的文件

zip.py：torch 1.6 版本转化模型为非 zip 格式文件

transformer.py：transformer 网络结构文件

utils.py：图片操作文件

vgg.py：VGG 16 网络结构文件

readme.txt：该工程的使用文档

.cpp: 调用离线推理时需要的 c++ 文件

.hpp：c++ 文件的头文件

.out: 可执行文件，通过 c++ 方式直接进行离线推理

.so:python 调用 c++ 接口进行离线推理所需文件

8.3.2 数据准备

模型所使用的 COCO 公开数据集下载地址：

http://images.cocodataset.org/zips/test 2014.zip。

处理 VGG-16 开源模型下载地址：

https://web.eecs.umich.edu/~justincj/models/vgg 16-00b 39a 1b.pth。

8.3.3 模型搭建

Fast Neural Style 已有开源实现，也有已经训练好的网络模型可以直接下载，本案例直接使用 github 上已有的源码和已训练好的模型[4]。模型结构文件在 fast-neural-style-pytorch-master 下面的 transformer.py 文件中。

首先加载训练所需的数据集，device 是为了确认训练时使用 CPU 还是 GPU。在 GPU 上训练的时间大概为三至四个小时，在此次训练过程中使用的是 1050ti。使用 CPU 的训练时间会更长，因此不使用 CPU 进行训练。对加载的数据集进行图像处理，resize 成规定的大小，增强图像等。

```
# 设备设置
device = ("cuda" if torch.cuda.is_available() else "cpu")
# 数据集加载
transform = transforms.Compose([
    transforms.Resize(TRAIN_IMAGE_SIZE),#256
    transforms.CenterCrop(TRAIN_IMAGE_SIZE),
    transforms.ToTensor(),#(H,W,C)===>(C,H,W)/255
    transforms.Lambda(lambda x: x.mul(255))
])
#torchvision 自带的库，加载40504张图片
train_dataset=datasets.ImageFolder(DATASET_PATH, transform=transform)
# 训练数据集的加载器，自动将数据分割成 batch，顺序随机打乱
train_loader=torch.utils.data.DataLoader(train_dataset,batch_size=BATCH_SIZE,
shuffle=True)
```

接着加载训练时需要用到的网络结构。两个网络分别放在 transformer.py 和 vgg.py 中，将网络放在 GPU 上面运行，加快训练速度。

```
# 加载 transformer 网络并在设置好的设备上运行
TransformerNetwork= transformer.TransformerNetwork().to(device)
# 加载 VGG 16网络并在设置好的设备上运行
VGG = vgg.VGG 16().to(device)
```

搭建 Transformer Network 和 VGG-16 的网络模型。VGG-16网络结构中的 vgg_path="models/vgg 16-00b 39a 1b.pth" 是加载 pytorch 官网提供的预训练好的模型。

```
class TransformerNetwork(nn.Module):
    def __init__(self):
        super(TransformerNetwork, self).__init__()
        self.ConvBlock = nn.Sequential(
            ConvLayer(3, 32, 9, 1),
```

```
            nn.ReLU(),
            ConvLayer( 32, 64, 3, 2),
            nn.ReLU(),
            ConvLayer( 64, 128, 3, 2),
            nn.ReLU()
        )
        self.ResidualBlock = nn.Sequential(
            ResidualLayer( 128, 3),
            ResidualLayer( 128, 3),
            ResidualLayer( 128, 3),
            ResidualLayer( 128, 3),
            ResidualLayer( 128, 3)
        )
        self.DeconvBlock = nn.Sequential(
            DeconvLayer( 128, 64, 3, 2, 1),
            nn.ReLU(),
            DeconvLayer( 64, 32, 3, 2, 1),
            nn.ReLU(),
            ConvLayer( 32, 3, 9, 1, norm="None")
        )

    def forward(self, x):
        x = self.ConvBlock(x)
        x = self.ResidualBlock(x)
        out = self.Decon vBlock(x)
        return out
class VGG 16(nn.Module):
    def __init__(self, vgg_path="models/vgg 16-00b 39a 1b.pth"):
        super(VGG 16, self).__init__()
        vgg 16_features = models.vgg 16(pretrained=False)
        vgg 16_features.load_state_dict(torch.load(vgg_path), strict=False)
        self.features = vgg 16_features.features
```

```
        for param in self.features.parameters():
            param.requires_grad = False
    def forward(self, x):
        layers = {'3': 'relu1_2', '8': 'relu2_2', '15': 'relu3_3', '22': 'relu4_3'}
        features = {}
        for name, layer in self.features._modules.items():
            x = layer(x)
            if name in layers:
                features[layers[name]] = x
                if (name=='22'):
                    break
        return features
```

通过 VGG-16 提取加载的风格图片的特征：

```
    # 风格特征
    # 标准化的时候，数据各个通道的均值为 [103.939, 116.779, 123.68]。
    # 采用 ImageNet 图片的均值和标准差作为标准化参数的目的是图像的各个像
素的分布接近标准分布, shape=(1,3,1,1)
    imagenet_neg_mean=torch.tensor([-103.939,-116.779,-123.68],dtype=torch.
float32).reshape(1,3,1,1).to(device)
    #(640, 1024, 3), 输入的是 1024*640 的一张风格图片
    style_image = utils.load_image(STYLE_IMAGE_PATH)
    #torch.Size([1, 3, 640, 1024]), 重新缩放图像并且增加维度
    style_tensor= utils.itot(style_image).to(device)
    #torch.Size([1, 3, 640, 1024]), 标准化
    style_tensor=style_tensor.add(imagenet_neg_mean)
    #B,C,H,W 得到对应的形状数字
    B, C, H, W = style_tensor.shape
    # 扩展为 batch_size 对应的形状
    style_features= VGG(style_tensor.expand([BATCH_SIZE, C, H, W]))
```

　　创建一个列表，用来储存接下来的风格损失函数所要用到的风格损失，即上面的网络结构图提到的 relu1_2、relu2_2、relu3_3 和 relu4_3。

```
# 创建列表
style_gram = {}
for key, value in style_features.items():
#relu1_2,relu2_2,relu3_3,relu4_3，列表的 key 所对应的名称
        style_gram[key] = utils.gram(value)
```

　　在模型训练时，有多种优化器可供选择，帮助模型学习过程中 loss 的下降，常见的优化器有 SGD、Momentum、NAG、Adagrad、Rmsprop、Adam，这里使用的是 Adam 优化器，学习率为 0.001。Adam 优化器[3] 对梯度的一阶矩估计 (First Moment Estimation，即梯度的均值) 和二阶矩估计 (Second Moment Estimation，即梯度的未中心化的方差) 进行综合考虑，计算出更新步长，即一种对随机目标函数执行梯度优化的算法，该算法基于适应性低阶矩估计。Adam 算法很容易实现，并且有很高的计算效率，对内存需求少，适用于梯度稀疏或梯度存在很大噪声的情况。

```
# 优化器设置，优化器使用 Adam，学习率为 0.001
optimizer=optim.Adam(TransformerNetwork.parameters(),lr=ADAM_LR)
```

　　创建损失函数列表可以绘图观察训练模型时损失函数不断收敛的过程，同时了解模型的学习是否顺利。

```
# Loss 列表
content_loss_history = []
style_loss_history = []
total_loss_history = []
batch_content_loss_sum = 0
batch_style_loss_sum = 0
batch_total_loss_sum = 0
```

　　使用之前定义的 Transformer Network 和 VGG 网络开始训练。

```
for epoch in range(NUM_EPOCHS):
    for content_batch, _ in train_loader:
        # 得到 batch size 为 4
        curr_batch_size = content_batch.shape[0]
        # 执行完这句, 显存才会在 Nvidia-smi 中释放
        torch.cuda.empty_cache()
        # Zero-out Gradients
        optimizer.zero_grad()
        #RGB===>BGR
        content_batch=content_batch[:,[2,1,0]].to(device)
        generated_batch = TransformerNetwork(content_batch)
    content_features=VGG(content_batch.add(imagenet_neg_mean))
    generated_features=VGG(generated_batch.add(imagenet_neg_mean))
```

创建训练过程中所需要的损失函数：风格损失函数和内容损失函数。风格损失函数调用了 relu1_2、relu2_2、relu3_3 和 relu4_3 四个层的总和，并乘上一定的参数作为风格损失的 loss 函数；内容损失函数与 relu3_3 不同，使用了 relu2_2 并乘上一定的参数来作为内容损失的 loss 函数。二者加起来作为总损失函数，相加之前乘的参数决定了生成图片是偏风格一点还是偏原图片内容一点，在这里设置的是 CONTENT_WEIGHT = 4 和 STYLE_WEIGHT = 6，所以生成的图片偏原图内容一点。后期可以在掌握整个模型训练流程的基础上尝试修改这两个参数，增大二者的参数比，观察生成的图片的不同。

均方损失函数：$loss(x_i, y_i) = (x_i - y_i)^2$

```
# Content Loss
# 均方损失函数
MSELoss = nn.MSELoss().to(device)
content_loss=CONTENT_WEIGHT*MSELoss(generated_features['relu2_2'],
content_features['relu2_2'])
batch_content_loss_sum += content_loss
# Style Loss
style_loss = 0
```

```
for key, value in generated_features.items():s_loss = MSELoss(utils.gram(value),
style_gram[key][:curr_batch_size])
    style_loss += s_loss
    style_loss *= STYLE_WEIGHT
    #item 是得到一个元素张量里面的元素值
    batch_style_loss_sum += style_loss.item()

    # Total Loss
    total_loss = content_loss + style_loss
    batch_total_loss_sum+=total_loss.item()=VGG(generated_batch.add(imagenet_neg_
mean))
```

更新反向传播的权重，帮助 total_loss 函数收敛。

```
# 反向传播权重更新
    total_loss.backward()
    optimizer.step()
```

每隔 500 步保存一次训练的模型和输出 loss，同时将 loss 增加到上面建立好的 loss 表里，计算进行该训练步骤时所需的时间。

```
# 保存模型，输出 loss
    if(((batch_count 1)%SAVE_MODEL_EVERY==0)or(batch_count==NUM_
EPOCHS*len(train_loader))):
        #len(train_loader)=10126
        # 输出 Losses
        print("========Iteration{}/{}=========".format(batch_count, NUM_
EPOCHS*len(train_loader)))
        print("\tContentLoss:\t{:.2f}".format(batch_content_loss_sum/batch_count))
        print("\tStyleLoss:\t{:.2f}".format(batch_style_loss_sum/batch_count))
        print("\tTotalLoss:\t{:.2f}".format(batch_total_loss_sum/batch_count))
        print("Time elapsed:\t{} seconds".format(time.time()-start_time))
```

```
# 保存模型
checkpoint_path=SAVE_MODEL_PATH+"checkpoint_"str(batch_count-1) + ".pth"
torch.save(TransformerNetwork.state_dict(),checkpoint_path)
print("Saved TransformerNetwork checkpoint file at {}".format(checkpoint_path))
```

每隔500步保存一次训练时输出的样本图片，注意保存的路径。

```
# 保存样本图片
sample_tensor=generated_batch[0].clone().detach().unsqueeze(dim=0)
sample_image = utils.ttoi(sample_tensor.clone().detach())
sample_image_path = SAVE_IMAGE_PATH + "sample0_" + str(batch_count-1) +
".png"
utils.saveimg(sample_image, sample_image_path)
print("Saved sample tranformed image at {}".format(sample_image_path))
```

每隔500步保存此时的content_loss、style_loss和total_loss，并输出作为训练进行的标志。

```
# 保存 loss histories
content_loss_history.append(batch_content_loss_sum/batch_count)
style_loss_history.append(batch_style_loss_sum/batch_count)
total_loss_history.append(batch_total_loss_sum/batch_count)
# Batch Counter
batch_count+=1
stop_time = time.time()
# 输出 loss histories
print("Done Training the Transformer Network!")
print("Training Time: {} seconds".format(stop_time-start_time))
print("========Content Loss========")
print(content_loss_history)
print("========Style Loss========")
print(style_loss_history)
print("========Total Loss========")
print(total_loss_history)
```

每隔 500 步保存此时的模型参数，后面加载模型参数时可以调用该参数进行风格图片的生成。

```
# 保存模型权重参数
TransformerNetwork.eval()
TransformerNetwork.cpu()
final_path = SAVE_MODEL_PATH + "transformer_weight.pth"
print("Saving TransformerNetwork weights at {}".format(final_path))
torch.save(TransformerNetwork.state_dict(), final_path)
print("Done saving final model")
```

根据保存的 loss 的列表进行绘图，通过图像可以看到训练时 loss 的下降过程。

```
# 绘图
if (PLOT_LOSS):
        utils.plot_loss_hist(content_loss_history,style_loss_history, total_loss_history)
```

8.3.4　模型训练

要训练风格模型，需要将下载的图片放在已设置的数据集加载地址下，本案例中是放在同一文件夹下的 dataset 下，使用的是 coco 2014 图片集，如图 8.8 所示。

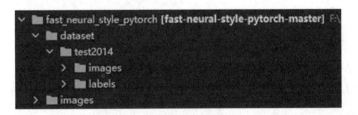

图 8.8　数据集位置

进入 anaconda，先激活虚拟环境（这里建立的虚拟环境名称是 torch_gpu），再运行命令：conda activate torch_gpu。如图 8.9 所示，在命令行输入 python train.py. 出现以下画面即代表模型已经开始训练。

```
E:\ProgramData\Anaconda3\envs\torch_gpu\python.exe F:/BaiduNetdiskDownloa
========Epoch 1/1========
========Iteration 1/10126========
    Content Loss:    539626.75
    Style Loss:    45907412.00
    Total Loss:    46447040.00
Time elapsed:    1.3117625713348389 seconds
Saved TransformerNetwork checkpoint file at model8/checkpoint_0.pth
Saved sample tranformed image at images/out8/sample0_0.png
========Iteration 501/10126========
    Content Loss:    2011627.00
    Style Loss:    8032293.92
    Total Loss:    10043920.77
Time elapsed:    740.629686832428 seconds
Saved TransformerNetwork checkpoint file at model8/checkpoint_500.pth
Saved sample tranformed image at images/out8/sample0_500.png
```

图 8.9 训练过程

训练过程中的参数设置放在了 train.py 文件的开头,读者可修改相应参数对训练过程进行调优。其中训练的数据集放在了同一目录的 dataset 下面,下载的 COCO 数据集 test2014 也要放在这里,不然会出现错误。

```
TRAIN_IMAGE_SIZE = 256

DATASET_PATH = "dataset"

NUM_EPOCHS = 1

STYLE_IMAGE_PATH = "images/starry_night.jpg"

BATCH_SIZE = 4

CONTENT_WEIGHT = 4

STYLE_WEIGHT = 6

ADAM_LR = 0.001

SAVE_MODEL_PATH = "model 8/"

SAVE_IMAGE_PATH = "images/out 8/"

SAVE_MODEL_EVERY = 500 # 2,000 Images with batch size 4

SEED = 35

PLOT_LOSS = 1
```

如果存放模型和图片的路径不存在,则会在对应的路径下创建相应的文件夹。

```
if not os.path.exists(SAVE_MODEL_PATH):
    os.makedirs(SAVE_MODEL_PATH)
if not os.path.exists(SAVE_IMAGE_PATH):
    os.makedirs(SAVE_IMAGE_PATH)
```

每隔 500 步将模型保存在设置的路径下面，这里保存的模型名称为步数 +.pth 的形式，设置的路径是 models，如图 8.10 所示。可以看到，除了每隔 500 步保存下的模型以外，还会多出两个最后的模型的权重文件，一个是 transformer_weight.pth，另一个是 vgg16-00b39a1b.pth，读者在加载 tansformer 网络时，可以尝试加载前面的 .pth 文件和后面的 .pth 文件，看看有什么不同。

图 8.10　模型保存

8.3.5　模型使用

模型训练完成以后，应用保存下来的模型文件实现一个完整的风格迁移过程。因每个工程所需要的环境配置不同，所以最好搭建不同的环境，推荐使用 anaconda 搭建虚拟环境。本工程需要的 Python 版本是 3.7，pytorch 的版本是 1.6，以及 opencv-python 4.4。pytorch 可以到官网 https://pytorch.org/ 寻找下载链接，安装 pytorch 的指令是 conda install pytorch torchvision cudatoolkit=10.1 -c pytorch，安装的是 GPU 版本的，opencv 的安装使用 pip 指令 (pip install opencv-python)，torch-vision 的安装用 pip install torchvision 指令。可以用 conda list 查看当前环境的安装包一共有哪些。

加载模型的具体代码如下：

```
# 如果设备存在 gpu 就使用 gpu，否则将使用 cpu 进行下列程序。
device = ("cuda" if torch.cuda.is_available() else "cpu")
## 加载模型的路
STYLE_TRANSFORM_PATH = "models/checkpoint_10125.pth"
# 加载网络
net = transformer.TransformerNetwork()
# 加载模型权重
net.load_state_dict(torch.load(STYLE_TRANSFORM_PATH))
# 将网络放在 gpu 或者 cpu 上面跑
net = net.to(device)
```

使用 torch.load() 加载模型参数时，会提示 "xxx.pt is a zip archive(did you mean to use torch.jit.load()?)" 这个错误，这是因为在 torch 1.6 版本中，对 torch.save 进行了更改，可以进行如下处理：

```
# 加载模型的路径
STYLE_TRANSFORM_PATH = "model 9/checkpoint_10125.pth"
# 存放模型的路径
SAVE_MODEL_PATH = "model 9/"
# 调用 gpu 跑程序
device = "cuda"
# 在 torch 1.6 版本中重新加载一下网络参数，例化模型并加载到 cpu 或 GPU 中
model = transformer.TransformerNetwork().to(device)
# 实载模型参数，STYLE_TRANSFORM_PATH 为之前训练好的模型参数 (zip 格式)
model.load_state_dict(torch.load(STYLE_TRANSFORM_PATH))
# 重新保存网络参数，此时注意改为非 zip 格式
checkpoint_path = SAVE_MODEL_PATH + "checkpoint_new 2" + ".pth"
torch.save(model.state_dict(), checkpoint_path, use_new_zipfile_serialization=False)
```

经过处理之后再重新加载模型就不会报错了。

模型的应用方法有两种：一种是直接转化图片为风格迁移后的图片；另一种是利用摄像头的输入实时风格迁移。

图片风格迁移具体代码如下：

```
# 决定使用 cpu 还是 gpu 来进行风格迁移
device = ("cuda" if torch.cuda.is_available() else "cpu")
STYLE_TRANSFORM_PATH = "model2/checkpoint_10125.pth
# 加载 TransformerNetwork 的网络
net = transformer.TransformerNetwork()
# 加载 TransformerNetwork 的网络的模型参数
net.load_state_dict(torch.load(STYLE_TRANSFORM_PATH))
# 整个网络放在 cpu 或者 gpu 上面跑
net = net.to(device)
# 图片地址
content_image_path = "images\\sample\\4.jpg"
# 加载图片
content_image = utils.load_image(content_image_path)
content_tensor = utils.itot(content_image).to(device)

now = time.time()
generated_tensor = net(content_tensor)
# 输出转换图片的时间
print('time: ', time.time() - now)
# 在桌面上显示转换后的图片
generated_image = utils.ttoi(generated_tensor.detach())
utils.show(generated_image)
# 将图片保存为同一目录下的 "helloworld.jpg"
utils.saveimg(generated_image, "helloworld.jpg")
```

先在命令行激活虚拟环境，然后输入 python stylize.py 就可以得到同一目录下风格迁移后的文件了。可以修改 stylize.py 里面的图片加载路径以及模型加载路径，STYLE_TRANSFORM_PATH = "models\checkpoint_10125.pth" 是风格模型加载路径，content_image_path = "images\\sample\\tokyo2.jpg" 是可设置的图片加载路径。

视频实时风格迁移具体代码如下：

```
# 获取摄像头的数据作为输入，并将摄像头的数据输入到网络中，获取摄像头设备
cap = cv2.VideoCapture(0)
# 读取摄像头数据，返回每一帧图片
ret, frame = cap.read()
while (1):
    # 显示摄像头此时捕捉到的画面
    cv2.imshow("capture1", frame)
# 将获取的图像经过网络处理
    content_tensor = utils.itot(frame).to(device)
    generated_tensor = net(content_tensor)
    generated_image = utils.ttoi(generated_tensor.detach())
# 得到的图像进行进一步的处理
    img = np.array(generated_image/255).clip(0, 1)
# 当在窗口按下 q 键时会退出当前循环，记住要在显示的窗口上面同时使用英文
输入法按下 q 键才会退出。
    cv2.imshow("capture2",img)# 显示风格迁移后的图片
    if cv2.waitKey(1) & 0xFF == ord('q'):
        break
# 释放设备资源
cap.release()
# 关闭所有窗口
cv2.destroyAllWindows()
```

8.4 模型移植

本案例已经在本地实现实时对摄像头接收到的图像进行风格迁移，但是由于边缘端设备的 CPU 性能大多不及个人电脑的 CPU 性能，所以需要将模型移植到寒武纪智能计算芯片 MLU 220 上。MLU 220 是寒武纪推出的专门用来解决边缘端计算的智能计算芯片，其体积小，性能高，功耗低，在深度学习的计算上有专门的优化处理。

8.4.1 在线推理

生成 int 8 模型的具体代码如下：

```
# 导入 torch mlu 的包
import torch_mlu
import torch_mlu.core.mlu_model as ct
import torch_mlu.core.mlu_quantize as mlu_quantize
# 先加载自己的网络，再加载自己训练好的模型
STYLE_TRANSFORM_PATH="/workspace/fast_neural_style_pytorch/model 5/
checkpoint_new.pth"
model = transformer.TransformerNetwork()
model.load_state_dict(torch.load(STYLE_TRANSFORM_PATH,map_location=torch.
device('cpu')))
mean = [0.0, 0.0, 0.0]
std  = [1.0, 1.0, 1.0]
qconfig={'iteration':opt.image_number,'use_avg':True,'data_scale':1.0,'mean':mean,'std':std,
'per_channel':False,'firstconv':False}
quantized_model=torch_mlu.core.mlu_quantize.quantize_dynamic_mlu(model,qconfig,dt
ype='int 8',gen_quant=True)
torch.save(checkpoint,'./mymodel 2.pth')
```

在生成量化模型用于在线推理时，设置的参数为 'firstconv':False，如果生成的模型用于离线推理，则在量化过程中需要设置参数 'firstconv':True。以上参数的意义如下，

iteration：设置用于量化的图片数量，默认值为 1，即使用 1 张图片进行量化。

use_avg：设置是否使用最值的平均值用于量化，默认值为 False，即不使用。

data_scale：设置是否对图片的最值进行缩放，默认值为 1.0，即不进行缩放。

mean：设置数据集的均值，默认值为 [0,0,0]，即减均值 0。

std：设置数据集的方差，默认值为 [1,1,1]，即除方差 1。

firstconv：设置是否使用 firstconv，默认值为 True，即使用 firstconv，如果设置为 False，则上述 mean、std 均失效，不会执行 firstconv 的计算。

per_channel：设置是否使用分通道量化，默认值为 False，即不使用分通道量化。

dtype：设置量化的模式，当前支持"int 8"和"int 16"模式，使用字符串类型传入。

gen_quant：设置是否进行量化的生成，默认为 False，在生成量化模型时，设置 gen_quant=True。在运行量化模型时，保持默认参数即可，保存后的模型在当前路径下。

其他代码不改动，在 CPU 上运行模型推理程序，运行结束后会在当前目录下生成量化后的模型，在命令行输入 python online.py，结果如图 8.11 所示。

```
(pytorch) root@vuser100-pytorch-app22-v1-7557bd7f4b-zc2dt:/workspac
e/fast_neural_style_pytorch# python online.py
1 (750, 500, 3)
2 torch.Size([1, 3, 750, 500])
3 torch.Size([1, 3, 752, 500])
4 (752, 500, 3)
save picture success!
save model success!
```

图 8.11　量化模型

至此，量化模型生成完毕，之后进行在线推理。在线推理分为在线逐层推理和在线融合模式，首先需要先加载网络和权重文件，但是不同的是，此时的模型参数已经是量化后的模型参数，所以对应的网络也要经过量化，即调用量化接口。推理时调用量化接口的作用是将网络中的可量化层比如 Conv 2d 替换为 MLUConv 2d。具体代码如下：

```
# 需要导入相应的包，加载模型的位置，先加载网络结构，再将网络量化为 mlu 上
可以使用的网络，最后加载量化后的模型参数。
import torch_mlu
import torch_mlu.core.mlu_model as ct
import torch_mlu.core.mlu_quantize as mlu_quantize
STYLE_TRANSFORM_PATH="/workspace/fast_neural_style_pytorch/online.pth"
model = transformer.TransformerNetwork()
model=torch_mlu.core.mlu_quantize.quantize_dynamic_mlu(model)
model.load_state_dict(torch.load(STYLE_TRANSFORM_PATH))
# 在线逐层推理
content_image_path="/workspace/fast_neural_style_pytorch/images/sample/tokyo 2.jpg"
content_image = utils.load_image(content_image_path)
content_tensor = utils.itot(content_image)
# 设置 MLU core number，可选 1、4、16
ct.set_core_number( 1)
```

```
# 设置 MLU core version
ct.set_core_version('MLU 270')
# 得到推理结果
model = model.to(ct.mlu_device())
output = model(content_tensor.to(ct.mlu_device()))
# 保存图片
generated_image = utils.ttoi(output.detach())
utils.saveimg(generated_image,"testonline 1.jpg")
```

经过上面的程序后，会在同一目录下生成一张 testonline 1.jpg 的图片，在命令行中输入 python testonline.py 运行结果如图 8.12 所示。

```
(pytorch) root@vuser100-pytorch-app22-v1-7557bd7f4b-zc2dt:/workspac
e/fast_neural_style_pytorch# python testonline.py
<class 'torch.Tensor'>
torch.Size([1, 3, 750, 500])
CNML: 7.4.0 83c12d7
CNRT: 4.4.0 e305678
save picture testonline1.jpg success!
```

图 8.12　在线逐层推理

在线融合模式具体代码如下：

```
# 融合模式必须设置此参数
torch.set_grad_enabled(False)
# 设置 MLU core number，可选 1、4、16
ct.set_core_number( 1 )
# 设置 MLU core version
ct.set_core_version('MLU 270') # 指定推理时的 batch size 值
net_mlu = model.to(ct.ml 输入值指定推理时的 batch size 值
example_mlu = torch.randn( 1, 3, 480, 640,dtype=torch.float)
# 生成静态图
traced_model=torch.jit.trace(net_mlu,example_mlu.to(ct.mlu_device())
# 得到推理结果
check_trace=False)
output = model(content_tensor.to( 保存图片 _device()))
# 得到推理结果
generated_image = utils.ttoi(output.detach())
utils.saveimg(generated_image,"testonline 2.jpg")
```

同样地，得到同一目录下生成的一张 testonline2.jpg 图片，如果想做对比，可以在生成前后加入检测时间的代码，观察二者生成图片分别所需的时间，需注意的是，在线逐层推理和融合模式都写在了同一个文件里面，需要使用哪个就将哪个注释符号删掉即可，运行结果如图 8.13 示。

```
(pytorch) root@vuser100-pytorch-app22-v1-7557bd7f4b-zc2dt:/workspac
e/fast_neural_style_pytorch# python testonline.py
<class 'torch.Tensor'>
torch.Size([1, 3, 750, 500])
CNML: 7.4.0 83c12d7
CNRT: 4.4.0 e305678
save picture testonline2.jpg success!
```

图 8.13　在线融合模式

读者可以尝试自己量化 int 16 的模型，对比 int 8 模型在在线推理时使用逐层推理和融合模式所需时间以及效果有何不同。

8.4.2　生成离线模型

生成离线模型具体代码如下：

```python
import torch

import torch_mlu

import torch_mlu.core.mlu_model as ct

import torch_mlu.core.mlu_quantize as mlu_quantize

STYLE_TRANSFORM_PATH = "/workspace/fast_neural_style_pytorch/online.pth"

model = transformer.TransformerNetwork()

model=mlu_quantize.quantize_dynamic_mlu(model)

model.load_state_dict(torch.load(STYLE_TRANSFORM_PATH))

model.eval().float()

content_image_path="/workspace/fast_neural_style_pytorch/images/sample/tokyo2.jpg"

content_image = utils.load_image(content_image_path)

content_tensor = utils.itot(content_image).float()

# 融合模式必须设置此参数

torch.set_grad_enabled(False)

# 离线开启

torch_mlu.core.mlu_model.save_as_cambricon('transformer')

# 设置 MLU core number, 可选 1、4、16

ct.set_core_number(1)
```

```
# 设置 MLU core version
ct.set_core_version('MLU 270')
net_mlu = model.to(ct.mlu_device())
# 指定推理时的 batch size 值
example_mlu = torch.randn( 1, 3, 480, 640, dtype=torch.float)
# 生成静态图
model=torch.jit.trace(net_mlu,example_mlu.to(ct.mlu_device()),check_trace=False)
# 得到推理结果
output = model(content_tensor.to(ct.mlu_device()))
generated_image = utils.ttoi(output.detach())
utils.saveimg(generated_image, "cambricon.jpg")
# 离线关闭
torch_mlu.core.mlu_model.save_as_cambricon("")
print("save picture success!")
```

在命令行激活环境后输入 python testonline.py，在同一目录下（如图 8.14）会生成 transformer.cambricon 和 transformer.cambricon_twins 两个文件，transformer.cambricon 是生成的离线模型，transformer.cambricon_twins 记录了一些离线模型的信息，在命令行输入 cat transformer.cambricon_twins 可以对文件进行查看，内容如图 8.15 示。

图 8.14　离线模型生成　　　　　　图 8.15　离线模型信息

8.4.3 使用离线模型

使用离线模型就是在 MLU 设备上执行静态代码，需要使用 cnrt 来加载。先准备 GPU 计算数据，将数据从 CPU 内存拷贝到 GPU 内存，然后在 GPU 中运行程序，最后将计算结果从 GPU 内存拷贝到 CPU 内存上。

先读取图片转换为输入数据，还需将图片 resize 为 transformer.cambricon_twins 中设置的形状，本案例中为 750×500，具体代码如下：

```
// 读取图片并转换为输入数据
char readPath[] = "./images/sample/4.jpg";
Mat imagepicture = imread(readPath);
Mat image;
resize(imagepicture, image, Size( 500, 750));
Mat image_float;
image.convertTo(image_float, CV_32FC3);
```

初始化并获取 MLU 设备数量，设置运行时使用的设备，具体代码如下：

```
cnrtInit( 0);
// 获取 MLU 设备数量
unsigned dev_num;
cnrtGetDeviceCount(&dev_num);
// printf("here:%d\n", __LINE__);
// 设置当前使用的设备
cnrtDev_t dev;
cnrtGetDeviceHandle(&dev, 0);
cnrtSetCurrentDevice(dev);
```

加载模型并获取 function，这里加载的模型是上面生成的离线模型，离线模型的名称 subnet0 可以在 transformer.cambricon_twins 中获取，同时可以从 function 中得到输入输出参数，具体代码如下：

```
// 加载模型
cnrtModel_t model;
cnrtLoadModel(&model,"./transformer.cambricon");
// 从模型中取得 function
cnrtFunction_t function;
cnrtCreateFunction(&function);
cnrtExtractFunction(&function,model,"subnet0");
// 获取输入输出参数
int inputNum,outputNum;
int64_t *inputSizeS,*outputSizeS;
cnrtGetInputDataSize(&inputSizeS,&inputNum,function);
cnrtGetOutputDataSize(&outputSizeS,&outputNum,function);
```

使用的程序需要在 CPU 端和 MLU 端分配内存，具体代码如下：

```
// 分配 CPU 端的内存指针
void **inputCpuPtrS =(void **)malloc(inputNum * sizeof(void *));
void **outputCpuPtrS =(void **)malloc(outputNum * sizeof(void *));
// 分配 MLU 端的内存指针
void **inputMluPtrS =(void **)malloc(inputNum * sizeof(void *));
void **outputMluPtrS =(void **)malloc(outputNum * sizeof(void *));
// 分配输入内存
for(int i=0;i<inputNum;i++){
// 分配 CPU 端的输入内存
inputCpuPtrS[i] = malloc(inputSizeS[i]);
// 填充输入数据
if(i==0)
memcpy((void*)inputCpuPtrS[i],image_float.data,inputSizeS[i]);
// 分配 MLU 端的输入内存
cnrtMalloc(&(inputMluPtrS[i]),inputSizeS[i]);
```

```
// 从 CPU 端的内存复制到 MLU 端的内存
cnrtMemcpy(inputMluPtrS[i],inputCpuPtrS[i],inputSizeS[i],CNRT_MEM_TRANS_DIR_
HOST2DEV);
    }
// 分配输出的内存
for (int i = 0; i < outputNum; i++) {
// 分配 CPU 端的输出内存
outputCpuPtrS[i] = malloc(outputSizeS[i]);
// 分配 MLU 端的输出内存
cnrtMalloc(&(outputMluPtrS[i]), outputSizeS[i]);
}
```

准备调用 cnrtInvokeRuntimeContext_V2 时所用的参数 param，创建 RuntimeContext 并设置使用的设备及初始化，具体代码如下：

```
// 准备调用 cnrtInvokeRuntimeContext_V2时的 param 参数
void **param = (void **)malloc(sizeof(void *) * (inputNum + outputNum));
for (int i=0;i<inputNum;++i){
    param[i] = inputMluPtrS[i];
}
for (int i=0;i<outputNum;++i){
    param[inputNum + i] = outputMluPtrS[i];
}
// 创建 RuntimeContext
cnrtRuntimeContext_t ctx;
cnrtCreateRuntimeContext(&ctx,function,NULL);
// 设置当前使用的设备
cnrtSetRuntimeContextDeviceId(ctx, 0);
// 初始化
cnrtInitRuntimeContext(ctx,NULL);
```

创建计算队列进行计算，等待执行完毕后从 MLU 取回数据到 CPU 上，储存为当前目录下的 ucharimage.jpg，具体代码如下：

```
// 创建队列
cnrtQueue_t queue;
cnrtRuntimeContextCreateQueue(ctx,&queue);
// 进行计算
cnrtInvokeRuntimeContext_V2(ctx,NULL,param,queue,NULL);
// 等待执行完毕
cnrtSyncQueue(queue);
// 取回数据
for (int i = 0; i < outputNum; i++) {
cnrtMemcpy(outputCpuPtrS[i], outputMluPtrS[i], outputSizeS[i], CNRT_MEM_TRANS_
DIR_DEV2HOST);
    }
```

将数据重新保存为图片，可以保存为 float 32 类型或者 int 8 类型的图片，具体代码如下：

```
// 保存结果
    cv::Mat resimg(cv::Size( 500, 752), CV_32FC3);
    memcpy(resimg.data, outputCpuPtrS[ 0], outputSizeS[ 0]);
    cv::imwrite("./floatimage.jpg", resimg);
    printf("save picture success!\n");

    cv::Mat uImg;
    resimg.convertTo(uImg, CV_8UC3);
    cv::imwrite("./ucharimage.jpg", uImg);
    printf("save picture success!\n");
```

最后释放所有内存，销毁资源，具体代码如下：

```cpp
// 释放内存
for (int i = 0; i < inputNum; i++) {
free(inputCpuPtrS[i]);
cnrtFree(inputMluPtrS[i]);
}
for (int i = 0; i < outputNum; i++) {
free(outputCpuPtrS[i]);
cnrtFree(outputMluPtrS[i]);
}
free(inputCpuPtrS);
free(outputCpuPtrS);
free(param);
// 销毁资源
cnrtDestroyQueue(queue);
cnrtDestroyRuntimeContext(ctx);
cnrtDestroyFunction(function);
cnrtUnloadModel(model);
cnrtDestroy();
```

将上述文件保存为 main.cpp 文件，在命令行输入 g++ main.cpp -o main.out -I/usr/local/neuware/include -L/usr/local/neuware/lib64 -lcnrt -lopencv_highgui -lopencv_core -lopencv_imgproc 即可对 main.cpp 进行编译并在同一目录下生成 main.out 文件，在命令行输入 ./main.out 即可运行离线推理。

8.4.4 最终效果展示

图8.16 原始图片

图8.17 风格迁移图片1

图8.18 风格迁移图片2

图8.16是模型输入的图片，图8.17、8.18是风格迁移后的图片，是分别调用了不同的模型生成的，读者可以生成自己的模型量化后进行对比。

8.5 本章小结

本章以风格迁移为例，对图像风格迁移的背景和原理进行了阐述，其中内容损失、风格损失两种损失函数在整个网络中起到了极其关键的作用。通过本章，可以学习如何使用pytorch实现图像快速风格迁移。此外，本章还全面介绍了如何使用寒武纪 MLU 220 进行风格迁移模型的在线离线推理，对寒武纪推理流程的每个模块进行了细化。通过本章的学习，读者可以基本掌握图像快速风格迁移的方法。

参考文献

[1] Jerry Wei.VGG Neural Networks: The Next Step After AlexNet[EB/OL].(2019-07-04).https://towardsdatascience.com/vgg-neural-networks-the-next-step-after-alexnet-3f91fa9ffe2c.

[2] Karen Simonyan, Andrew Zisserman.Very Deep Convolutional Networks for Large-Scale Image Recognition[J/OL].(2014-09-04).https://arxiv.org/pdf/1409.1556.pdf.

[3] Justin Johnson, Alexandre Alahi, Li Fei-Fei.Perceptual Losses for Real-Time Style Transfer and Super-Resolution: Supplementary Material[J/OL].https://cs.stanford.edu/people/jcjohns/papers/fast-style/fast-style-supp.pdf.

[4] rrmina,p-rit.fast-neural-style-pytorch[CP/OL].(2019-01-08).https://github.com/rrmina/fast-neural-style-pytorch.

第9章　自动泊车之停车位检测

自动泊车是指汽车自动泊车入位，不需要人工控制。对于大部分司机，尤其是新手司机来说，驾驶车辆驶入一个合适的停车点是很大的挑战，因此许多研究机构和汽车制造商在自动泊车系统的开发上投入了大量的精力。随着自动泊车技术越来越成熟，今后自动泊车功能将越来越广泛地应用在各类汽车上，成为汽车不可或缺的功能之一，而装载了自动泊车功能的汽车将比普通汽车有更好的卖点。

9.1　案例背景

9.1.1　案例介绍

自动泊车技术旨在帮助司机在汽车密集的城市中更好更快地停车，同时也能有效解决新手司机停车难的问题。另外，自动泊车功能同时也是自动驾驶汽车的必备功能之一。

9.1.2　技术背景

车辆对可用停车位的感知方法分为两类，一种是基于自由空间的方法，通过识别相邻车辆之间适当的空闲空间来确定目标停车位置，这是使用最广泛的方法，但该方法有一个固有的缺点，那就是它必须以那些已经正确停放的车辆作为参考，这种方法在没有交通工具的开放区域是行不通的。此外，它的准确性很大一部分取决于相邻车辆的位置和姿态。本案例运用的是另一种基于视觉的方法，该方法的工作原理与基于自由空间的方法有根本的不同，目标是识别并定位画在地面上的停车槽。这种方法的性能并不依赖于相邻车辆的存在或姿态，另外，在大多数情况下，停车线可以提供比相邻车辆之间的适当的空闲空间更准确的停车信息。基于视觉的停车点检测方法在停车点检测领域有着更好的实用性。

自动泊车系统的工作流程大致如下：当接近停车区时，车辆切换到低速无人驾驶模式，自动沿预定轨道行驶，在无人驾驶模式下工作时，车辆可能需要依靠高清地图、GPS信号或SLAM(同步定位和制图)技术进行自我定位；在行驶过程中，车辆在周围搜索可用的泊车位，或试图识别和定位泊车位管理系统分配给它的泊车位；一旦检测到合适的停车槽并

定位好，车辆将切换到自动停车模式，规划停车路径，最终将车辆停放到指定的停车槽。

一个比较典型的基于视觉的停车槽检测系统的结构如图9.1。它通常包括把车辆周围摄像头拍摄的图片合成一张360°视角图片的图像合成模块和基于这张图片的停车槽检测两个模块。当检测到停车槽时，将其相对于车辆中心坐标系的位置传递给决策模块。

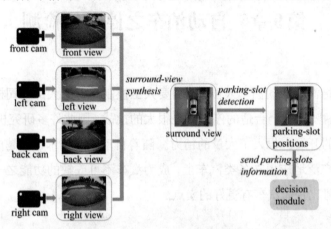

图9.1 停车槽检测系统结构[1]

环绕在车辆周围的摄像机系统由4个广角摄像机组成，每个摄像机面向不同的方向，基于这些广角图像，图像合成模块可以产生车身图像周围的视角。停车槽检测模块以这样视角的图像为输入，检测停车槽，最后将其相对于车辆中心坐标系统的物理位置发送给决策模块进行进一步处理。以前比较多的基于视觉的停车槽检测方法中，需要在交互界面上手动操作来检测某个停车槽，这些方法的明显缺点是它们不是完全自动化的。完全自动化的方法可以分为基于线和基于点的方法。基于线的方法是基于标记线检测，通常首先检测图像中标记线的边缘，然后利用直线拟合算法对标记线方程进行预测，在准备好标记线后，通过分析标记线的几何关系来识别入口线和分隔线，然后定位图像中的停车槽。可以利用多种方法检测标记线的边缘，包括 Sobel 滤波器、分割神经网络、Canny 边缘检测器、线段检测器和锥帽滤波器，同时利用各种线拟合算法，如 Hough 变换、Radon 变换等。基于点的方法是基于标记点的检测，首先检测图像中的标记点，然后对每一对标记点使用不同的方法确定其是否构成停车槽入口线以及停车槽的方向。本案例是基于 CNN (convolutional neural networks) 的方法来检测停车点[2]，这是一种基于点的方法。

9.1.3 实现目标

首先检测图像中的停车标记点，然后对每一对标记点使用几何关系的方法确定其是否构成停车槽入口线以及停车槽的方向。

図9.2　目标原图　　　　　　　図9.3　目标结果图

结合图9.2、9.3中信息，蓝色的框表示通过标记点几何关系计算出来的停车位，红色的圆圈表示通过模型得出来的停车标记点，黑色字体表示标记点的可信度。

9.2　技术方案

9.2.1　方案概述

本案例包括方向标记点回归和停车位推理两个步骤。首先，利用基于 CNN 的回归模型来检测由车身周围前后左右四个摄像头拍摄并合成图像中的方向标记点；然后根据检测到的标记点的几何关系推断出图像中的停车槽 (如图9.4)。

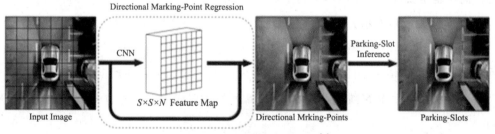

図9.4　停车位检测流程[1]

9.2.2　CNN 回归模型

本案例使用 CNN 的回归模型来检测方向标记点，把标记点定义分为 T 型和 L 型标记点两类，标记点图案的形状如图9.5，T 型标记点的图形形状为字母"T"，而 L 型标记点的图形形状为字母"L"。

(a)T-shaped   (b)L-shaped

图9.5　标记点形状[1]

通过标记点来确定停车位是不够的，因为同一张图中可能会检测出多个标记点，无法判断标记点之间的几何关系，所以需要给标记点定义一些回归模型的需要检测属性，把有属性的标记点称为方向标记点。方向标记点是由标记点及其邻域所构成的局部图像模式，它有三个属性：位置、形状和方向。标记点是标记线的连接点，但严格来说，标记线是具有一定宽度的线状标记。两个相交的标记线形成一个正方形的交点区域，如图9.5中的红色箭头指示方向的两种标记点图案。

标记点的形状，就是L型和T型，本案例中使用0和1表示。对于方向，T形标记点的图案是对称的，所以将其方向定义为沿对称轴的方向，对于L型标记点图案，将其方向定义为沿顺时针旋转90°后与另一条标记线重叠的方向。图9.5中用红色箭头表示出了这些方向。而位置是就标记点在图形中的像素点坐标。

使用三维矢量来表示方向标记点 $p=\{x, y, s, \theta\}$，其中 (x, y) 表示标记点的像素坐标点，s 表示标记点类型，θ 表示标记点方向。网络模型会把输入的图片划分为 S×S 的图像网格，再使用 CNN 从图像中提取 S×S×N 维的特征，然后在反向传播过程中，分配 S×S×N 特征中的每个 N 维向量对 S×S 图像网格中对应单元格内的一个方向标记点进行回归。

本案例的模型中，N 维向量实际上由6个元素组成：s, cx, cy, $\sin\theta$, $\cos\theta$ 和置信值 C。置信度预测标记点落入该网格单元的概率，(cx, cy) 预测标记点到网格单元格边界的位置，s 预测方向标记点的形状，模型不是直接预测角度值而是预测了两个三角函数值，$\cos\theta$ 和 $\sin\theta$，因为后者在执行上更稳健，基于 $\cos\theta$ 和 $\sin\theta$ 可以直接求出角度。损失函数定义为预测与基真误差的平方和，公式为：

$$\text{Loss}=\sum_{i=1}^{s^2}\{(C_i-\hat{C}_i)^2+(cx_i-\hat{cx}_i)^2+(cy_i-\hat{cy}_i)^2+(si-\hat{s}_i)^2+(\cos\theta_i-\cos\hat{\theta}_i)^2+(\sin\theta_i-\sin\hat{\theta}_i)^2\}$$

CNN 网络结构如图9.6，所有计算操作为卷积 convolution，批量归一化 BatchNorm 2d，激活函数 LeakyReLU。

特征提取网络为 darknet 19，是模仿 darknet 53，darknet 53 在目标检测中有良好的表现，数据输入尺寸为 $512 \times 512 \times 3$，darknet 19 比 darknet 53 更轻量化，使得网络计算更快，能达到实时性的效果。回归是在 darknet 主干网络提取的特征上再进行卷积，输出最后需要的特征图，最后的特征图是 $6 \times 16 \times 16$ 维度的，输出结果是上述的 6 个元素，顺序依次为 1.置信度，2.形状，3.元格边界 x 方向值，4.元格边界 y 方向值，5.$\cos\theta$ 的值，6.$\sin\theta$ 的值，16×16 表示整个输入图像分成 256 个网格，预测了 256 个标记点。

Layer Type	Filters	Size / Stride	Output Size (C×H×W)	
conv+norm+relu	32	3×3 / 1	32×512×512	
conv+norm+relu	64	4×4 / 2	64×256×256	
conv+norm+relu	32	1×1 / 1	32×256×256	×1
conv+norm+relu	64	3×3 / 1	64×256×256	
conv+norm+relu	128	4×4 / 2	128×128×128	
conv+norm+relu	64	1×1 / 1	64×128×128	×1
conv+norm+relu	128	3×3 / 1	128×128×128	
conv+norm+relu	256	4×4 / 2	256×64×64	
conv+norm+relu	128	1×1 / 1	128×64×64	×2
conv+norm+relu	256	3×3 / 1	256×64×64	
conv+norm+relu	512	4×4 / 2	512×32×32	
conv+norm+relu	256	1×1 / 1	256×32×32	×2
conv+norm+relu	512	3×3 / 1	512×32×32	
conv+norm+relu	1024	4×4 / 2	1024×16×16	
conv+norm+relu	512	1×1 / 1	512×16×16	×3
conv+norm+relu	1024	3×3 / 1	1024×16×16	
conv+activation	6	1×1 / 1	6×16×16	

图 9.6　CNN 网络结构[3]

9.3　模型训练

9.3.1　工程结构

工程结构如图 9.7。

```
├── collect_thresholds.py
├── config.py
├── data
│   ├── dataset.py
│   ├── __init__.py
│   ├── process.py
│   ├── __pycache__
│   └── struct.py
├── dataset
│   ├── data
│   ├── dmpr_pretrained_weights.pth
│   ├── ps2.0
│   └── ps_json_label
├── evaluate.py
├── inference.py
├── model
│   ├── detector.py
│   ├── __init__.py
│   ├── network.py
│   └── __pycache__
├── prepare_dataset.py
├── ps_evaluate.py
├── __pycache__
│   └── config.cpython-36.pyc
├── train.py
└── util
    ├── __init__.py
    ├── log.py
    ├── precision_recall.py
    ├── __pycache__
    └── utils.py
```

图 9.7　工程结果图

Collect_thresholds.py：模块的作用，是从 ground truth 中收集取值范围，确定阈值

data：文件夹里面存放着与数据操作相关的模块

dataset：文件夹下面存放训练测试数据和标签

evaluate.py：模块测试角度等误差

model：文件夹下是 CNN 网络结构模块

prepare_dataset.py：是生成训练和测试数据的模块

ps_evaluate.py：模块用于测试测试集的精确率和召回率

train.py：模块用于训练网络

util：文件夹下存放训练测试日志记录等模块

9.3.2 数据准备

本案例使用的数据集是 Tongji Parking-slot Dataset 2.0，下载路径为 https://cslinzhang. github.io/deepps，该数据集包含 9827 张训练图像和 2338 张测试图像。

下载的数据解压后有两个文件夹，训练文件夹和测试文件夹，文件夹中都有两种格式的文件，一个是 jpg 格式图片，另一个是 mat 格式的数据 (如图 9.8)。测试集文件夹中有六个文件夹，为了测试停车槽检测算法在不同特殊条件下的性能，将测试图像分为 6 类。

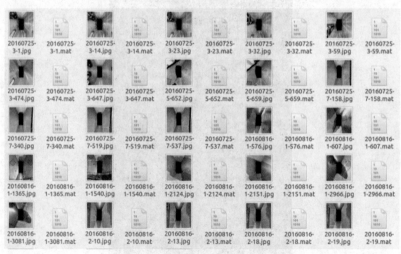

图 9.8 训练数据文件夹内容

mat 文件中存储的是图像的标注信息 (如图 9.9)，对于本案例这些信息还不够，我们还需要增加标记点类型和极坐标坐标。

```
dict_keys(['__header__', '__version__', '__globals__', 'marks', 'slots
'])
```

```
1  x['marks']
```

```
array([[204.70093114, 464.21673609],
       [192.17654987, 296.78326391],
       [177.98198971, 131.39634893],
       [170.97782406,  54.8974516 ]])
```

```
1  x['slots']
```

```
array([[ 1,  2,  1, 90],
       [ 2,  3,  1, 90]], dtype=uint8)
```

图 9.9　mat 文件信息

由于 mat 文件的信息不足，所以需要标注产生我们需要的信息，标签工具和使用方法在 https://github.com/Teoge/MarkToolForParkingLotPoint 可以找到。由于前人已经使用过这个数据做过相同的项目所以有现成图像标注，https://drive.google.com/file/d/1o6yXxc3RjIs6r01LtwMS_zH91Tk9BFRB/view 为图像标注工具地址，解压后有两个文件夹，训练和测试的标注都是 json 格式，json 文件中的内容如图 9.10。

```
{"marks":[[205.53219799068833,464.1245528056848,12.184900724282732,482.64391647569079,1],
[192.37654986522892,296.28326390590524,19.251754915111189,312.61914328334149,0],
[177.98198970840465,129.5790982602303,16.716916041900635,147.1416791027483,0],
[170.97782406272958,54.897451604998722,35.317446704238961,68.994486645429959,0]],"slots":
[[1,2,1,90],[2,3,1,90]]]}
```

图 9.10　json 文件内容

其中 marks 的信息表示为图片中的标记点坐标和圆的坐标，也就是极坐标和形状，slots 中的信息，第一列和第二列中填写两个标记点组成停车位为 marks 信息中的索引号，第三列表示根据停车位的类型号，第四列表示以度数形式填写停车位的角度，对于类型 1 的垂直槽，应填写 90°，对于类型 2 的倾斜槽，应填写小于 90°，对于类型 3 的倾斜槽，应填写大于 90°。（如图 9.11）

ParkingSlotType1　　　　　ParkingSlotType2　　　　　ParkingSlotType3

图 9.11　停车槽类型 [2]

有了数据和标注，现在可以生成我们需要训练的数据了，使用 prepare_dataset.py 模块生成训练和测试数据，在生成训练数据的时候，采取旋转的方式来进行数据增强，每旋转 5 个角度就生成一张训练图片，直到转回原来的位置。生成数据模块部分代码：

```
# 对标注的坐标点进行旋转函数
def rotate_vector(vector, angle_degree):
# 把角度转为弧度
angle_rad = math.pi * angle_degree / 180
# 计算旋转后的 x 轴方向的值
xval = vector[0]*math.cos(angle_rad) + vector[1]*math.sin(angle_rad)
# 计算旋转后的 y 轴方向的值
yval= -vector[0]*math.sin(angle_rad) + vector[1]*math.cos(angle_rad)
return xval, yval
# 旋转图像与给定角度的度数的函数
def rotate_image(image, angle_degree):
# 获取图片的高度，和宽度
rows, cols, _ = image.shape
# 使用 opencv 计算出旋转矩阵
rotation_matrix=cv.getRotationMatrix2D((rows/2,cols/2),angle_degree, 1)
# 对图像进行仿射变换
return cv.warpAffine(image, rotation_matrix, (rows, cols))
```

生成训练数据命令：python prepare_dataset.py --dataset trainval --label_directory./ dataset/ ps_json_label/training/image_directory ./dataset/ps 2.0/training/ --output_directory ./dataset/ data/。生成数据过程示意图如图 9.12。

```
Processing NO. 490971 samples: img10_1047_270..
Processing NO. 490972 samples: img10_1047_275..
Processing NO. 490973 samples: img10_1047_280..
Processing NO. 490974 samples: img10_1047_285..
Processing NO. 490975 samples: img10_1047_310..
Processing NO. 490976 samples: img10_1047_315..
Processing NO. 490977 samples: img10_1047_320..
Processing NO. 490978 samples: img10_1047_325..
Processing NO. 490979 samples: img10_1047_330..
Processing NO. 490980 samples: img10_1047_335..
Processing NO. 490981 samples: img10_1047_340..
Processing NO. 490982 samples: img10_1047_345..
Processing NO. 490983 samples: img10_1047_350..
Processing NO. 490984 samples: img10_1047_355..
Dividing training set and validation set...
Done.
```

图 9.12 生成训练数据过程

生成测试数据命令：python prepare_dataset.py --dataset test --label_directory ./dataset/ps_json_label/testing/image_directory ./dataset/ps 2.0/testing/ --output_directory ./dataset/data/。生成数据过程示意图如图 9.13。

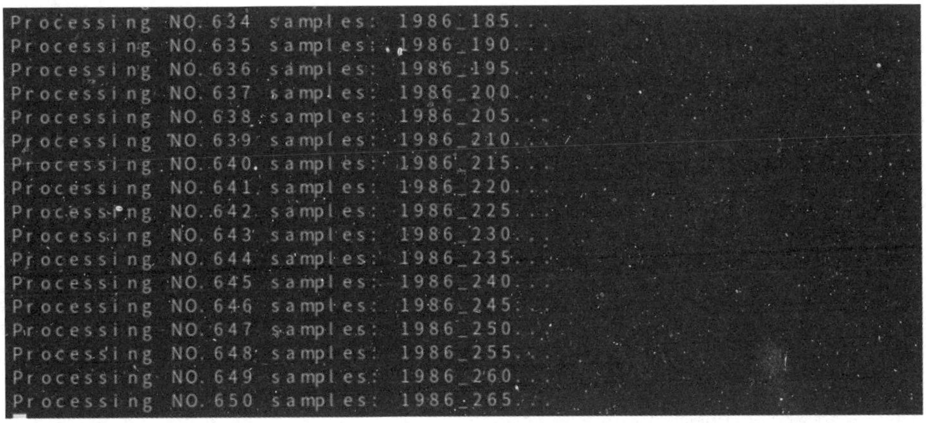

图 9.13　生成测试数据过程

9.3.3　模型搭建

本案例使用的算法模型来源于论文《DMPR-PS: A NOVEL APPROACH FOR PARKING-SLOT DETECTION USING DIRECTIONAL MARKING-POINT REGRESSION》，模型代码已经在 GitHub 开源了，可以通过 https://github.com/Teoge/DMPR-PS 下载使用。可以通过阅读论文更加深刻地理解本案例，论文地址为 https://sse.tongji.edu.cn/linzhang/ICME 2019/DMPR-PS.pdf。

9.3.4　模型训练

网络模型训练使用的环境是有 python 3.6、pytorch 1.3.0 环境的 ubuntu 18.04 系统。关键代码如下所示。

```
# 创建标记点检查模型
dp_detector=DirectionalPointDetector(args.depth_factor,config.NUM_FEATURE_MAP_
CHANNEL).to(device)
# 设置为训练模式
dp_detector.train()
# 创建优化器
optimizer = torch.optim.Adam(dp_detector.parameters(), lr=args.lr)
# 加载数据
data_loader = DataLoader(data.ParkingSlotDataset(args.dataset_directory),
                         batch_size=args.batch_size, shuffle=True,
                         num_workers=args.data_loading_workers,
                         collate_fn=lambda x: list(zip(*x)))
```

```
for epoch_idx in range(args.num_epochs):
    for iter_idx, (images, marking_points) in enumerate(data_loader):
        images = torch.stack(images).to(device)
        # 梯度清零
        optimizer.zero_grad()
        # 向前传播
        prediction = dp_detector(images)
        # 得到定向点检测器的回归目标和梯度
        objective, gradient = generate_objective(marking_points, device)
        # 计算损失
loss = (prediction - objective) ** 2
        # 反向传播
loss.backward(gradient)
# 梯度更新
optimizer.step()
# 保存权重
torch.save(dp_detector.state_dict(), 'weights/dp.pth')
```

　　把参数设置好后就可以开始训练，但训练过程中要观察损失函数的变化，有没有下降，甚至是否上升，要根据具体情况去调整相应的训练参数。如果显存不够，可以减少 batch 的图片数量，但想要使用大批次来做训练又显存不够，可以使用梯度累加的方式来做训练，但要把学习率适当的放大，训练过程如图 9.14。

```
train_loss        73.6436691284179
#############################################
epoch    0
iter     1
train_loss        68.03406524058203
#############################################
epoch    0
iter     2
train_loss        59.37976837158203
#############################################
epoch    0
iter     3
train_loss        59.153804779052734
```

图 9.14　训练过程

9.3.5　模型使用

训练完成后，就可以使用了。我们训练好权重对标记点进行检测，模型可以找出图片中停车位的标记点，可以计算出 16 × 16 个标记点，但并不一定每个标记点都是正确或者我们需要的，所以我们还需要对输出结果进行筛选。

第一步：使用置信度阈值和边界值阈值来筛选出置信度低和在边界外的标记，本案例使用的置信度阈值是 0.5，边界值阈值是 0.05。

```
predicted_points = []
for i in range(prediction.shape[1]):
for j in range(prediction.shape[2]):
    # 使用置信度阈值筛选
    if prediction[0, i, j] >= thresh:
        # 对标记点的值进行归一化到0-1间
        xval = (j + prediction[2, i, j]) / prediction.shape[2]
        yval = (i + prediction[3, i, j]) / prediction.shape[1]
        # 使用边界阈值筛选
        if not (config.BOUNDARY_THRESH <= xval <= 1-config.BOUNDARY_
THRESH
            and config.BOUNDARY_THRESH <= yval <= 1-config.BOUNDARY_
THRESH):
            continue
        cos_value = prediction[4, i, j]
        in_value = prediction[5, i, j]
        direction = math.atan2(sin_value, cos_value)
        marking_point = MarkingPoint(
            xval, yval, direction, prediction[1, i, j])
        predicted_points.append((prediction[0, i, j], marking_point))
```

第二步：上面所述本案例把图片分割成 16×16 网格，把第一步筛选的得到的标记点使用非极大值抑制，如果两个标记的在同一个网格中，留下置信度大的标记点。

```
suppressed = [False] * len(pred_points)
# 两两点进行计算
for i in range(len(pred_points) - 1):
    for j in range(i + 1, len(pred_points)):
        i_x = pred_points[i][1].x
        i_y = pred_points[i][1].y
        j_x = pred_points[j][1].x
        j_y = pred_points[j][1].y
        # 0.0625 = 1 / 16
        # 如果两点之间的距离小于一个网格距离单位就, 留下置信度大的点
        if abs(j_x - i_x) < 0.0625 and abs(j_y - i_y) < 0.0625:
            idx = i if pred_points[i][0] < pred_points[j][0] else j
            suppressed[idx] = True
```

第三步：经过第一步和第二步已经得到符合要求的标记的了，但并不是随便两个标记点就能组成停车位的入口线的，比如距离太近点，两个点之间还有其他的标记，利用第二步筛选的点再次筛选能两两组成入口线的点。如果两个点中间还有其他点，那么这两个点不能组成真正的停车位入口线，利用向量的几何关系筛选出配对点之间存在其它点，与他们的方向夹角小于 0.8 弧度，也就是 64°。

```
x_1 = marking_points[i].x
y_1 = marking_points[i].y
x_2 = marking_points[j].x
y_2 = marking_points[j].y
# 计算除了要组成入口线两个标记的其他标记点是不是在两个标记点之间
for point_idx, point in enumerate(marking_points):
    if point_idx == i or point_idx == j:
        continue
    x_0 = point.x
y_0 = point.y
```

```
# 两个向量的减法，表示两个向量的相对方向
vec 1 = np.array([x_0 - x_1, y_0 - y_1])
vec 2 = np.array([x_2 - x_0, y_2 - y_0])
# 向量除以它的二范数相当于除以它的模，得到单位向量表示方向
vec 1 = vec 1 / np.linalg.norm(vec 1)
vec 2 = vec 2 / np.linalg.norm(vec 2)
# 两个向量点乘，表示两个向量的夹角弧度值
if np.dot(vec 1, vec 2) > config.SLOT_SUPPRESSION_DOT_PRODUCT_THRESH:
    return True
return False
```

第四步：经过第三步之后得到了能两两组成入口线的标记点，由于本案例模型使用的是 T 型和 L 型的两种标记点，两个标记点都可以分为5种情况，如图9.15所示。那么，对于这5种情况下的标记点，有16种组合（如图9.16），其中两个标记点组成一个有效的入口线。

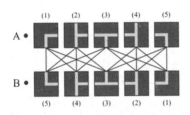

图9.15　标记点的5中情况[1]

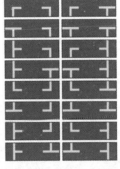

图9.16　两个标记点组成停车位的16种情况[1]

```
# 表示向量 (x,y) 的角度值这里得到的是弧度值
vec_direct = math.atan 2(vector[1], vector[0])
# 表是向量 (y,-x) 的角度值这里得到的是弧度值与 (x, y) 向量沿 x 轴成90角
vec_direct_up = math.atan 2(-vector[0], vector[1])
# 表是向量 (-y,x) 的角度值这里得到的是弧度值与 (x, y) 向量沿 y 轴成90角
vec_direct_down = math.atan 2(vector[0], -vector[1])
# 这里的模型计算出的标记的类型小于0.5表示 T 型
if point.shape < 0.5:
```

```
# 计算标记点的朝向
if direction_diff(vec_direct, point.direction) < config.BRIDGE_ANGLE_DIFF:
    return PointShape.t_middle
if direction_diff(vec_direct_up, point.direction) < config.SEPARATOR_ANGLE_DIFF:
    return PointShape.t_up
if direction_diff(vec_direct_down, point.direction) < config.SEPARATOR_ANGLE_
DIFF:
        return PointShape.t_down
    else:
    if direction_diff(vec_direct, point.direction) < config.BRIDGE_ANGLE_DIFF:
    return PointShape.l_down
    if direction_diff(vec_direct_up, point.direction) < config.SEPARATOR_ANGLE_DIFF:
    return PointShape.l_up
```

经过上面四个步骤，就可以得到最后的能组成入口线的配对标记点了，使用 opencv 进行画图就能展示我们需要的结果。

使用 inference.py 模块，该模块可以对单张图片进行检测和展示。使用命令：

```
python inference.py–mode image --detector_weights ./weights/dp_detector_0.pth
--inference_slot。
```

命令参数解释：

```
--mode 选择推理的模式有使用 image 推理和 video 推理两种模式
--detector_weights 推理时模型使用的权重文件
```

代码如下：

```
# 设置关闭梯度
torch.set_grad_enabled(False)
# 创建模型
dp_detector = DirectionalPointDetector( 3,args.depth_factor, config.NUM_FEATURE_
MAP_CHANNEL).to(device)
# 加载模型权重
dp_detector.load_state_dict(torch.load(args.detector_weights, map_location=torch.
device('cpu')))
dp_detector.eval()
# 加载图像
image = cv.imread(image_file)
# 推理计算出标记点
pred_points = detect_marking_points(
 dp_detector, image, args.thresh, device)
slots = None
if pred_points and args.inference_slot:
marking_points = list(list(zip(*pred_points))[ 1])
# 计算有效的车槽入口线点
slots = inference_slots(marking_points)
# 画出图像上的标记点
plot_points(image, pred_points)
# 画出图像上停车位
plot_slots(image, pred_points, slots)
# 显示结果
cv.imshow('demo', image)
cv.waitKey(- 1)
cv.destroyAllWindows()
```

运行示意图如图9.17，运行结果如图9.18和图9.19。

```
(pytorchenv) lzq@lzq-H110M-DS2V: ~/code/pycode/projec
t/DMPR-PS-master$ python inference.py --mode image -
-detector_weights
./dataset/dmpr_pretrained_weights.pth
Enter image file path:
```

图9.17　运行模型推理

图9.18 原始推理原图

图9.19 原始推理结果

9.4 模型移植

很多时候，仅使用 CPU 来计算是不够的。由于寒武纪的计算卡不能直接使用各类深度学习框架，所以需要进行模型移植。

9.4.1 在线推理

1. 模型量化

寒武纪的计算卡不能直接运行没有量化后的权重，所以我们在使用寒武纪计算卡时要预先把模型进行量化。在量化权重时要预先创建模型并加载已经训练好的权重，然后使用 torch_mlu.core.mlu_quantize.quantize_dynamic_mlu 把已经加载了权重的模型进行量化，并保存量化权重，使用 state_dict() 进行权重保存。但要注意的是，在进行模型量化的时候，需要指定输入的数据 batch size，所以 batch size 的宽度、高度、通道数一定要和训练时候数据输入的相同。量化模型部分代码：

```
# 创建模型
net = DirectionalPointDetector(
        3, args.depth_factor, config.NUM_FEATURE_MAP_CHANNEL)
# 加载参数
state_dict = torch.load(args.modelfile)
net.load_state_dict(state_dict)
```

```
# 设在量化参数
qconfig_spec={'iteration': 1,'use_avg': False,'data_scale': 1.0,'mean': [args.mean, args.
mean, args.mean],'std':[args.std, args.std, args.std],'firstconv': False, 'per_channel': False}
quantized_net = torch_mlu.core.mlu_quantize.quantize_dynamic_mlu(model=net,
qconfig_spec=qconfig_spec, dtype=args.quanbit, gen_quant=True)
# 指定要推理的 batch size
example_mlu = torch.randn( 1, args.channel, args.resize, args.resize, dtype=torch.float)
#mlu 设置
ct.set_core_number(args.corenumber)
ct.set_core_version(args.mlu)
# 推理和保存结果
output = quantized_net(example_mlu)
torch.save(quantized_net.state_dict(), args.savefile)
print("\033[;33m 生成量化权重成功 \033[0m")
```

2. 在线逐层

这里以寒武纪修改的 pytorch 框架为例，通过模型量化可以得到量化后的权重，有了量
化权重就可以进行在线推理了，在线推理不用再加载原始权重，只需要原始的网络结构来
加载量化后的权重就可以使用。在线逐层部分代码：

```
# 创建模型
dp_detector=DirectionalPointDetector( 3,args.depth_factor,config.NUM_FEATURE_
MAP_CHANNEL).to(device)
# 设置 mlu 参数
ct.set_core_number( 16)
# 设置使用的 mlu 计算卡名称
ct.set_core_version("MLU 270")
# 创建量化模型
quantized_net=torch_mlu.core.mlu_quantize.quantize_dynamic_mlu(dp_detector,
qconfig_spec=None, dtype=None, mapping=None, inplace=False, gen_quant=False)
# 加载量化权重
dp_detector.load_state_dict(torch.load(args.detector_weights))
```

```
# 加载图像
image = cv.imread(image_file)
# 推理计算出标记点
pred_points = detect_marking_points(
    dp_detector, image, args.thresh, device)
slots = None
if pred_points and args.inference_slot:
    marking_points = list(list(zip(*pred_points))[1])
    # 计算有效的车槽入口线点
    slots = inference_slots(marking_points)
# 画出图像上的标记点
plot_points(image, pred_points)
# 画出图像上停车位
plot_slots(image, pred_points, slots)
```

3. 在线融合

有了上面的逐层推理的基础，融合推理就非常简单了，只需在逐层推理的基础上添加些代码。但要注意 torch.set_grad_enabled(False)，如果没有设置会无法进行在线融合推理，另外如果是连续使用融合推理，输入 batch size 是根据自己输入的第一次数据 batch size 固定的，也就是说如果后面传入数据的 batch szie 和第一次传入的 batch size 模型不同，同样会按第一次数据输入格式进行计算。在线融合部分代码：

```
# 创建模型
dp_detector=DirectionalPointDetector( 3,args.depth_factor,config.NUM_FEATURE_
MAP_CHANNEL).to(device)
# 融合模式必须设置此参数
torch.set_grad_enabled(False)
# 设置 mlu 参数
ct.set_core_number( 16)
# 设置使用的 mlu 计算卡名称
ct.set_core_version("MLU 270")
```

```
# 创建量化模型
quantized_net=torch_mlu.core.mlu_quantize.quantize_dynamic_mlu(dp_detector)
# 加载量化权重
dp_detector.load_state_dict(torch.load(args.detector_weights))
# 生成静态图
traced_model=torch.jit.trace(net_mlu,example_mlu.to(ct.mlu_device()),check_
trace=False)
# 加载图像
image = cv.imread(image_file)
# 推理计算出标记点
pred_points = detect_marking_points(
traced_model, image, args.thresh, device)
slots = None
if pred_points and args.inference_slot:
marking_points = list(list(zip(*pred_points))[ 1])
# 计算有效的车槽入口线点
slots = inference_slots(marking_points)
# 画出图像上的标记点
plot_points(image, pred_points)
# 画出图像上停车位
plot_slots(image, pred_points, slots)
```

在线推理运行示意图如图9.20。

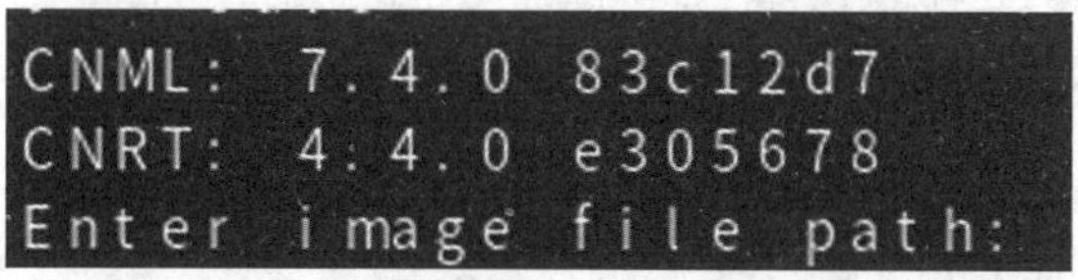

```
CNML: 7.4.0 83c12d7
CNRT: 4.4.0 e305678
Enter image file path:
```

图9.20　在线融合模式推理

由图9.21和9.22可以看到，与原网络推理的结果没有差别，但细看会发现推理出来的置信度有一点点的差别。由于本案例使用的是int16精度量化，所以精度损失不大，如果使用int8量化，可能差别会大一些，因为精度损失相对int16精度量化要大一些。

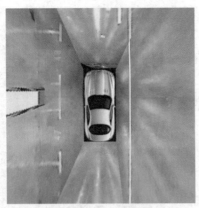

图9.21　在线融合模式推理原图　　9.22　在线融合模式推理结果图

9.4.2　生成离线模型

进行离线推理首先要生成离线模型，而生成离线模型时使用的代码和在线融合推理几乎一样，使用 ct.save_as_cambricon(args.savefile) 设置保存离线模型的路径加载在线融合中就完成了生成离线模型的工作。生成离线模型代码：

```
# 设置关闭梯度
torch.set_grad_enabled(False)
# 创建模型
dp_detector=DirectionalPointDetector( 3,args.depth_factor,config.NUM_FEATURE_
MAP_CHANNEL).to(device)
# 加载量化权重
state_dict = torch.load(args.modelfile)
quantized_net.load_state_dict(state_dict)
# 指定要推理的 batch size
example_mlu = torch.randn( 1, args.channel, args.resize, args.resize, dtype=torch.float)
randn_mlu = torch.randn( 1, args.channel, args.resize, args.resize, dtype=torch.float)
#mlu 设置
torch.set_grad_enabled(False)
ct.set_core_number(args.corenumber)
ct.set_core_version(args.mlu)
ct.save_as_cambricon(args.savefile)
ct.set_input_format( 0)
```

```
# 生成静态图
net_traced = torch.jit.trace(quantized_net.to(ct.mlu_device()),
                             example_mlu.to(ct.mlu_device()),
                             check_trace=False)
# 推理和保存离线模型
net_traced(randn_mlu.to(ct.mlu_device()))
ct.save_as_cambricon("")
```

9.4.3　使用离线模型

离线模型脱离了深度学习框架，能够在没有 pytorch、tensorflow 等深度学习框架环境的情况下运行。对于边缘计算是非常必要的，使用离线推理时候需要编写相应的 C++/C 代码。离线项目工程的模型结构如图 9.23。

图 9.23　离线工程模型结构

目录说明：

CmakeLists.txt：用来编译工程，生成可执行文件的

Config.cpp：用来配置模型的参数和阈值

data_op.cpp：用来操作内存和对数据处理，存储数据，可以通用离线移植项目

offline.cpp：用来操作寒武纪的 cnrt 库，加载模型，存储模型基本信息，可以通用离线移植项目

include：文件夹里面存放项目需要的所有头文件

lib：文件夹里面存放项目依赖的其他动态库

utils.cpp：是本案例需要的一些操作，像上述的对一些标记的筛选等

main.cpp：控制流程

第一步：像上述的对标记点的筛选等所有操作使用 C++ 编写。

```cpp
# 模型输出的信息
struct PredInfo{
float confidence;
    float point_shape;
    float offset_x;
    float offset_y;
    float cos_value;
    float sin_value;
};
# 筛选点需要的信息
struct MarkingPoint{
    float confidence;
    float xval;
    float yval;
    float direction;
    float point_shape;
};
# 两个标记点配的对6种情况
struct {
    int none = 0;
    int l_down = 1;
    int t_down = 2;
    int t_middle = 3;
    int t_up = 4;
    int l_up = 5;
}PointShape;
// 计算向量的二范数
inline float norm2(cv::Point2f vec);
// 向量点积
inline float dot(cv::Point2f vec1, cv::Point2f vec2);
```

```
// 方向距离
float direction_diff(float direction_a, float direction_b);
// 通过自信度筛选预测标记点
void get_predicted_points(void * prediction, std::vector<MarkingPoint *> &dst_mark_
points, float thresh);
// 非极大值抑制
void non_maximum_suppression(std::vector<MarkingPoint*> &src_predicted_points,
std::vector<MarkingPoint*>&dst_mark_points);
// 计算两个点之间的欧式距离
float calc_point_squre_dist(cv::Point2f *point_a, cv::Point2f *point_b);
// 看两点之间的直线是否经过第三点
bool pass_through_third_point(std::vector<MarkingPoint *> &src_mark_points, int point_
idx_1, int point_idx_2);
// 看两个标记点能否形成槽
int pair_marking_points(MarkingPoint *point_a, MarkingPoint *point_b);
// 确定点在哪个类别中
int detemine_point_shape(MarkingPoint *point, cv::Point2f *vector);
// 筛选停车位
void inference_slots(std::vector<MarkingPoint *> &src_mark_points,
std::vector<cv::Point2i *> &dst_slot_idx);
// 画出停车位
void plot_slots(cv::Mat *image, std::vector<MarkingPoint *> &mark_points,
std::vector<cv::Point2i *> &slot_idx);
// 画出标记点
void plot_points(cv::Mat *image, std::vector<MarkingPoint *> &mark_points);
```

第二步：要使用寒武纪的计算卡，和使用 cuda 类似，需要把输入数据从 CPU 拷贝到 MLU 上，等计算完成后再把计算结果数据从 MLU 上拷贝到 CPU，所以编写一个类用来操作所有的数据处理，以及对输入数据的预前处理和结构后处理。

```
void DataOp::inputptr(){
    # 在 cpu 和 mlu 上开指向输入数据的指针
    inputCpuPtrS = (void **)malloc(inputNum * sizeof(void *));
    inputMluPtrS = (void **)malloc(inputNum * sizeof(void *));
};
void DataOp::outputptr(){
    # 在 cpu 和 mlu 上开辟指向输出数据的指针
    outputCpuPtrS = (void **)malloc(outputNum * sizeof(void *));
    outputMluPtrS = (void **)malloc(outputNum * sizeof(void *));
};
void DataOp::inputmalloc(){
    for (int i = 0; i < inputNum; i++) {
        # 在 cpu 和 mlu 上开辟模型输入数据字节大小的内存
        inputCpuPtrS[i] = malloc(inputSizeS[i]);
        cnrtMalloc(&(inputMluPtrS[i]), inputSizeS[i]);
    }
};
void DataOp::outputmalloc(){
    for (int i = 0; i < outputNum; i++) {
        # 在 cpu 和 mlu 上开辟模型输出数据字节大小的内存
        outputCpuPtrS[i] = malloc(outputSizeS[i]);
        cnrtMalloc(&(outputMluPtrS[i]), outputSizeS[i]);
    }
};
void DataOp::createparam(){
    # 给 mlu 传递指向输入输出内存块的指针
    param = (void **)malloc(sizeof(void *) * (inputNum + outputNum));
        for (int i = 0; i < inputNum; ++i) {
        param[i] = inputMluPtrS[i];
    }
```

```
for (int i = 0; i < outputNum; ++i) {
    param[inputNum + i] = outputMluPtrS[i];

  }
};
```

第三步：加载模型和使用模型推理时需要使用寒武纪 cnrt 这个库，cnrt 库可以获得模型所有有关信息，比如输入输出的形状、输入输出的字节数等，编写一个类用来实现与模型有关的所有方法。

```
// 获取模型总内存
cnrtGetModelMemUsed(model_, &totalMem_);
// 获取模型并行性
cnrtQueryModelParallelism(model_, &model_parallelism_);
// 获取模型输入输出大小
cnrtGetInputDataSize(&inputSizeS_, &inputNum_, function_);
cnrtGetOutputDataSize(&outputSizeS_, &outputNum_, function_);
// 获取模型输入输出数据类型
cnrtGetInputDataType(&input_data_type, &inBlobNum_, function_);
cnrtGetOutputDataType(&output_data_type, &outBlobNum_, function_);
// 加载模型
cnrtLoadModel(&this->model_, offlinemodel);
// 创建 function
if(cnrtCreateFunction(&function_) != CNRT_RET_SUCCESS){
    printf("\033[;31m cnrtCreateFunction failure \n\033[;31m");
};
// 提取模型到 function
//"symbol 符号的值要和生成的离线模型的标志一样，如生成的模型类型是 mlp,
fusion"
const std::string name = "subnet0";
if(cnrtExtractFunction(&function_, this->model_, name.c_str()) != CNRT_RET_
SUCCESS){
```

```
        printf("\033[;31m cnrtExtractFunction failure \n\033[;31m");
        return false;
    };
    // 创建 context
    if(cnrtCreateRuntimeContext(&this->rt_ctx_, this->function_, nullptr) != CNRT_RET_
SUCCESS){
        printf("\033[;31m cnrtCreateRuntimeContext failure \n\033[;31m");
    }
    // 初始化 context
    if(cnrtInitRuntimeContext(this->rt_ctx_, nullptr) != CNRT_RET_SUCCESS){
        printf("\033[;31m cnrtInitRuntimeContext failure \n\033[;31m");
    }
    // 加入队列
    if(cnrtRuntimeContextCreateQueue(this->rt_ctx_, &this->queue_) != CNRT_RET_
SUCCESS){
        printf("\033[;31m cnrtRuntimeContextCreateQueue failure \n\033[;31m");
    }
    // 传递参数
    if(cnrtInvokeRuntimeContext_V2(this->rt_ctx_, nullptr, dataop->getparam(), this-
>queue_, nullptr) != CNRT_RET_SUCCESS){
        printf("\033[;31m cnrtInvokeRuntimeContext_V2 failure \033[;31m");
    }
    // 启动队列
    if(cnrtSyncQueue(this->queue_) != CNRT_RET_SUCCESS){
        printf("\033[;31m cnrtSyncQueue failure \033[;31m");
    }
```

第四步：编写 main 函数，实现流程的控制。

```
cnrtInit(0);// 初始化设备
// 获取 mlu 卡的句柄
cnrtDev_t dev;
cnrtGetDeviceHandle(&dev, 0);
// 设为当前使用 mlu 卡
cnrtSetCurrentDevice(dev);
DataOp dataop(cv::Size(FLAGS_resize, FLAGS_resize), FLAGS_meanval, FLAGS_
stdval, FLAGS_input_format, FLAGS_plot_slot_point);
// 读取图片
//dataop.readimg(FLAGS_imgfile.c_str());
// 加载
OfflineInference offinfer(&dataop);
// 读取图片
if(offinfer.readImage(imgfile)){
    printf("\033[;32m 读取图片成功！！！ \033[;32m\n");
}else{
    printf("\033[;31m 读取图片失败！！！ \033[;31m\n");
    continue;
}
// 开始推理
offinfer.Inference();
```

第五步：把所有需要的代码编写完成后，再写一个 Cmakelists.txt 文件来编译所写的代码，编译成一个可执行文件。

```
cmake_minimum_required(VERSION 2.8.7)
# 项目名称
project(offline_infertace)
# 编译环境
add_compile_options(-std=c++11)
# 导入目录
include_directories("include")
```

```
# 链接目录
link_directories("lib")
# 查找 opencv 库
find_package(OpenCV REQUIRED)
include_directories(${OpenCV_INCLUDE_DIRS})
set(COMMON_SRCS
        "data_op.cpp"
        "offline.cpp"
        "config.cpp"
        "utils.cpp")
# 添加可执行文件
add_executable(demo main.cpp ${COMMON_SRCS})
# 链接需要的动态库
target_link_libraries(demo cnrt glog gflags cnml ${OpenCV_LIBS} )
```

编译过程示意图如图9.24。

```
Scanning dependencies of target demo
[ 16%] Building CXX object CMakeFiles/demo.dir/main.cpp.o
[ 33%] Building CXX object CMakeFiles/demo.dir/data_op.cpp.o
[ 50%] Building CXX object CMakeFiles/demo.dir/offline.cpp.o
[ 66%] Building CXX object CMakeFiles/demo.dir/config.cpp.o
[ 83%] Building CXX object CMakeFiles/demo.dir/utils.cpp.o
[100%] Linking CXX executable demo
[100%] Built target demo
```

图9.24　编译离线项目

运行过程示意图如图9.25。

```
CNRT: 4.4.0 e305678
---------------------------------------model information---
模型总大小:85678912
使用mlu core数:4
---------------------------------------input information---
image number:1
input batch size-->>n:1        h:512        w:512        c:3
---------------------------------------output information--
image number:1
output batch size-->>n:1       h:16         w:16         c:6
Enter image file path:
```

图9.25　离线推理运行过程示意图

9.4.4 最终效果展示

最终效果如图9.26、9.27所示。

图9.26 离线推理原图   图9.27 离线推理结果

9.5 小结

通过本章,读者可以学习到两个方面的知识。一是怎么根据实际任务来搭建合适的神经网络,并应用深度学习去检测图像中的信息。例如本章中的标记点,使用标记点的属性通过几何关系确定停车位。二是学习寒武纪计算卡的使用,寒武纪的计算卡使用可以分为在线和离线。通过学习本章,读者能清楚地了解如何根据自己的实际情况使用寒武纪计算卡加快深度学习的推理速度,并可以离线进行边缘计算任务。

参考文献

[1] Junhao Huang,Lin Zhang,Ying Shen,etc.DMPR-PS: A Novel Approach for Parking-Slot Detection Using Directional Marking-Point Regression[J/OL].https://sse.tongji.edu.cn/linzhang/ICME 2019/DMPR-PS.pdf.

[2] Teoge.MarkToolForParkingLotPoint[CP/OL].(2017-04-07).https://github.com/Teoge/MarkToolForParkingLotPoint.

[3] Junhao Huang,Lin Zhang,Ying Shen,etc.DMPR-PS: A Novel Approach for Parking-Slot Detection Using Directional Marking-Point Regression[J].IEEE International Conference on Multimedia and Expo (ICME)[J/OL].(2019-07-12).https://ieeexplore.ieee.org/abstract/document/8784735.

第10章　人脸识别

人脸识别系统的研究始于20世纪60年代，而真正进入初级应用阶段却是在20世纪90年代后期。人脸识别系统成功的关键在于是否拥有尖端的核心算法，并使识别结果具有实用化的识别率和识别速度。人脸识别系统集成了人工智能、机器识别、机器学习、模型理论、专家系统、视频图像处理等多种专业技术，同时需结合中间值处理的理论，是生物特征识别的最新应用，其核心技术的实现，体现了弱人工智能向强人工智能的转化。

人脸识别主要用于身份识别。如今，众多的视频监控应用迫切需要一种远距离、用户非配合状态下的快速身份识别技术，以求远距离快速确认人员身份，实现智能预警。采用快速人脸检测技术可以从监控视频图象中实时查找人脸，并与人脸数据库进行实时比对，从而实现快速身份识别，这也是本案例所需要实现的功能。

10.1　案例背景

10.1.1　案例介绍

近些年，随着人工智能深度学习的逐渐普及，人脸识别算法的精确度和性能也在不断的提升，应用的场景也越来越多。为人们的生活和工作带来便利。从生物特性来看，人脸信息具有唯一性，可以实现非接触式的身份确认，可以在需要验证身份的场景广泛应用。如电信、金融支付、政务业务办理等，通过人脸识别确认用户的身份信息。在门禁考勤领域，可通过人脸识别系统终端实现门禁、考勤、访客管理、陌生人拦截、识别预警等功能的应用。在零售领域，人脸识别支付可以在线下人工收银台部署应用，丰富人们的支付方式，提升用户购物的体验。例如，在超市落地应用的人脸识别自助收银终端设备，可以在人工收银的基础上增添结算渠道，在高峰时期缓解人工收银的压力，也可以缩短顾客排队结账的时间，提升人们的购物体验。在校园场景，学校门口、图书馆、宿舍楼进出通道等学校内进出场景的门禁引进人脸识别系统应用，部署人脸识别终端，对进出场景的人员进行身份有效识别，记录人员出入考勤情况。如在教室门口部署智慧班牌，学生在考勤时间里可以通过班牌终端自主考勤，减少课堂考勤时间，而且可以系统实时记录，提升班级考勤管理。

10.1.2 技术背景

1. 人脸识别的历史

研究者们先是着眼于人脸的几何特征，将人脸用一个几何特征矢量的表示，根据模式识别中层次聚类的思想设计分类器。随后是基于代数的特征，通常是将空间图像的像素点变换投影空间，用一定数量的基本图像对人脸图像进行线性编码，主要有主成分分析（PCA）以及独立分量分析（ICA）。之后是基于机器学习，人脸的特征是预先定义好的，而在基于机器学习的方法中，人脸的特征和类别利用统计分析和机器学习的技术从样本中学习来的，学习所得的人脸特征和类别存在于由各种算法所保证的分布规律、模型和判别函数中，并被用于人脸的检测和识别，主要有人工神经网络、支持向量机、隐马尔可夫模型、贝叶斯决策等技术，然而，实际应用却收效甚微。

在深度学习阶段，算法的发展经历了3个阶段，从最开始的 VGG 网络到 Inception 网络再到 Resnet 网络，网络模型体上呈现出更深，更宽的趋势。在学术公开竞赛中取得好成绩的厂商，以发展实际业务为起点，通过不断扩大他们的实际数据集合，算法性能也在逐渐的提升。除了进一步增加数据量以提升算法性能以外，与第一阶段相反，大家开始在不降低识别性能的基础上，研究网络的轻量化。轻量化的主要目的有两个，一个是提升算法的速度，甚至能够部署到移动端。另外一个就是便于硬件实现，从而将人脸识别算法直接做成一个硬件模块。

2. 人脸识别领域经典算法

那么，计算机是如何识别人脸的呢？总体步骤如图 10.1 所示。

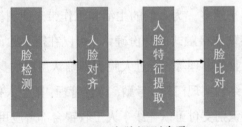

图 10.1 人脸识别步骤

对于输入的一张图像，首先要做的就是找到尽可能多的人脸，获得人脸的坐标信息并且将位置标记出来，或者是将人脸从图像中切割出来[1]。

然而人脸检测一般会遇到以下几个问题：

（1）人脸可能出现在图像中的任何一个位置；

（2）人脸可能有不同的大小；

（3）人脸在图像中可能有不同的视角和姿态；

（4）人脸可能部分被遮挡。

对于以上的问题，MTCNN 已经做出了十分优秀的答案。2016 年提出来的 MTCNN （Multi-task Cascaded Convolutional Networks）算法是目前公认比较好的人脸检测算法，可以同时实现 face detection 和 alignment，也就是人脸检测和对齐。

MTCNN 算 法 主 要 包 含 三 个 子 网 络：P-Net (Proposal Network)、R-Net (Refine Network)、O-Net (Output Network)。这 3 个网络按照由粗到细的方式处理输入照片，每个网络有 3 条支路分别用来做人脸分类、人脸框的回归和人脸关键点定位。最开始对在多个尺度上对图像做了 resize，构成了图像金字塔，然后这些不同尺度的图像作为 P、P、O 网络的输入进行训练，目的是为了可以检测不同尺度的人脸。P-Net 主要用来生成候选人脸框。R-Net 主要用来去除大量的非人脸框。O-Net 和 R-Net 有点像，在 R-NET 基础上增加了 landmark 位置的回归，最终输出包含一个或多个人脸框的位置信息和关键点信息。

人脸的分类要求同类之间尽可能近，异类之间尽可能远，程度越大，分类效果越好。现阶段人脸分类最好的算法是 ArcFace Loss：Additive Angular Margin Loss (加性角度间隔损失函数)。

要讲 arcface，就不得不讲讲它的兄弟们，arcface 是踩在兄弟们的肩膀上指引深度学习的人脸识别领域的。首先是应用广泛的 softmax，应用到人脸识别的原理是去掉最后的分类层，作为解特征网络导出特征向量用于人脸识别。缺点是同类间距小，异类之间的间距较大，并不适合人脸的分类。其次是 center Loss，主要思想从名字中可以窥测一二，尽可能缩小同类之间的距离，但忽略了异类之间的距离，会影响人脸分类的精度。而 Arcface 则是尽可能缩小同类间的距离，尽可能扩大异类之间的距离，正好符合人脸的分类要求。

其公式如下：

$$L = \frac{1}{N} \sum_i -\log \frac{e^s(\cos(\theta_{yi}, i+m))}{e^s(\cos(\theta_{yi}, i+m)) \sum_{i \neq yi} e^s \cos(\theta_j, i)} \tag{10.1}$$

Arcface 的优点：

（1）性能高，易于编程实现，复杂性低，训练效率高；

（2）ArcFace 直接优化 geodesic distance margin (弧度)，因为归一化超球体中的角和弧度的对应。

（3）为了性能的稳定，ArcFace 不需要与其他 loss 函数实现联合监督，可以很容易地收敛于任何训练数据集。

缺点：W 模型很大。在既有条件下，arcface 参数的多少并不会成为实现项目上的阻碍，瑕不掩瑜，arcface 的优势却可以为我们所用。

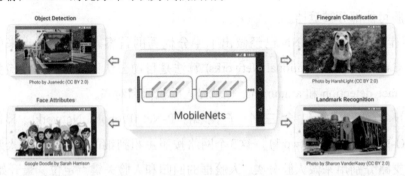

图10.2　MobileNet 的应用

MobileNets 是一个用于移动和嵌入式视觉应用的高效模型，可以对人脸分类。MobileNets 是基于一个流线型的架构，它使用深度可分离的卷积来构建轻量级的深层神经网络。该模型引入两个简单的全局超参数，在延迟度和准确度之间有效地进行平衡，这两个超参数允许模型构建者根据问题的约束条件，为其应用选择合适大小的模型。其作者进行了资源和精度权衡的广泛实验，与 ImageNet 分类上的其他流行的网络模型相比，MobileNets 表现出很强的性能。MobileNets 在广泛的应用场景中表现出有效性，包括物体检测、细粒度分类、人脸属性和大规模地理定位。(如图10.2)

随着深度学习的发展，卷积神经网络变得越来越普遍。当前发展的总体趋势，是通过更深和更复杂的网络来得到更高的精度，但是这种网络往往在模型大小和运行速度上没多大优势。一些嵌入式平台上的应用比如机器人和自动驾驶，它们的硬件资源有限，就十分需要一种轻量级、低延迟(同时精度尚可接受)的网络模型，这就是 MobileNets 的主要工作。在建立小型和有效的神经网络上，已经做了一些工作，比如 SqueezeNet, Google Inception, Flattened network 等等。大概分为压缩预训练模型和直接训练小型网络两种。MobileNets 主要关注优化延迟，同时兼顾模型大小。Mobilenet 最突出的特点是将 VGG 中的标准卷积层换成了深度可分离卷积，在计算准确率减少的可接受范围内大大提高了 CPU 的运算效率，是轻型设备上实现人脸识别的优质之选。

10.1.3　实现目的

本案例的目的是实时获取视频中的人脸并对人脸进行识别，标出人脸框，并在框的正上方显示识别出的姓名。

图10.3　传入模型中的图片[2]

如图10.3，从视频中获取到一张人脸，此时的人脸是没有任何标识的。通过网络的检测，我们获得了图像中人脸的位置，如图10.4中红色框内所示，以及人脸对应的身份，如图10.4中红色框正上方的绿色文字所示。

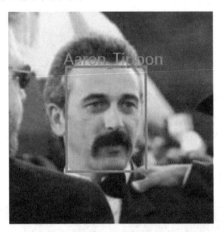

图10.4　识别结果展示

10.2　技术方案

10.2.1　方案概述

人脸识别需要进行四个关键步骤：

一是检测人脸，当计算机读取一张图片，要能够快速准确地锁定人脸的位置；

二是人脸对齐，由于所获取的图像不可能像证件照一样正面朝着镜头，它可能是倾斜的，或是只有半边脸，若是没有处理，将来进行人脸匹配时将会有很大的误差；

三是人脸编码，将对齐后的人脸转换成数值存储在计算机中，图10.5是人脸的68个特征点所在的位置以及计算机将人脸编码成特征值的依据；

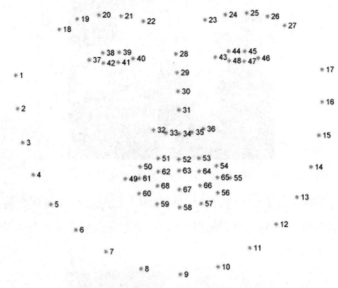

图10.5　人脸的68个特征点

四是人脸匹配，两个人脸特征值的欧式距离，根据结果的大小判断两个人脸的相似程度，结果越小，相似性越高，越像同一个人。反之，则越不像同一个人。计算公式如下：

$$d(x, y)=\sqrt{(x_1-y_1)^2+(x_2-y_2)^2+\cdots+(x_n-y_n)^2}=\sqrt{\sum_{i=1}^{n}(x_i-y_i)^2} \tag{10.2}$$

总体结构如图10.6所示。

图10.6　人脸识别的实现步骤

使用mtcnn进行人脸检测和人脸对齐，使用arcface进行人脸特征提取，使用mobilenet进行人脸分类，以便于后续的人脸匹配计算。

10.2.2　MTCNN

对于人脸检测算法，硬性要求是检测的准确性和检测效率，MTCNN可以很好地实现以上两个要求。该 MTCNN 由 3 个网络结构组成 (P-Net,R-Net,O-Net)。

Proposal Network (P-Net)：主要用来生成一些候选框 (bounding box)。并用该边界框做回归，对候选窗口进行校准，然后通过非极大值抑制 (NMS) 来合并高度重叠的候选框。如图 10.7。

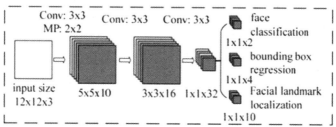

图 10.7 pnet 网络[3]

Refine Network (R-Net)：主要用来去除大量的非人脸框，该网络结构还是通过边界框回归和 NMS 来去掉那些 false-positive 区域。如图 10.8。该网络结构和 P-Net 网络结构有差异，多了一个全连接层，所以会取得更好的移植 false-positive 的作用。

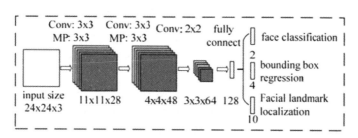

图 10.8 R-Net 网络[3]

Output Network (O-Net)：该层比 R-Net 层又多了一层卷积层，所以由 R-Net 传来的结果会更加的准确，比 P-Net 进行了相似的步骤对结果的要求更高了。作用和 R-Net 层作用一样。但是该层对人脸区域进行了更多的处理，同时还会输出左眼、右眼、鼻子、左嘴唇、右嘴唇 (landmark)。如图 10.9。

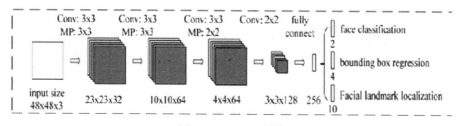

图 10.9 onet 网络

以上三层网络结构共同组成了 MCTNN，接下来是 MTCNN 的理论实现。

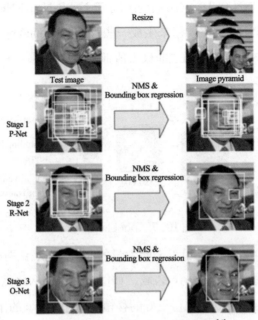

图 10.10 MTCNN 的步骤[4]

如上图 10.10 所示，MTCNN 的实现有以下几个步骤。

(1) Image Pypamid：制作图像金字塔 (将尺寸从大到小的图像堆叠在一起类似金字塔形状，故名图像金字塔)，对输入图像 resize 到不同尺寸，为输入网络作准备。

(2) Stage 1：将金字塔图像输入 P-Net (Proposal Network)，获取含人脸的回归框，并通过非极大值抑制 (NMS) 算法去除冗余框，这样便初步得到一些人脸检测候选框。

(3) Stage 2：将 P-Net 输出得到的人脸图像输入 R-Net (Refinement Network)，对人脸检测框坐标进行进一步的细化，通过 NMS 算法去除冗余框，此时的到的人脸检测框更加精准且冗余框更少。

(4) Stage 3：将 R-Net 输出得到的人脸图像输入 O-Net (Output Network)，一方面对人脸检测框坐标进行进一步的细化，另一方面输出人脸 5 个关键点 (左眼、右眼、鼻子、左嘴角、右嘴角) 坐标。

MTCNN 特征描述主要包含 3 个部分，人脸 / 非人脸分类器，边界框回归，landmark 定位。人脸分类：

$$L_i^{det} = -(y_i^{det}\log(p_i) + (1 - y_i^{det})(1 - \log(p_i)))$$

(10.3)

$$y_i^{det} \in \{0, 1\}$$

上式为人脸分类的交叉熵损失函数，其中，p_i 为是人脸的概率，y_i^{det} 背景真实标签。

边界框回归：

$$L_i^{box}=\mid \hat{y}_i^{box} - y_i^{box} \mid_2^2$$
$$y_i^{det} \in R^4 \tag{10.4}$$

上式为通过欧氏距离计算的回归损失。其中 $\hat{y}$ 为通过网络预测得到，不带尖的 y 为实际的真实人脸框坐标。其中，y 为一个 (左上角 x，左上角 y，长，宽) 组成的四元组。

landmark 定位：

$$L_i^{landmark}=\mid \hat{y}_i^{landmark} - y_i^{landmark} \mid_2^2 \tag{10.5}$$

和边框回归一样，还是计算网络预测的地标位置和实际真实地标的欧式距离并最小化该距离。其中，框中前者为通过网络预测得到，后者为实际的真实的地标坐标。由于一共 5 个点，每个点 2 个坐标，y 属于十元组。通过 mtcnn，我们可以获得传入图像的人脸数量、人脸位置以及人脸坐标，继续下一步。

10.2.3 MobileNet

在获取了人脸的数量、位置以及框坐标之后，就到了 MobileNet 出场的时候了。通过 MobileNet，我们可以将人脸做不同的分类，以实现高准确率的人脸身份识别。

卷积神经网络 (CNN) 已经普遍应用在计算机视觉领域，并且已经取得了不错的效果。可以看到为了追求分类准确度，模型深度越来越深，模型复杂度也越来越高，如深度残差网络 (ResNet) 其层数已经多达 152 层[2]。然而，在某些真实的应用场景如移动或者嵌入式设备，如此大而复杂的模型是难以被应用的。首先是模型过于庞大，面临着内存不足的问题，其次这些场景要求低延迟，或者说响应速度要快，想象一下自动驾驶汽车的行人检测系统如果速度很慢会发生什么可怕的事情。所以，研究小而高效的 CNN 模型在这些场景至关重要，至少目前是这样，尽管未来硬件也会越来越快。目前的研究总结来看分为两个方向：一是对训练好的复杂模型进行压缩得到小模型；二是直接设计小模型并进行训练。不管如何，其目标是在保持模型性能 (accuracy) 的前提下降低模型大小 (parameters size)，同时提升模型速度 (speed, low latency)。本文的主角 MobileNet 属于后者，是 Google 最近提出的一种小巧而高效的 CNN 模型，其在 accuracy 和 latency 之间做了折中。下面对 MobileNet 做详细的介绍。MobileNet 的基本单元是深度级可分离卷积 (depthwise separable convolution)，其实这种结构之前已经被使用在 Inception 模型中。深度级可分离卷积其实是一种可分解卷积操作 (factorized convolutions)，可以分解为两个更小的操作：depthwise convolution 和 pointwise convolution，如图 10.11 所示。Depthwise convolution 和标准卷积不同，对于标准卷积其卷积核是用在所有的输入通道上 (input channels)，而 depthwise convolution 针对每个输入通道采用不同的卷积核，就是说一个卷积核对应一个输入通道，所以说 depthwise convolution 是 depth 级别的操作。而 pointwise convolution 其实就是普通的卷积，只不过其采用 1x1 的卷积核。图 10.11，图 10.12 更清晰地展示了两种操作。对于 depthwise separable convolution，其首先是采用 depthwise convolution 对不同输入通道分别进行卷积，然后采用 pointwise convolution 将上面的输出再进行结合，这样其实整体效果和一个标准卷积是差不多的，但是会大大减少计算量和模型参数量。

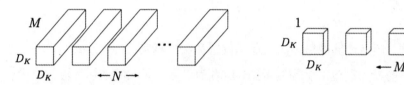

(a) Standard Convolution Filters　　　　　　(b) Depthwise Convolutional Filters

图 10.11　标准卷积　　　　　　　图 10.12　深度可分离卷积

直观上来看，这种分解在效果上是等价的。比如，把上图的代号化为实际的数字，输入图片维度是 $11 \times 11 \times 3$，标准卷积为 $3 \times 3 \times 3 \times 16$（假设 stride 为 2，padding 为 1），那么可以得到输出为 $6 \times 6 \times 16$ 的输出结果。现在输入图片不变，先通过一个维度是 $3 \times 3 \times 1 \times 3$ 的深度卷积（输入是 3 通道，这里有 3 个卷积核，对应着进行计算，理解成 for 循环），得到 $6 \times 6 \times 3$ 的中间输出，然后再通过一个维度是 $1 \times 1 \times 3 \times 16$ 的 1×1 卷积，同样得到输出为 $6 \times 6 \times 16$。

首先是标准卷积，假定输入 F 的维度是 $D_F \times D_F \times M$，经过标准卷积核 K 得到输出 G 的维度 $D_G \times D_G \times N$，卷积核参数量表示为 $D_K \times D_K \times M \times N$。如果计算代价也用数量表示，应该为 $D_K \times D_K \times M \times N \times D_F \times D_F$。现在将卷积核进行分解，那么按照上述计算公式，可得深度卷积的计算代价为 $D_K \times D_K \times M \times D_F \times D_F$，标准卷积的计算代价为 $M \times N \times D_F \times D_F$。将二者进行比较，可得：

$$\frac{D_K \cdot D_K \cdot M \cdot D_F \cdot D_F + M \cdot N \cdot D_F \cdot D_F}{D_K \cdot D_K \cdot M \cdot N \cdot D_F \cdot D_F} = \frac{1}{N} + \frac{1}{D_K^2} \tag{10.6}$$

MobileNets 使用了大量的 3×3 的卷积核，极大地减少了计算量（1/8 到 1/9 之间），同时准确率下降的很少。

MobileNets 结构建立在上述深度可分解卷积中（只有第一层是标准卷积）。该网络允许算法探索网络拓扑，找到一个适合的良好网络。其具体架构在下图中说明。除了最后的全连接层，所有层后面跟了 batchnorm 和 ReLU，最终输入到 softmax 进行分类。图 10.13 对比了标准卷积和分解卷积的结构，二者都附带了 BN 和 ReLU 层。MobileNets 总共 28 层

（1+2×13+1=28）。

Table 1. MobileNet Body Architecture

Type / Stride	Filter Shape	Input Size
Conv / s2	$3 \times 3 \times 3 \times 32$	$224 \times 224 \times 3$
Conv dw / s1	$3 \times 3 \times 32$ dw	$112 \times 112 \times 32$
Conv / s1	$1 \times 1 \times 32 \times 64$	$112 \times 112 \times 32$
Conv dw / s2	$3 \times 3 \times 64$ dw	$112 \times 112 \times 64$
Conv / s1	$1 \times 1 \times 64 \times 128$	$56 \times 56 \times 64$
Conv dw / s1	$3 \times 3 \times 128$ dw	$56 \times 56 \times 128$
Conv / s1	$1 \times 1 \times 128 \times 128$	$56 \times 56 \times 128$
Conv dw / s2	$3 \times 3 \times 128$ dw	$56 \times 56 \times 128$
Conv / s1	$1 \times 1 \times 128 \times 256$	$28 \times 28 \times 128$
Conv dw / s1	$3 \times 3 \times 256$ dw	$28 \times 28 \times 256$
Conv / s1	$1 \times 1 \times 256 \times 256$	$28 \times 28 \times 256$
Conv dw / s2	$3 \times 3 \wedge 256$ dw	$28 \times 28 \times 256$
Conv / s1	$1 \times 1 \times 256 \times 512$	$14 \times 14 \times 256$
$5\times$ Conv dw / s1	$3 \times 3 \times 512$ dw	$14 \times 14 \times 512$
Conv / s1	$1 \times 1 \times 512 \times 512$	$14 \times 14 \times 512$
Conv dw / s2	$3 \times 3 \times 512$ dw	$14 \times 14 \times 512$
Conv / s1	$1 \times 1 \times 512 \times 1024$	$7 \times 7 \times 512$
Conv dw / s2	$3 \times 3 \times 1024$ dw	$7 \times 7 \times 1024$
Conv / s1	$1 \times 1 \times 1024 \times 1024$	$7 \times 7 \times 1024$
Avg Pool / s1	Pool 7×7	$7 \times 7 \times 1024$
FC / s1	1024×1000	$1 \times 1 \times 1024$
Softmax / s1	Classifier	$1 \times 1 \times 1000$

图 10.13　MobileNet 网络结构[3]

我们还可以分析整个网络的参数和计算量分布。可以得出整个计算量基本集中在1×1卷积上，如果你熟悉卷积底层实现的话，你应该知道卷积一般通过一种 im2col 方式实现，其需要内存重组，但是当卷积核为1×1时，其实就不需要这种操作了，底层可以有更快的实现。对于参数也主要集中在1×1卷积，除此之外还有就是全连接层占了一部分参数。

10.2.4　实现方法

对于传入的图像，首先使用的是 MTCNN 进行人脸位置的检测并对其，同时获取图像中的人脸框坐标以及五个特征点的坐标，将坐标的关键点信息通过 arcface 转化为特征向量，在空间中分成相隔较远的两个类。之后，将传入的图像经过同样的步骤获取到特征向量和空间中的向量做欧氏距离的计算，根据计算结果的大小，在超过阈值的所有选项中选取结果最小的一个作为检测到的人脸类别，并在识别出的人脸位置标出长方形的框，在框的正上方标出识别出的名字。之后将训练好的模型保存，在 MLU 270 上进行加载使用，在MLU 上进行在线推理、离线推理，并将结果和 CPU 上的执行结果做比较，展示出来。

10.3　模型训练

10.3.1　工程结构

工程结构如图10.14。

图10.14　工程结构图

目录说明：

data：图像数据存放目录。

mtcnn_pytorch：mtcnn 的 pytorch 实现。

mtcnn_pytorch/Images：图像数据存放目录。

mtcnn_pytorch/src：mtcnn 的具体实现。

mtcnn_pytorch/extract_weights.py：从模型中获取权重文件

mtcnn_pytorch/get_aligned_face.py：获取对其后的人脸

mtcnn_pytorch/refine_faces.py：将人脸对齐。

mtcnn_pytorch/test_on_images.py：使用 mtcnn 测试一张输入的图片

try_mtcnn_step_by_step.py：mtcnn 的执行过程

caffe_models：预训练的 caffe 权重，用来转换为 pytorch 权重

work_space：预训练模型的存放目录。

config.py：参数设置。

Learner.py：包含训练，评估，学习率调整，保存和加载模型功能。

mtcnn.py：mtcnn 的人脸检测接口。

prepare_data.py：数据准备及处理。

train.py：模型训练。

model.py：为模型架构定义。

utils.py：一些数据集处理功能。

face_verify.py：实时监测摄像头传入的数据。

README.md：说明文件，程序的训练，推理，数据的准备，数据下载的链接等等。

10.3.2　数据准备

1.celeba 数据集

Mobilenet 以及 MTCNN 的训练都需要用到 celeab 数据集，MobileNet 使用到 celeba 的人名对应的人脸数据，而 MTCNN 使用的是人脸的五个关键点，因此获取 celeba 数据集可以同时应用到两个模型。CelebA 是 CelebFaces Attribute 的缩写，意即名人人脸属性数据集，其包含10,177个名人身份的202,599张人脸图片，每张图片都做好了特征标记，包含人脸 bbox 标注框、5个人脸特征点坐标以及40个属性标记，CelebA 由香港中文大学开放提供，广泛用于人脸相关的计算机视觉训练任务，可用于人脸属性标识训练、人脸检测训练以及 landmark 标记等，官方网址：http://mmlab.ie.cuhk.edu.hk/projects/CelebA.html。如图10.15。

图10.15　celaba 数据集展示

官方为我们提供了如下几个下载链接，点击任何一个链接都会进入如下 dropbox 目录，如图 10.16。

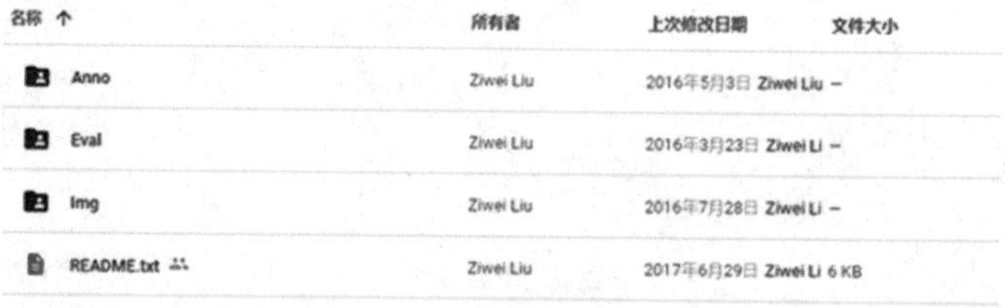

名称 ↑	所有者	上次修改日期	文件大小
Anno	Ziwei Liu	2016年5月3日 Ziwei Liu	–
Eval	Ziwei Liu	2016年3月23日 Ziwei Li	–
Img	Ziwei Liu	2016年7月28日 Ziwei Li	–
README.txt	Ziwei Liu	2017年6月29日 Ziwei Li	6 KB

图 10.16　celabA 数据集目录

Anno 是 bbox、landmark 及 attribute 注释文件，Eval 是 training、validation 及 testing 数据集的划分注释，Img 则是存放相应的人脸图像，README.txt 是 CelebA 介绍文件。

通过阅读 README.txt 了解到每一部分代表的含义，特征点标注方式如图 10.17。

```
202599
lefteye_x lefteye_y righteye_x righteye_y nose_x nose_y leftmouth_x leftmouth_y
rightmouth_x rightmouth_y
000001.jpg 165  184  244  176  196  249  194  271  266  260
000002.jpg 140  204  220  204  168  254  146  289  226  289
000003.jpg 244  104  264  105  263  121  235  134  251  140
000004.jpg 796  539  984  539  930  687  762  756  915  756
000005.jpg 273  169  328  161  298  172  283  208  323  207
```

图 10.17　数据集特征点标注方式

- In-The-Wild Images (Img/img_celeba.7z)

202,599 张原始“野生”人脸图像，从网络爬取未有做任何裁剪缩放操作的人脸图像。

- Align&Cropped Images (Img/img_align_celeba.zip & Img/img_align_celeba_png.7z)

202,599 张经过人脸对齐和裁剪了的图像，视情况下载对应不同质量的图像即可，一般选择 jpg 格式才 1G 多的 img_align_celeba.zip 文件。

- Bounding Box Annotations (Anno/list_bbox_celeba.txt)

bounding box 标签，即人脸标注框坐标注释文件，包含每一张图片对应的 bbox 起点坐标及其宽高。

- Landmarks Annotations (Anno/list_landmarks_celeba.txt & Anno/list_landmarks_align_celeba.txt)

5 个特征点 landmark 坐标注释文件，list_landmarks_align_celeba.txt 则是对应人脸对齐后 的 landmark 坐标。

- Attributes Annotations (Anno/list_attr_celeba.txt)

40 个属性标签文件，第一行为图像张数，第二行为属性名，有该属性则标记为 1，否则标记为 -1。

- Identity Annotations (available upon request)

10,177 个名人身份标识，图片的序号即是该图片对应的标签。

- Evaluation Partitions (Eval/list_eval_partition.txt)

用于划分为 training，validation 及 testing 等数据集的标签文件，标签 0 对应 training，标签 1 对应 validation，标签 2 对应 testing。

celeba 数据集的初始存放方式并不符合我们的要求，需要将它转换为我们需要的格式。

2.MTCNN 训练数据处理

训练数据集下载地址如下。

1.https://pan.baidu.com/s/1eXohwNBHbbKXh5KHyItVhQ

2.https://www.dropbox.com/s/wpx6tqjf0y5mf6r/faces_ms1m-refine-v2_112x112.zip?dl=0

下载后解压到 /data/ 文件夹下，执行如下代码将训练数据从解压后的文件中分离出来：

```
from pathlib import Path
from config import get_config
from data.data_pipe import load_bin, load_mx_rec
import argparse


if __name__ == '__main__':
    parser = argparse.ArgumentParser(description='for face verification')
    parser.add_argument(
        "-r", "--rec_path", help="mxnet record file path", default='faces_emore', type=str)
    args = parser.parse_args()
    conf = get_config()
    rec_path = conf.data_path/args.rec_path
    load_mx_rec(rec_path)

    bin_files = ['agedb_30', 'cfp_fp', 'lfw',
                'calfw', 'cfp_ff', 'cplfw', 'vgg2_fp']

    for i in range(len(bin_files)):
        load_bin(rec_path/(bin_files[i]+'.bin'),
                rec_path/bin_files[i], conf.test_transform)
```

经过以上的处理之后，数据集将会被分成如下形式：

```
faces_emore/
        ---> agedb_30
        ---> calfw
        ---> cfp_ff
        ---> cfp_fp
        ---> cfp_fp
        ---> cplfw
        --->imgs
        ---> lfw
        ---> vgg2_fp
```

10.3.3　模型搭建

1.MTCNN

本案例使用的 MTCNN 模型是 github 上的开源模型，项目的具体地址为：https://github.com/TropComplique/mtcnn-pytorch。

2.Arcface

Arcface 的实现参考了 github 上的开源模型，项目的具体地址为：https://github.com/ronghuaiyang/arcface-pytorch。

3.MobileNet

本次方案所用到的算法模型是在 github 上开源的 MobileNet 网络模型，具体地址为：https://github.com/TreB1eN/InsightFace_Pytorch。网络结构并无改动，可以下载下来直接使用。

10.3.4　模型训练

1.MTCNN 的模型的获取

本项目的 MTCNN 权重文件来自 caffe 实现的 MTCNN 权重文件，通过 mtcnn_pytorch 目录下的 extract_weights_from_caffe_model.py，更换网络层的名字以及部分权重参数即可。读者不必实现，权重文件已转换成功，放在 "src/weights 目录下。模型转换代码：

```
# 初始化网络
def get_all_weights(net):
    # 存储网络新的权重文件
    all_weights = {}
    for p in net.params:
        # 转换卷积层
        if "conv" in p:
            name = "features." + p
            ……
        # 转换 pRelu 层
        elif "prelu" in p.lower():
            ……
    return all_weights
# 转换 pnet 网络
net = caffe.net(caffe_pnet_prototxtFile_path, caffe_pnet_model_path, caffe.TEST)
np.save(save_path, get_all_weights(net))


# 转换 rnet 网络
net = caffe.net(caffe_rnet_prototxtFile_path, caffe_rnet_model_path, caffe.TEST)
np.save(save_path, get_all_weights(net))


# 转换 onet 网络
net = caffe.net(caffe_pnet_prototxtFile_path, caffe_onet_model_path, caffe.TEST)
np.save(save_path, get_all_weights(net))
```

2.MobileNet 的训练

训练数据已经在数据准备阶段处理好，模型训练的参数设置在 config.py 文件下。

```
# 迭代周期
    epochs: 20
    # 批量大小
    embedding_size: 512
    # 学习率
    Lr: 1e-3
    #adam 动量
    Momentum: 0.9
    # 可识别的脸部最大数量
    face_limit: 10
    # 优化器
    self.optimizer = optim.SGD(
                [{'params': paras_wo_bn[:-1],
                    'weight_decay': 4e-5}, {
    'params':[paras_wo_bn[-1]]+[self.head.kernel],
    'weight_decay': 4e-4
                }, {'params': paras_only_bn}],
```

设置好相关参数后，在终端中输入如下命令即可开始训练。

```
    # 打开中终端，激活环境并进入到当前项目文件目录下输入：# batch_size 设置为
200 (可根据自 CPU 自行设置大小)
    python train.py -net mobilefacenet -b 200
```

在完成训练后，会将模型保存在 work_space/model 下，即可开始下一步使用了。

10.3.5　模型使用

1.MTCNN 的使用

MTCNN 从摄像头获取到的图像中检测人脸，若是有人脸则返回可能性最大的人脸框的坐标，反之无返回。

```
# 模拟摄像头读入
image = Image.open(pic_path)
# 调用 detect_faces 检测人脸
boxes,landmarks = mtcnn.detect_faces(image)
# 将人脸对齐
result, faces = mtcnn.align_multi(image,conf.face_limit,conf.min_face_size)
# 导入三个网络到设备上
```

摄像头的读入是在 face_verify.py 文件中，读取的是 Image 格式的文件，在 detect_face 函数中，调用模型读取 pnet、rnet、onet 并导入对应的权重参数。网络的返回值将传入 mobilenet 做推理，对人脸进行识别匹配。

2.MobileNet

从 MTCNN 获取到 bbox 以及 landmark 之后，即可使用 MobileNet。在 Learner.py 文件中，定义了使用模型的相关代码，如下所示：

```
# 导入 mobilenet 模型：23 行
self.model=MobileFaceNet(conf.embedding_size).to(conf.device)
# 将训练好的网络模型参数加载到网络模型中：function load_state()
self.model.load_state_dict(torch.load(save_path / 'model_{}'.format(fixed_str),map_location='cpu'))
# 固定网络中 BatchNormalization 层和 Dropout 层的参数
Self.model.eval()
# 迭代测试数据：function infer.py：获取数据并进行 inference
Output=self.model(conf.test_transform(img).to(conf.device).unsqueeze(0))
# 获取经过预处理的图像数据
source_embs = torch.cat(embs)
# 获取结果并输出
results, score = learner.infer(conf, faces, targets, args.tta)
# 将识别结果实时显示在视频中
cv2.imshow("face Capture", frame)
```

在命令行输入如下命令即可使用模型。

```
#打开中终端，到当前项目文件目录下输入：
python face_verify.py
#若是需要重新添加人脸，使用如下命令更新即可
python face_verify.py --update
```

10.4 模型移植

本节以寒武纪 MLU 270 计算卡为例，将人像分割算法部署到搭载了 MLU 270 的设备上，使其能够进行在线推理和离线推理。

10.4.1 在线推理

在线推理分为模型量化、在线逐层推理、在线融合推理。

1.MTCNN 量化

由于 MTCNN 是由 pnet、rnet、onet 共同组成的，因此对 MTCNN 的量化就是对上述三者的量化。变化的只是需要量化的网络数量，量化的方法还是一致的。

```
# 在 mtcnn.py 文件下操作
#1. 顶部导入寒武纪 torch 库
import torch_mlu
import torch_mlu.core.mlu_model as ct
import torch_mlu.core.mlu_quantize
#2. 导入网络结构 (在 mtcnn_pytorch/src/get_nets.py 中)
pnet = PNet()
rnet = RNet()
onet = ONet()
#. 使用 mlu 量化
pnet=torch_mlu.core.mlu_quantize.quantize_dynamic_mlu(pnet,{'firstconv':True},dtype='int16',gen_quant=True)
rnet=torch_mlu.core.mlu_quantize.quantize_dynamic_mlu(rnet,{'firstconv':True},dtype='int16',gen_quant=True)
```

```
onet=torch_mlu.core.mlu_quantize.quantize_dynamic_mlu(onet,{'firstconv':True},dtype='i
nt16',gen_quant=True)
#4. 导入权重文件
weights = np.load(pnet_weights_path, allow_pickle=True)[()]
for n, p in pnet.named_parameters():
    p.data = torch.FloadTensor(weights[n])
weights = np.load(rnet_weights_path, allow_pickle=True)[()]
for n, p in rnet.named_parameters():
    p.data = torch.FloadTensor(weights[n])
weights = np.load(onet_weights_path, allow_pickle=True)[()]
for n, p in onet.named_parameters():
    p.data = torch.FloadTensor(weights[n])
# 依次导入 rnet, onet 网络参数
#5. 使用量化后的模型做推理
pnet(img)
rnet(img_boxes)
ronet(img_boxes)
#6. 依次保存三个模型
torch.save(pnet.state_dict(),'./data/quantized_pnet.pth')
torch.save(rnet.state_dict(),'./data/quantized_rnet.pth')
torch.save(onet.state_dict(),'./data/quantized_onet.pth')
```

　　qconfig 是配置量化的字典，默认为 {'iteration'：1, 'use_avg'：False, 'data_scale'：1.0, 'mean'：[0,0,0], 'std'：[1,1,1], 'firstconv'：True, 'per_channel'：False}。iteration：设置用于量化的图片数量，默认值为 1，即使用 1 张图片进行量化。use_avg 用于设置是否使用最值的平均值用于量化，默认值为 False，即不使用。data_scale 用于设置是否对图片的最值进行缩放，默认值为 1.0，即不进行缩放。mean 用于设置数据集的均值，默认值为 [0,0,0]，即减均值 0。std 为设置数据集的方差，默认值为 [1,1,1]，即除方差 1。firstconv 为设置是否使用 firstconv，默认为 True，即使用 firstconv。如果设置为 False，则上述 mean、std 均失效，不会执行 firstconv 的计算。per_channel 为设置是否使用分通道量化，默认值为 False，即不使用分通道量化。传入权重文件时是从 caffe 转来的 pytorch 版 MTCNN 权重文

件，三个网络要分别获取对应的权重文件。

量化后应使用量化后的模型做推理，以验证量化模型的准确性。为了使用的便利性，模型保存时使用 model.state_dict()，仅保存网络结构，应分别保存三个网络的权重参数。

2.MobileNet 量化

MobileNet 的量化和 MTCNN 大同小异，步骤是一致的，参数的说明参照 MTCNN 的参数说明即可。

```
batch_size_train = 6
    # 导入 mobilenet 模型
    net = mobilenet()
    # 在函数 load_state() 载入模型的代码后加入如下代码
    self.quantized_net=torch_mlu.core.mlu_quantize.quantize_dynamic_mlu(self.net,qconfig_
spec={'iteration': 1,'use_avg':True,'data_scale': 1.0,'mean':[0,0,0],'std':[1,1,1],'firstconv':True,'p
er_channel':False,},dtype='int16',gen_quant=True)
    # 使用量化后的 net 对传入的数据进行处理
    quantized_net(img)
    # 保存模型
    torch.save(self.net.state_dict(),'./data/quantized_mobilenet.pth')
```

需要注意的是，MobileNet 的数据是从 MTCNN 传来的，是带有人脸框以及五个关键点坐标的人脸数据。Torch.save(model.state_dict()): 模型保存时也是保存的模型参数，而不是整个网络结构。

执行以下命令即可将 MTCNN 以及 MobileNet 量化完成：

```
python face_verify.py --n quantized
```

量化已经完成，量化模型已经建立，接下来就是调用 MLU 设置相关参数以及所调用的设备，测试输出结果。目的是将网络中的算子一个个地放到 MLU 上计算，验证 MLU 是否支持网络中的算子，若是遇到错误，可以在此处纠正。若是直接进行在线融合模式，将会看不到错误提示，纠正也就无从下手了。

在量化过程中如果将三个网络模型的使用都写了出来，并不利于读者的阅读学习。为了便于理解，在逐层、融合的工作中，将用一个 model 代替。

1.MTCNN 在线逐层

```
#1. 顶部导入寒武纪 torch 库
import torch_mlu
import torch_mlu.core.mlu_model as ct
import torch_mlu.core.mlu_quantize # 批量大小
#2. 导入模型
net = Net()
#3. 使用 mlu 量化
quantized_net=torch_mlu.core.mlu_quantize.quantize_dynamic_mlu(net)
#4. 设置使用的计算核数量
ct.set_core_number( 16)
#5. 设置 MLU 使用设备名称
ct.set_core_version('MLU 270')
#6. 将网络结构加载入 MLU 中
net_mlu = quantized_net.to(ct.mlu_device())
#7. 数据放到 mlu 上
Image= image.to(ct.mlu_device())
#8. net 对处理数据
output=quantized_net(image)
#9. 结果转化为 cpu
output = output.cpu()
```

在线逐层时只需要使用量化后的模型，并不需要保存模型，因此 torch_mlu.core.mlu_quantize.quantize_dynamic_mlu 的参数中只需要传入模型即可。

ct.set_core_number(1)：使用的计算核数量，可选 1, 4, 16, 数量越多，计算速度越快。

ct.set_core_version('MLU 270'): 设置使用的设备。

net_mlu = quantized_net.to(ct.mlu_device())：将网络模型加载到 MLU 上，将计算都迁移到 MLU 计算卡上提高计算效率。

Image= image.to(ct.mlu_device())：传入的数据也要放到 MLU 上。

output = output.cpu()：执行完成之后要验证结果的准确性，需要将数据放在 CPU 上执行。

2.MobileNet 在线逐层

```
# 在头部导入库
import torch_mlu
import torch_mlu.core.mlu_model as ct
import torch_mlu.core.mlu_quantize
# 导入自己定义的网络
net = mobilenet()
# 在权值模型加载之前，在网络模型加载之后，添加如下代码
quantized_net=torch_mlu.core.mlu_quantize.quantize_dynamic_mlu(net)
# 设置 MLU 并行数量
ct.set_core_number(1)
# 设置 MLU 使用设备名称
ct.set_core_version('MLU270')
# 将网络结构加载入 MLU 中
net_mlu = quantized_net.to(ct.mlu_device())
## 将输入的图片放到 mlu 上并推理，获得输出
output = net_mlu(img.to(ct.mlu_device())
# 数据转化为 cpu 格式
output.cpu()
```

执行以下命令即可执行 MTCNN 和 MobileNet 的在线逐层：

```
python face_verify.py --n online_layer
```

在线融合与在线逐层的区别在于需要在模型推理的过程中生成静态图，通过静态图将网络结构中的算子融合成一个整体传入到 MLU 上计算，减少了数据在不同设备上的传递，节约了时间，提高了效率。

1.MTCNN 在线融合

```
# 顶部导入寒武纪 torch 库
import torch_mlu
import torch_mlu.core.mlu_model as ct
import torch_mlu.core.mlu_quantize
# 导入三个网络
net = Net()
# 使用 mlu 量化
quantized_net=torch_mlu.core.mlu_quantize.quantize_dynamic_mlu(mtcnn)
# 设置 MLU 并行数量
ct.set_core_number(1)
# 设置 MLU 使用设备名称
ct.set_core_version('MLU270')
# 参数为 False
torch.set_grad_enabled(False)
# 转化为跟踪模式，生成静态图，根据静态图将算子融合
traced_model=torch.jit.trace(quantized_net_mlu,img.to(ct.mlu_device()), check_trace=False)
#mtcnn 对处理数据
bboxes,faces=mtcnn.align_multi(image.to(ct.mlu_device()),conf.face_limit,conf.min_face_size)
# 结果转化为 cpu
bboxes, faces = bboxes.cpu(), faces.cpu()
```

与在线推理的区别是多了一个生成静态图的过程。

torch.set_grad_enabled(False)：设置为固定的权值梯度，便于算子融合。

使用 torch.jit.trace 可以生成静态图，根据静态图，将各个算子融合在一起，进行计算，与逐层有所区别。

2.MobileNet 在线融合

```
# 在头部导入库
    import torch_mlu
    import torch_mlu.core.mlu_model as ct
    import torch_mlu.core.mlu_quantize
    # 导入自己定义的网络
    net = mobilenet()
    # 在权值模型加载之前，在网络模型加载之后，添加如下代码
    quantized_net=torch_mlu.core.mlu_quantize.quantize_dynamic_mlu(net)
    # 设置 MLU 并行数量
    ct.set_core_number( 1)
    # 设置 MLU 使用设备名称
    ct.set_core_version('MLU270')
    # 参数为 False
    torch.set_grad_enabled(False)
    # 将网络结构加载入 MLU 中
    net_mlu = quantized_net.to(ct.mlu_device())
    # 生成输出 example
    example_mlu = torch.randn( 1, 3, in_w, in_h, dtype=torch.float)
    # 转化为跟踪模式，生成静态图，根据静态图将算子融合
    traced_model=torch.jit.trace(quantized_net_mlu,example_mlu.to(ct.mlu_device()), check_
trace=False)
    ## 将输入的图片放到 mlu 上并推理，获得输出
    output = net_mlu(img.to(ct.mlu_device()))
    # 数据转化为 cpu 格式
    output.cpu()
```

执行以下命令即可执行 MTCNN 和 MobileNet 的在线融合：

```
python face_verify.py --n online_jit
```

10.4.2　生成离线模型

在融合推理成功的前提下，只需要调用 MLU 提供的接口开启离线模型的生成。调用接口为：

```
# 开启离线模型生成
torch_mlu.core.mlu_model.save_as_cambricon(save_name)
# 推理过程
# 关闭离线模型的生成
torch_mlu.core_.mlu_model.save_as_cambricon()
```

1.MTCNN 网络的离线模型生成

MTCNN 由三个网络组成，当三个网络进行执行时，我们并不能一次生成三个离线模型，只能将它们分开，一个个地生成。正因如此，在知晓模型的输入输出的前提下，只需要构造一个相应大小的 Tensor，传入网络之中即可进行推理，得出离线模型。

pnet 生成离线模型的代码如下：

```
# 在头部导入库
import torch_mlu
import torch_mlu.core.mlu_model as ct
import torch_mlu.core.mlu_quantize
from src.get_nets import PNet
import numpy as np
import torch
# 导入自己定义的网络
net = PNet()
# 设置离线模型生成：name 为离线模型的名字
torch_mlu.core.mlu_model.save_as_cambricon('pnet')
# 模型量化
quantized_net=torch_mlu.core.mlu_quantize.quantize_dynamic_mlu(net)
# 加载量化后权重文件
net.load_dict(torch.load(pnet_quantized_model_path))
```

```
# 设置 MLU 并行数量
ct.set_core_number(16)
# 设置 MLU 使用设备名称
ct.set_core_version('MLU270')
# 参数为 False
torch.set_grad_enabled(False)
# 将网络结构加载入 MLU 中
quantized_net_mlu = quantized_net.to(ct.mlu_device())
# 构造输入 tensor
img = torch.empty(1, 3, 48, 48)
# 转化为跟踪模式，生成静态图，根据静态图将算子融合
traced_net=torch.jit.trace(quantized_net_mlu,img.to(ct.mlu_device()),check_trace=False)
## 将输入的图片放到 mlu 上并推理，获得输出
output = traced_net(img.to(ct.mlu_device()))
# 关闭离线模型生成
torch_mlu.core.mlu_model.save_as_cambricon("")
# 数据转化为 cpu 格式
output.cpu()
```

首先是导入 torch_mlu 的库，以及其他要用到的库。随后实例化一个 pnet，随即开启离线模型的生成，模型量化，量化模型导入量化后参数。随后设置相关参数。根据网络的输入构造相同大小 Tensor，设置为跟踪模式将开启推理，推理后关闭离线模型的生成通道。rnet、onet 的离线模型生成时，只需要将上述代码中的网络以及权重参数换位 rnet、onet 的对应文件即可生成离线模型。

至此生成 MTCNN 中三个网络的离线模型，如下所示：

```
#pnet 离线模型
pnet.cambricon
pnet.cambricon_twins
#rnet 离线模型
rnet.cambricon
rnet.cambricon_twins
```

```
#onet 离线模型
onet.cambricon
onet.cambricon_twins
```

可以看到，每一个离线模型多生成了一个后缀为 .cambricon_twins 的伴生文件，我们打开 onet 离线模型的伴生文件看看它的作用是什么：

```
Function #0 {
Kernel num: 1
Cache mode: 0
Name: subnet 0
Input number: 1
    Input #0.
        Mask: 338036233
        Shape(dim): 1 48 48 3
        Name:
        Id: 70
        Data type: CNRT_FLOAT 32       Dim Order: CNRT_NHWC
        Quantize position: 691614260
        Quantize scale: 0.000000
Output number: 3
    Output #0.
        Mask: 338036233
        Shape(dim): 1 1 1 10
        Name:
        Id: 116
        Data type: CNRT_FLOAT 32       Dim Order: CNRT_NHWC
        Quantize position: 691614260
        Quantize scale: 0.000000
    Output #1.
        Mask: 338036233
        Shape(dim): 1 1 1 4
```

```
        Name:
        Id: 112
        Data type: CNRT_FLOAT32      Dim Order: CNRT_NHWC
        Quantize position: 691614260
        Quantize scale: 0.000000
    Output #2.
        Mask: 338036233
        Shape(dim): 1 1 1 2
        Name:
        Id: 120
        Data type: CNRT_FLOAT32      Dim Order: CNRT_NHWC
        Quantize position: 859190578
        Quantize scale: 0.000000
```

其中有几个重要信息在离线模型的运行时将会用到。

Name 字段表示模型在网络中的编号，在调用离线模型推理时作为参数传入。Input_ number 字段表示输入图片的数量。Input #0 表示第一个输入数据，同理 Output #0 以及 Output #1 分别表示第一个输出数据 / 第二个输出数据。其中最重要的时 shape 字段，表示的是数据的输入输出格式，分别表示 batch_size、通道数、宽、高。MobileNet 的离线模型也有对应的半生文件，读者可自行查阅。

2.MobileNet 的离线生成

离线模型的生成二者大同小异，在融合成功的前期下，只需要开启离线模型生成即可，MobileNet 的离线模型生成：

```python
# 在头部导入库
import torch_mlu
import torch_mlu.core.mlu_model as ct
import torch_mlu.core.mlu_quantize
# 导入自己定义的网络
net = mobilenet()
# 设置离线模型生成：name 为离线模型的名字
torch_mlu.core.mlu_model.save_as_cambricon('model_name')
```

```
# 在权值模型加载之前，在网络模型加载之后，添加如下代码
quantized_net=torch_mlu.core.mlu_quantize.quantize_dynamic_mlu(net)
# 设置 MLU 并行数量
ct.set_core_number(1)
# 设置 MLU 使用设备名称
ct.set_core_version('MLU270')
# 参数为 False
torch.set_grad_enabled(False)
# 将网络结构加载入 MLU 中
net_mlu = quantized_net.to(ct.mlu_device())
# 生成输出 example
example_mlu = torch.randn(1, 3, in_w, in_h, dtype=torch.float)
# 转化为跟踪模式，生成静态图，根据静态图将算子融合
traced_model=torch.jit.trace(quantized_net_mlu,example_mlu.to(ct.mlu_device()), check_
trace=False)
## 将输入的图片放到 mlu 上并推理，获得输出
output = net_mlu(img.to(ct.mlu_device()))
# 关闭离线模型生成
torch_mlu.core.mlu_model.save_as_cambricon("")
# 数据转化为 cpu 格式
output.cpu()
```

离线模型的生成是在在线融合的基础上进行的，额外的添加也仅仅是两行代码，分别是 torch_mlu.core.mlu_model.save_as_cambricon('model_name')，即启动离线模型的保存和 torch_mlu.core.mlu_model.save_as_cambricon("")，关闭保存接口。

根据离线模型生成的路径，在相应的路劲下会生成两个文件，分别是 model_name.cambricon 以及 model_name.cambricon_twins，前者是离线模型文件，后者是离线模型的说明文件，对模型的一些参数进行简略说明，并无实际效果。在项目中已经写好了离线推理的代码，只需要执行以下命令即可生成离线模型：

```
python offline_inference/create_offline_model.py
```

10.4.3 离线模型的使用

离线推理指序列化已编译好的算子到离线文件，生成离线模型。离线模型不依赖于 pytorch 框架，只基于 CNRT (寒武纪运行时库) 单独运行。本案例将模型离线推理部分使用 C/C++ 实现，并生成动态链接库 .so 文件，在数据的前处理和后处理阶段则采用 Python 的简便实现。

在上一节共生成了四个离线模型 (pnet、rnet、onet、mobilenet)，并且模型之间的数据并不能直接交互，因此需要做四次前处理以及四次后处理。首先是模型推理时的 c++ 实现：

```
// 获取 MLU 设备数量
unsigned dev_num;
cnrtGetDeviceCount(&dev_num);
// 设置当前使用的设备
cnrtDev_t dev;
cnrtGetDeviceHandle(&dev, 0);
cnrtSetCurrentDevice(dev);
// 加载模型
cnrtLoadModel(&model,modelpath);
// 从模型中取得 function
cnrtCreateFunction(&function);
cnrtExtractFunction(&function,model,"subnet0");
// 获取输入输出参数
cnrtGetInputDataSize(&inputSizeS,&inputNum,function);
cnrtGetOutputDataSize(&outputSizeS,&outputNum,function);
```

在执行推理前需要设置设备信息、输入输出参数。在取得 function 操作时，cnrtExtractFunction 函数中第三个参数就是 .cambricon_twins 文件中 name 字段定义，需要通过此字段来调用模型。

```
// 分配输入内存
for(int i=0;i<inputNum;i++){
// 分配 CPU 端的输入内存
inputCpuPtrS[i] = malloc(inputSizeS[i]);
// 填充输入数据
// if(i==0) memcpy((void *)inputCpuPtrS[i],image_float.data,inputSizeS[i]);
// 分配 MLU 端的输入内存
cnrtMalloc(&(inputMluPtrS[i]),inputSizeS[i]);
// 从 CPU 端的内存复制到 MLU 端的内存
// cnrtMemcpy(inputMluPtrS[i],inputCpuPtrS[i],inputSizeS[i],CNRT_MEM_TRANS_
DIR_HOST2DEV);
}
// 分配输出的内存
for (int i = 0; i < outputNum; i++) {
// 分配 CPU 端的输出内存
outputCpuPtrS[i] = malloc(outputSizeS[i]);
// 分配 MLU 端的输出内存
cnrtMalloc(&(outputMluPtrS[i]), outputSizeS[i]);
}
```

内存分配是根据数据的大小来分配的，由于数据的传输时从 CPU 到 MLU 再返回到 CPU，因此需要将他们的内地址共享，便于数据的传输。

```
// 准备调用 cnrtInvokeRuntimeContext_V2 时的 param 参数
param = (void **)malloc(sizeof(void *) * (inputNum + outputNum));
for (int i=0;i<inputNum;++i){
param[i] = inputMluPtrS[i];
}
for (int i=0;i<outputNum;++i){
param[inputNum + i] = outputMluPtrS[i];}
```

```
// 创建 RuntimeContext
cnrtCreateRuntimeContext(&ctx,function,NULL);
// 设置当前使用的设备
cnrtSetRuntimeContextDeviceId(ctx, 0);
// 初始化
cnrtInitRuntimeContext(ctx,NULL);
// 创建队列
cnrtRuntimeContextCreateQueue(ctx,&queue);}
```

准备调用参数时，需要分配参数的内存，根据输出值的数量使用循环定义 RuntimeContext。

```
void Detector::setInputData(float *inputImages){
for (int i = 0; i < inputNum; i++)
{
f (i == 0) {
// 填充 CPU 端数据
memcpy((void *)inputCpuPtrS[i], (void *)inputImages, inputSizeS[i]);
// 从 CPU 端的内存数据复制到 MLU 端的内存
cnrtMemcpy(inputMluPtrS[i], inputCpuPtrS[i], inputSizeS[i], CNRT_MEM_TRANS_DIR_HOST2DEV);}}}
```

定义数据的输入接口，在分配的输入数据内存中填充输入数据，并将数据复制到 MLU 上，便于 MLU 调用。

```
void Detector::inference(float *image){
setInputData(image);
// 进行计算
cnrtInvokeRuntimeContext_V2(ctx,NULL,param,queue,NULL);
// 等待执行完毕
cnrtSyncQueue(queue);
```

```
// 取回数据
for (int i = 0; i < outputNum; i++) {
cnrtMemcpy(outputCpuPtrS[i], outputMluPtrS[i], outputSizeS[i], CNRT_MEM_TRANS_
DIR_DEV2HOST);
    }
    }
```

调用离线模型执行推理部分：

```
// 获取输出数据
void Detector::setOutputData(float *output)
{  // 多个输出数据循环获取
char * temp = (char*)output;
for(int i = 0; i < outputNum; i++){
memcpy(temp, outputCpuPtrS[i], outputSizeS[i]);
temp += outputSizeS[i];
    }
    }
```

当有多个输出数据时，我们使用一个变量来存储每一个输出数据，将他们连接起来作为一个一维向量返回。

```
void Detector::freeMemory()
{
// 释放内存
for (int i = 0; i < inputNum; i++) {
free(inputCpuPtrS[i]);
cnrtFree(inputMluPtrS[i]);
    }
for (int i = 0; i < outputNum; i++) {
free(outputCpuPtrS[i]);
```

```
        cnrtFree(outputMluPtrS[i]);

    }

    free(inputCpuPtrS);

    free(outputCpuPtrS);

    free(param);

    // 销毁资源

    cnrtDestroyQueue(queue);

    cnrtDestroyRuntimeContext(ctx);

    cnrtDestroyFunction(function);

    cnrtUnloadModel(model);

    cnrtDestroy();

    }
```

在推理完成，输出数据获取成功之后，要将 MLU 上的资源释放。

前半部分的参数设置和模型推理一致，其中的内存分配较为重要，由于数据是从 CPU 传到 MLU 上计算，计算完成之后再从 MLU 上取下来。在不同设备间的数据交互需要在各自的内存中写入数据存取所需要的内存大小，因此需要在 CPU 上和 MLU 上都开辟两段空间，用来做数据的交互。接下来是定义函数的接口：

```
    extern "C"

    {

    Detector *detectorObj;

    // void readPath(char *picturePath)

    //  {

    //    detectorObj.readPath(picturePath);// 输入路径

    //  }

    void initial(char * modelfile){

    detectorObj = new Detector(modelfile);}

    void inference(float* img)// 模型推理

    { // cv::Mat input_img(h, w, CV_8UC3);
```

```
// memcpy(input_img.data, img, w * h * c * 1);
etectorObj->inference(img);}
void getOutputData(float *output)// 获取数据的输出
{detectorObj->setOutputData(output);}
void freeMemory()// 资源释放
{detectorObj->freeMemory();}
}
```

在编写好上述函数后需要调用文件编译为后缀 .so 的文件，提供 Python 调用的接口。

```
# 调用动态链接库
so = ctypes.cdll.LoadLibrary
# 获取编译好的函数接口, lib = so("libmtcnn.so")
# 模型推理接口
lib.inference
# 输出数据的获取接口
getOutputData = lib.getOutputData
```

接下来是数据的处理部分，数据处理部分和对应网络中的实现一致，将图像按照网络中定义的转换步骤进行转换，输入网络推理即可。pnet 的输入数据处理：

```
# 模拟摄像头读入
img = Image.open(picture_path)
# 转换为模型需要的格式
img = np.asarray(img, dtype=np.float32)
# 转换 (b,h,w,c)->(b,c,h,w)
new_img = img.transpose(( 0, 2, 3, 1)).copy()
# 传入离线模型
lib.initial(b'path_to_pnet.cambricon')
# 调用 inference 推理接口
inference = lib.inference
```

```
# 定义推理结果格式
inference.argtypes = [ndpointer(ctypes.c_float)]
inference.restypes = None
# 执行推理
inference(new_img)
# 定义数据接收容量
outputData = np.arange(54, dtype=np.float32)
# 执行接收
getOutputData = lib.getOutputData
getOutputData.argtypes = [ndpointer(ctypes.c_float)]
getOutputData(outputData)
```

在获取 pnet 的输出之后结果是规律的一维向量，长度为54，我们需要将结果分离出有无人脸以及有人脸时框的坐标，并转换为 rnet 的输入。

```
# 将一维向量转换为多维
offsets=outputData[:36].reshape(1, 3, 3, 4).transpose(0, 3, 1, 2).copy()
probs=outputData[36:].reshape(1, 3, 3, 2)[0,:,:, 1]
# 获取回归框
boxes=_generate_bboxes(probs, offsets, scale, threshold)
# 对返回的框做简略的筛选，留下置信度较大的框
if len(boxes) == 0:
return None
keep = nms(boxes[:, 0:5], overlap_threshold=0.5)
# 将所有筛选后的可行的框放到一个数组中
bounding_boxes.append(boxes)
# 使用 offsets 对回归框做解析
bounding_boxes = calibrate_box(bounding_boxes[:, 0:5], bounding_boxes[:, 5:])
bounding_boxes = convert_to_square(bounding_boxes)
bounding_boxes[:, 0:4] = np.round(bounding_boxes[:, 0:4]
img_boxes = get_image_boxes(bounding_boxes, image, size=24)
img_boxes = torch.FloatTensor(img_boxes)
# 最终获得的是 rnet 的输入数据 img_boxes
```

通过编译好的动态链接库调用 rnet 离线模型进行推理。

```
lib.initial(b'path_to_rnet.cambricon')
inference = lib.inference
inference.argtypes = [ndpointer(ctypes.c_float)]
outputData = np.arange(12, dtype=np.float32)
# 数据接收
getOutputData = lib.getOutputData
getOutputData.argtypes = [ndpointer(ctypes.c_float)]
img_boxes = np.asarray(img_boxes, dtype = np.float32)
new_img_boxes = img_boxes.transpose((0, 2, 3, 1)).copy()
inference(new_img_boxes)
getOutputData(outputData)
```

对 rnet 的输出数据做处理，处理过程和 pnet 类似。

```
# 处理输出数据
offsets = outputData[:8].reshape(2, 4)  # shape [n_boxes, 4]
probs = outputData[8:].reshape(2, 2)  # shape [n_boxes, 2]
# 获取回归框
keep = np.where(probs[:, 1] > thresholds[1])[0]
bounding_boxes = bounding_boxes[keep]
bounding_boxes[:, 4] = probs[keep, 1].reshape((-1,))
offsets = offsets[keep]
keep = nms(bounding_boxes, nms_thresholds[1])
# 获 onet 输入数据
bounding_boxes = bounding_boxes[keep]
bounding_boxes = calibrate_box(bounding_boxes, offsets[keep])
bounding_boxes = convert_to_square(bounding_boxes)
bounding_boxes[:, 0:4] = np.round(bounding_boxes[:, 0:4])
img_boxes=get_image_boxes(bounding_boxes, image, size=48)
img_boxes = torch.FloatTensor(img_boxes)
```

调用 onet 的离线模型进行推理，步骤与上面的 pnet，rnet 一致。

```python
# 调用推理接口
lib.initial(b'path_to_onet.cambricon')
inference = lib.inference
inference.argtypes = [ndpointer(ctypes.c_float)]
# 定义输出数据格式
outputData = np.arange( 16, dtype=np.float32)
# 数据接收
getOutputData = lib.getOutputData
getOutputData.argtypes = [ndpointer(ctypes.c_float)]
img_boxes = np.asarray(img_boxes, dtype = np.float32)
new_img_boxes = img_boxes.transpose(( 0, 2, 3, 1)).copy()
# 执行推理
inference(new_img_boxes)
# 获取推理结果
getOutputData(outputData)
```

对 onet 的推理结果做处理：

```python
landmarks = outputData[: 10].reshape( 1, 10) # shape [n_boxes, 10]
offsets = outputData[ 10: 14].reshape( 1, 4)  # shape [n_boxes, 4]
probs = outputData[ 14:].reshape( 1, 2)  # shape [n_boxes, 2]
keep = np.where(probs[:, 1] > thresholds[ 2])[ 0]
bounding_boxes = bounding_boxes[keep]
bounding_boxes[:, 4] = probs[keep, 1].reshape((-1,))
offsets = offsets[keep]
landmarks = landmarks[keep]
# 计算关键点坐标
width = bounding_boxes[:, 2] - bounding_boxes[:, 0] + 1.0
height = bounding_boxes[:, 3] - bounding_boxes[:, 1] + 1.0
xmin, ymin = bounding_boxes[:, 0], bounding_boxes[:, 1]
```

```
landmarks[:, 0:5] = np.expand_dims(xmin, 1) + np.expand_dims(width, 1)*landmarks[:, 0:5]
landmarks[:, 5:10] = np.expand_dims(ymin, 1) + np.expand_dims(height, 1)*landmarks[:,
5:10]
bounding_boxes = calibrate_box(bounding_boxes, offsets)
keep = nms(bounding_boxes, nms_thresholds[2], mode='min')
bounding_boxes = bounding_boxes[keep]
landmarks = landmarks[keep]
```

随后是 MobileNet 的离线模型调用。首先将 onet 的输出转换为 MobileNet 的输入，如下所示：

```
# 将关键点在输入的图像中标注出来
# 将结果作为 mobilenet 的输入
faces = []
for landmark in landmarks:
    facial 5points=[[landmark[j],landmark[j+5]] for j in range(5)]
    warped_face = warp_and_crop_face(np.array(img), facial 5points, refrence, crop_
size=(112, 112))
    faces.append(Image.fromarray(warped_face))
```

以 faces 中的某个数据为例：

```
img = faces[0]
data = conf.test_transform(img).unsqueeze(0)
# 转换为 numpy
data = np.array(data)
# 转换为 mobilenet 的输入格式
data = data.transpose((0, 2, 3, 1)).copy()
# 调用接口执行推理并获取输出
lib.initial(b'mobilenet.cambricon')
inference = lib.inference
```

```
inference.argtypes = [ndpointer(ctypes.c_float)]
outputData = np.arange( 512, dtype=np.float 32)
# 数据接收
getOutputData = lib.getOutputData
getOutputData.argtypes = [ndpointer(ctypes.c_float)]
inference(data)
getOutputData(outputData)outputData = torch.from_numpy(outputData)
# 获取输出数据
embs.append(outputData)
```

MobileNet 推理结果处理：

```
# 使用过 torch.cat 将所有的结果串起来
source_embs = torch.cat(embs)
diff=source_embs.unsqueeze(-1)-target_embs.transpose( 1, 0).unsqueeze( 0)
# 计算欧氏距离
dist = torch.sum(torch.pow(diff, 2), dim=1)
# 取得计算结果
# 分类编号
minimum, min_idx = torch.min(dist, dim=1)
min_idx[minimum > threshold] = -1
# 调用 draw_box_name 根据结果在输入图像上标出框以及姓名
frame=draw_box_name(bbox, names[results[idx] + 1],input_image)
# 其中识别结果为
name[result[idx]]+1
```

至此，我们完成了四个离线模型的推理并获得了输出结果。

10.4.4　最终效果展示

输入一张图像，如图10.18。

图 10.18　测试图[5]

推理结果如图10.19。

图 10.19　测试结果[5]

10.5　本章小结

通过本章，读者可以学习到人脸识别的实现过程。用 MTCNN 获取人脸框位置以及人脸的五个特征点，通过将人脸图像转换为特征向量存储，之后将需要匹配的人脸与既有的人脸特征做欧式距离计算，结果越小，相似度越高。在实现之后将整个深度学习模型移植到寒武纪的计算卡上，以量化时以可接受的准确率损失为代价换来计算效率的极大提高，之后通过在线和离线实现了模型在硬件设备上的运行。

参考文献

[1] 张翠平，苏光大. 人脸识别技术综述 [J]. 中国图象图形学报，2000,5(11):3- 6.

[2] 何伟鑫，邓建球，刘爱东，等. MTCNN 和 RESNET 的人脸识别弹库门禁系统研究 [J]. 单片机与嵌入式系统应用，2020,20(4):2.

[3] 东南大学. 一种基于 IMobileNet 的人脸快速识别方法 :CN 202010459770. 8[P].2020- 09- 21.

[4] Liu Z, Luo P, Wang X.Large-scale celebfaces attributes (celeba) dataset[DS/OL].Hong Kong:Multimedia Laboratory, The Chinese University of Hong Kong,2020- 07- 10[2020- 12- 25]. http://mmlab.ie.cuhk.edu.hk/projects/CelebA.html.

[5] 陈雨薇. 基于改进 MTCNN 模型的人脸检测与面部关键点定位 [D]. 上海：东华大学,2019.

第11章 行人跟踪

11.1 案例背景

视觉目标跟踪 (Visual Object Tracking) 有着重要的研究意义，在军事制导、视频监控、机器人视觉导航、人机交互以及医疗诊断等许多方面有着广泛的应用前景。

视觉目标跟踪是指对图像序列中的运动目标进行检测、提取、识别和跟踪，获得运动目标的运动参数，如位置、速度、加速度和运动轨迹等，从而进行下一步的处理与分析，实现对运动目标的行为理解，以完成更高一级的检测任务。根据跟踪目标的数量，可以将跟踪算法分为单目标跟踪与多目标跟踪。相比单目标跟踪而言，多目标跟踪问题更加复杂和困难，多目标跟踪问题需要考虑视频序列中多个独立目标的位置、大小、各自外观的变化、不同的运动方式、动态光照等客观因素的影响，多个目标之间相互遮挡、合并与分离等情况均是多目标跟踪问题中的难点。

多目标跟踪，即 Multiple Object Tracking(MOT)，主要任务是给定一个图像序列，找到图像序列中运动的物体，并将不同帧的运动物体进行识别，也就是给定一个准确的 ID。这些物体可以是任意的，如行人、车辆、各种动物等，而行人跟踪检测因其具有的商业价值而得到广泛关注。

11.1.1 案例介绍

行人跟踪有着广泛的应用，如视频监控、人机交互、无人驾驶等。行人检测跟踪依赖于行人检测模型和轨迹预测算法，本案例讲述了如何选取并训练一个行人检测模型，将训练好的行人检测模型结合行人轨迹预测跟踪算法，完成对行人 ID 的分配，以及边界框的预测。

11.1.2. 技术背景

2010 年以前，目标跟踪领域大部分采用一些经典的跟踪方法，比如 Meanshift、Particle Filter、Kalman Filter 以及基于特征点的光流算法等。Meanshift 方法是一种基于概率密度分布的跟踪方法，使目标的搜索一直沿着概率梯度上升的方向，迭代收敛到概率密度分布的局部峰值为止。

　　Meanshift 首先会对目标进行建模，比如利用目标的颜色分布来描述目标，然后计算目标在下一帧图像上的概率分布，从而迭代得到局部最密集的区域。Meanshift 适用于目标的色彩模型和背景差异比较大的情形，早期也用于人脸跟踪。由于 Meanshift 方法的快速计算，它的很多改进方法也一直适用至今。Meanshift 算法如图11.1所示：

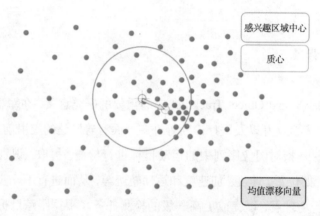

图11.1　Mean Shift 聚类算法

　　粒子滤波 (Particle Filter) 方法是一种基于粒子分布统计的方法。以跟踪为例，首先对跟踪目标进行建模，并定义一种相似度度量确定粒子与目标的匹配程度。在目标搜索的过程中，它会按照一定的分布 (比如均匀分布或高斯分布) 撒一些粒子，统计这些粒子的相似度，确定目标可能的位置。在这些位置上，下一帧会加入更多新的粒子，确保在更大概率基础上跟踪上目标。卡尔曼滤波 (Kalman Filter) 常被用于描述目标的运动模型，它不对目标的特征进行建模，而是对目标的运动模型进行建模，常用于估计目标在下一帧的位置。另外，经典的跟踪方法还有基于特征点的光流跟踪，在目标上提取一些特征点，然后在下一帧计算这些特征点的光流匹配点，统计得到目标的位置。在跟踪的过程中，需要不断补充新的特征点，删除置信度不佳的特征点，以此来适应目标在运动过程中的形状变化。本质上可以认为光流跟踪属于用特征点的集合来表征目标模型的方法。

　　2010 年之后，目标跟踪的方法通常分成基于产生式模型的方法和基于鉴别式模型的方法。前面介绍的经典跟踪方法都可以归类为产生式模型的方法，而基于鉴别式模型的方法是指利用分类来做跟踪的方法，即把跟踪的目标作为前景，利用在线学习或离线训练的检测器来区分前景目标和背景，从而得到前景目标的位置。虽然此时通用物体的检测率还非常低 (ImageNet 的检测率不超过 20%)，因为物体检测主要基于手工设计的特征，但是，通过更新检测器的模型和各种底层特征的提出，鉴别式跟踪方法更能适应跟踪过程中的复杂变化，所以利用检测来做跟踪 (Tracking By Detection) 逐渐成为主流。目标检测算法的发展历程如图11.2。

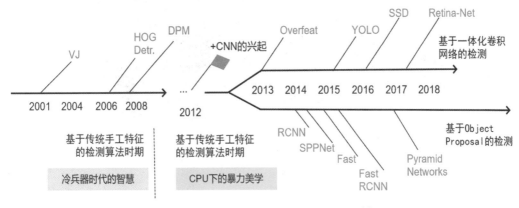

图 11.2　目标检测算法的发展历程[1]

最近三年是深度学习技术的高速发展期，深度学习技术也被成功应用在计算机视觉的各个应用领域，跟踪也不例外。利用深度学习训练网络模型，得到的卷积特征输出表达能力更强。在目标跟踪上，把网络学习到的特征，直接应用到相关滤波，从而得到更好的跟踪结果。

主流的目标检测算法有 R-CNN、Faster R-CNN、SSD、YOLO v3 等，主流的目标跟踪算法有 SORT、Deep SORT 等。R-CNN、Faster R-CNN 算法属于 two-stage 方法，主要思路是先通过启发式方法 (selective search) 或者 CNN 网络 (RPN) 产生一系列稀疏的候选框，然后对这些候选框进行分类和回归，two-stage 方法的优点是准确度高。YOLO v3 和 SSD 算法属于 one-stage 方法，主要思路是均匀地在图片的不同位置上密集抽样，抽样时可以采用不同的比例，然后用 CNN 提取特征后直接进行分类与回归，整个过程只需要一步，所以优点是速度快。

本案例采用 YOLO v3 算法作为行人检测器，主要原因是 YOLO v3 算法借鉴了残差网络结构，形成更深的网络层次，以及多尺度检测，有助于解决小物体的检测问题。使用 Deep SORT 算法作为整体的解决方案。

11.1.3　实现目标

本案例的实现目标是对视频中的行人进行检测，对每个行人分配唯一的 ID，并进行跟踪。效果如图11.3所示。

图11.3　实现目标效果图[2]

11.2　技术方案

11.2.1　方案概述

基于视频流的行人检测跟踪实现人流量的实时统计。根据这个应用场景，最容易想到的技术就是目标检测，实现对视频流每一帧图片中的行人进行检测，返回每个行人在图片中的位置信息，如中心点坐标及宽高。单独依靠目标检测并不能完成目标跟踪的功能，因为目标检测算法在对视频流中帧与帧之间的检测有一定的不稳定性，需要使用卡尔曼滤波算法，基于目标检测算法对上一帧检测到的目标框，预测目标在下一帧中的运动状态，如中心点坐标、宽高及速度。在目标跟踪应用中，还需对图片中的每个目标分配一个唯一的 ID (或者轨迹)，并保证视频中同个目标的 ID 发生变换的几率尽可能小。这方面的实现可以通过对目标检测算法所检测到的目标，和卡尔曼滤波算法预测的目标，使用欧几里得距离，或余弦距离等相似度计算方法对其两两进行相似度计算，在一定阈值内则认为是同一个目标。结合以上的分析，行人检测跟踪实现主要分成三部分。

目标检测：目标检测的效果对最终的结果影响非常大，并且召回率 (Recall) 和精确率 (Precision) 都应该非常高才可以满足要求。所以目标检测算法的选择主要从算法的性能这方面去考虑。本案例选择 YOLO v3 来时实现目标检测，YOLO v3 是目标检测算法 YOLO 系列的第三版，是现在使用最广泛的 YOLO 系列算法，相比于 YOLO v1、YOLO v2，其速度和精度都得到了大幅度的提升。

特征提取：使用卷积神经网络对目标的表观特征进行提取，有以下网络结构可以选取：AlexNet、VGG、googlenet、resnet 等，本文选择广域剩余网络 (wide residual network)，这是 resnet 的改进版本。

关联：包括卡尔曼滤波算法和匈牙利算法。

目前主流的目标跟踪算法都是基于 Tracking-by-Detection (检测加跟踪) 策略，即基于目标检测的结果来进行目标跟踪。Deep SORT 运用这个策略，对视频流中的行人进行跟踪，每个行人都有一个位置信息和唯一的 ID。本案例最终使用 YOLO v3 作为行人检测器，结合 Deep SORT 算法作为解决方案。

11.2.2　YOLO v3

YOLO (You Only Look Once) 模型是目标检测领域的经典模型，采用一个单独的 CNN 模型实现 end-to-end 的目标检测。YOLOv3 相比 YOLO 系列之前版本的算法，在小目标和精度上有显著提升。本章主要讲解使用 YOLO v3 模型对图片中的行人进行检测。

YOLO v3 模型属于监督式训练模型。训练模型所使用的训练样本需要包含的标注信息有：物体的位置坐标 (x, y, w, h)、物体的所属类别 (class)。x、y 指的是物体边框 (bounding box) 中心点位置，w、h 则分别为物体边框的宽度、高度。坐标的数值保存的格式是小数，需要对真实的位置坐标 x、w 映射到图片宽度的占比，y、h 映射到图片高度的占比。物体的类别使用整型表示，从类别 0 开始 (用 0 表示第一个类别)。将样本中的图片作为输入，将图片中需要检测的物体的位置坐标和类别作为标签，对模型进行训练，不断迭代更新模型参数，直到模型收敛停止训练。训练后的模型将具有计算目标物体的位置坐标以及识别物体类别的能力。YOLO v3 的网络模型结构如图 11.4 所示。

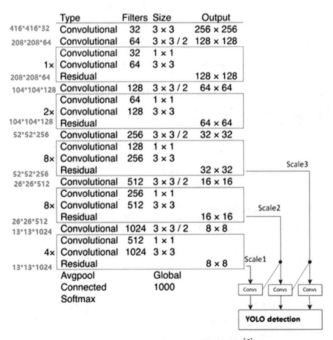

图 11.4　YOLO v3 网络结构 [3]

YOLO v3 模型结构主要包含两部分：特征提取部分和检测部分。特征提取部分用于提取图像特征，检测部分用于对提取到的图像特征进行处理，输出图像中目标物体的边框坐标和类别。YOLO v3 使用 Darknet-53 模型来提取特征，darknet-53 借用了 resnet 的思想，在网络中加入了残差模块，这样有利于解决深层次网络的梯度问题，每个残差模块由两个卷积层和一个 shortcut connections。图11.4中1、2、8、8、4代表有几个重复的残差模块，YOLO v3 结构里面，没有池化层和全连接层，网络的下采样是通过设置卷积的 stride 为 2 来达到的，每当通过这个卷积层之后图像的尺寸就会减小到一半。而每个卷积层的实现又是包含卷积 +BN+Leaky relu。

YOLO v3 模型的检测部分沿用 YOLO 9000 预测 bounding box 的方法，通过尺寸聚类确定 anchor box。对每个 bounding box 网络预测4个坐标偏移 t_x、t_y、t_w、t_h。如果 feature map 某一单元偏移图片左上角坐标为 (c_x, c_y)，bounding box 预选框尺寸为 p_w、p_h，即 anchor 尺寸，那么生成预测坐标为 b_x、b_y、b_w、b_h，此为 feature map 层级。而 g_x、g_y、g_w、g_h 为真值在 feature map 上的映射，通过预测偏

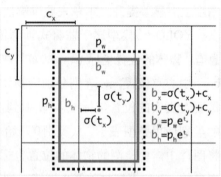

图11.5　bounding box 计算方法[4]

移 t_x，t_y，t_w，t_h 使得 b_x，b_y，b_w，b_h 与 g_x，g_y，g_w，g_h 一致。bounding box 计算方法如图11.5所示。

11.2.3　Deep SORT 算法

Deep SORT 论文地址：https://arxiv.org/pdf/1703.07402.pdf。

Deep SORT 代码地址：https://github.com/nwojke/deep_sort。

Deep SORT 算法的流程如图11.6所示。

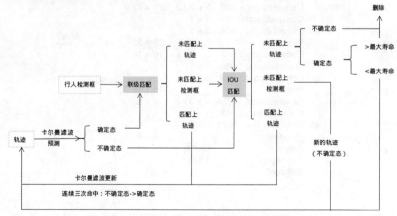

图11.6　Deep SORT 算法流程图[5]

Tracks 为每一时刻的 bbox 组成的一组轨迹，经过卡尔曼滤波预测 (Kalman Filter Predict) 后，会对当前帧预测一组轨迹，确定态 (Confirmed) 轨迹与检测器 (Detections) 检测到的 bbox 进行联级匹配 (Matching Cascade)，匹配上的轨迹 (Matched Tracks) 则更新跟踪的 bbox；未匹配上的轨迹 (Unmatched Tracks)、未匹配上的检测框 (Unmatched Detections) 和不确定态 (Unconfirmed) 轨迹及进行 IOU 匹配 (IOU Match)，匹配上的轨迹 (Matched Tracks) 则更新跟踪的 bbox；再次未匹配上的轨迹 (Unmatched Tracks)，如果是不确定态 (Unconfirmed) 轨迹、确定态 (Confirmed) 轨迹且寿命大于最大寿命 (max age) 则删除 (Deleted) 此轨迹，如果寿命小于最大寿命则执行 3 次观察。

Simple Online and Realtime Tracking(SORT) 是一个非常简单、有效、实用的多目标跟踪算法。在 SORT 中，仅仅通过 IOU 来进行匹配虽然速度非常快，但是 ID 交换 (ID switch) 依然存在比较大的问题。Deep SORT 算法，相比 SORT，通过集成表观信息来提升 SORT 的表现。通过这个扩展，模型能够更好地处理目标被长时间遮挡的情况，将 ID switch 指标降低了 45%。表观信息也就是目标对应的特征，论文中通过在大型行人重识别数据集上训练得到的深度关联度来提取表观特征（借用了 ReID 领域的模型）。Deep SORT 算法核心内容，包括状态估计、匹配方法、级联匹配、表观特征等。

状态估计：延续 SORT 算法使用 8 维的状态空间 $(u, v, r, h, \dot{x}, \dot{y}, \dot{r}, \dot{h})$，其中 (u, v) 代表 bbox 的中心点位置、宽高比 r、高 h 以及对应的在图像坐标上的相对速度。使用具有等速运动和线性观测模型的标准卡尔曼滤波器，将以上 8 维状态作为物体状态的直接观测模型。对于一个轨迹，都计算当前帧距与上次匹配成功帧的差值，代码中对应 time_since_update 变量。该变量在卡尔曼滤波器 predict 的时候递增，在轨迹和 detection 关联的时候重置为 0。超过最大

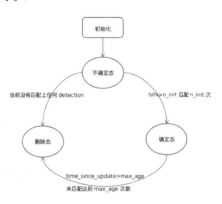

图 11.7 状态转移过程

年龄的 A_{max} 轨迹被认为离开图片区域，将从轨迹集合中删除，同时被设置为删除状态。代码中最大年龄默认值为 70，是级联匹配中的循环次数。如果 detection 没有和现有 track 匹配上的，那么将对这个 detection 进行初始化，转变为新的 track。新的 track 初始化的时候的状态是未确定态，只有满足连续三帧都成功匹配，才能将未确定态转化为确定态。如果处于未确定态的 track 没有在 n_init 帧中匹配上 detection，将变为删除态，从轨迹集合中删除。状态转换过程如图 11.7 所示。

匹配方法：主要是匹配轨迹 track 和观测结果 detection。这种匹配问题经常是使用匈

牙利算法（或者 KM 算法）来解决，该算法求解对象是一个代价矩阵，所以首先讨论一下如何求代价矩阵。

(1) 使用平方马氏距离来度量 track 和 detection 之间的距离。两者使用的是高斯分布来进行表示的，很适合使用马氏距离来度量两个分布之间的距离。马氏距离又称为协方差距离，是一种有效计算两个未知样本集相似度的方法，计算公式如下：

$$d^{(1)}(i,j)=(d_j-y_i)^T S_i^{-1}(d_j-y_i) \tag{11.1}$$

$$b_{i,j}^{(1)}=1[d^{(1)}(i,j)\leqslant t^{(1)}] \tag{11.2}$$

d_j 代表第 j 个 detection，y_i 代表第 i 个 track，S_i^{-1} 代表 d 和 y 的协方差。公式 (2) 是一个指示器，比较的是马氏距离和卡方分布的阈值，$t^{(1)}$=9.4877，如果马氏距离小于该阈值，代表成功匹配。

(2) 使用 cosine 距离来度量表观特征之间的距离，reid 模型抽出得到一个 128 维的向量，使用余弦距离来进行比对，计算公式如下：

$$d^{(2)}(i,j)=\min\{1-r_j^T r_k^{(i)}|r_k^{(i)}\in R_i\} \tag{11.3}$$

计算的是余弦相似度，而余弦距离 =1- 余弦相似度，通过 cosine 距离来度量 track 的表观特征和 detection 对应的表观特征，来更加准确地预测 ID。SORT 中仅仅用运动信息进行匹配会导致指标 ID Switch 严重降低，引入外观模型 + 级联匹配可以缓解这个问题。

$$b_{i,j}^{(2)}=1[d^{(2)}(i,j)\leqslant t^{(2)}] \tag{11.4}$$

同上，余弦距离这部分也使用了一个指示器，如果余弦距离小于 $t^{(2)}$，则认为匹配上。这个阈值在代码中被设置为 0.2(由参数 max_dist 控制)，这个属于超参数，在人脸识别中一般设置为 0.6。

(3) 综合匹配度是通过运动模型和外观模型的加权得到的，如下公式：

$$c_{i,j}=\lambda d^{(1)}(i,j)+(1-\lambda)d^{(2)}(i,j) \tag{11.5}$$

其中 λ 是一个超参数，在代码中默认为 0。在摄像头有实质性移动的时候这样设置比较合适，也就是在关联矩阵中只使用外观模型进行计算。但并不是说马氏距离在 Deep SORT 中毫无用处，马氏距离会对外观模型得到的距离矩阵进行限制，忽视掉明显不可行的分配。

$$b_{i,j}=\prod_{m=1}^{2} b_{i,j}^{(m)} \tag{11.6}$$

$b_{i,j}$ 也是指示器，只有 $b_{i,j}$=1 的时候才会被人为初步匹配上。

级联匹配：级联匹配是 Deep SORT 区别于 SORT 的一个核心算法，致力于解决目标被长时间遮挡的情况。为了让当前 detection 匹配上当前时刻较近的 track，匹配的时候 detection 优先匹配消失时间较短的 track。当目标被长时间遮挡，之后卡尔曼滤波预测结果将增加非常大的不确定性（因为在被遮挡这段时间没有观测对象来调整，所以不确定性会增加），状态空间内的可观察性就会大大降低。在两个 track 竞争同一个 detection 的时候，消失时间更长的 track 往往匹配得到的马氏距离更小，使得 detection 更可能和遮挡时间较长的 track 相关联，这种情况会破坏一个 track 的持续性，这也就是 SORT 中 ID Switch 非常高的原因之一。

表观特征：表观特征这部分借用了行人重识别领域的网络模型，这部分的网络是需要提前离线学习好，其功能是提取出具有区分度的特征。Deep SORT 用的是 wide residual network，具体结构如图 11.8 所示。

Name	Patch Size/Stride	Output Size
Conv 1	$3 \times 3/1$	$32 \times 128 \times 64$
Conv 2	$3 \times 3/1$	$32 \times 128 \times 64$
Max Pool 3	$3 \times 3/2$	$32 \times 64 \times 32$
Residual 4	$3 \times 3/1$	$32 \times 64 \times 32$
Residual 5	$3 \times 3/1$	$32 \times 64 \times 32$
Residual 6	$3 \times 3/2$	$64 \times 32 \times 16$
Residual 7	$3 \times 3/1$	$64 \times 32 \times 16$
Residual 8	$3 \times 3/2$	$128 \times 16 \times 8$
Residual 9	$3 \times 3/1$	$128 \times 16 \times 8$
Dense 10		128
Batch and ℓ_2 normalization		128

图 11.8　特征提取网络结构[6]

网络最后的输出是一个 128 维的向量用于代表该部分表观特征（一般维度越高区分度越高带来的计算量越大）。最后使用了 L2 归一化来将特征映射到单位超球面上，以便进一步使用余弦表观来度量相似度。

11.2.4　实现方法

使用公开数据集 VOC 2012，提取数据集中的行人数据作为 YOLO v3 的训练数据，完成行人检测模型。将训练好的 YOLO v3 作为行人检测器，结合 Deep SORT 算法以及 ReID 模型，完成对行人的跟踪，分配唯一 ID。并在 MLU 270 设备上进行模型量化、在线推理、离线推理。

11.3　模型训练

训练代码使用 github 开源代码：https://github.com/ultralytics/yolov 3。

11.3.1 工程结构

工程的整体结构如图11.9所示。

图11.9 工程结构

Cfg：存储模型的配置文件

data：存储测试图片和目标类别标签文件

output：存储推理时保存的图片

runs：存储训练时保存的 events.out.tfevents 文件

utils：存储处理数据的 python 文件

weights：存储训练过程中保存的权重文件

models.py：构建模型代码

train.py：训练代码

test.py：验证代码

detect.py：推理代码文件

11.3.2 数据准备

VOC 2012数据集下载地址：http://host.robots.ox.ac.uk/pascal/VOC/voc 2012/VOCtrainval_11-May-2012.tar。本案例使用 VOC 2012数据集中的行人数据作为行人检测模型的训练数据，VOC 2012数据集的结构如图11.10所示。

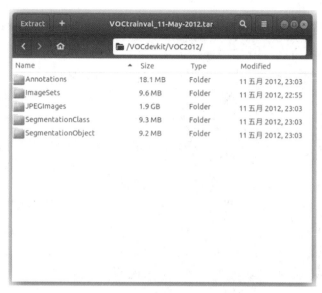

图 11.10　VOC 2012 数据集

　　进行目标检测模型训练只需要用到图片数据 JPEGImages、标签数据 Annotations，需要将 VOC 2012 数据格式转换为 YOLO v3 接受的数据格式。VOC 2012 数据集将图片中的目标信息保存在 xml 文件中，size 标签存储图片的尺度，object 标签存储图片中的对象信息，name 标签存储对象的类别，bndbox 标签存储对象的边框坐标，其中 (xmin, ymin) 为边框的左上角在图片上的坐标信息，(xmax, ymax) 为边框的右下角在图片上的坐标信息。xml 文件内容如图 11.11 所示。

图 11.11　xml 文件内容

因为我们只训练行人检测模型，所以只需要标签 name 的值为 person 的对象。弄清楚 YOLO v3 数据格式和 VOC 2012 数据格式后，编写只提取 person 对象的 object 标签并保存成新的 xml 文件，和将 xml 文件转成 YOLO 的代码。具体代码如下：

```python
# SelectPersonFromVOC 2012.py
# 抽取 VOC 2012 的 Person 类别数据
import os
import shutil
# 以字典类型返回当前位置的全部局部变量
names = locals()
# VOC 2012 类别
classes = ['aeroplane', 'bicycle', 'bird', 'boat', 'bottle', 'person']
# 遍历文件
for file in os.listdir(ann_filepath):
    ……
    # 读取文件内容
    lines = fp.readlines()
    # xml 文件中 <name> 标签为 person
    personline = '\t\t<name>person</name>\n'

    # 获取每个 <object> 标签在文件中的行数
    while "\t<object>\n" in lines_id_start:
        # 获取下标
        a = lines_id_start.index("\t<object>\n")
        ind_start.append(a)
        # 替换已获取到下标的内容
        lines_id_start[a] = "selected"
    # 获取每个 </object> 标签在文件中的行数
    while "\t</object>\n" in lines_id_end:
        a = lines_id_end.index("\t</object>\n")
        ind_end.append(a)
        # 替换已获取到下标的内容
        lines_id_end[a] = "selected"
```

```python
# names 中存放所有的 object 块
i = 0
for k in range( 0, len(ind_start)):
    # 初始化
    names['block%d' % k] = []
    for j in range( 0, len(classes)):
        # 判断类别是否存在
        if classes[j] in lines[ind_start[i] + 1]:
            # <object> 所在下标
            a = ind_start[i]
            # 获取 object 块内容
            for o in range(ind_end[i] - ind_start[i] + 1):
                names['block%d' % k].append(lines[a + o])
            break
    i += 1


# xml 文件开始内容
xml_start = lines[ 0:ind_start[ 0]]


# 以文件名，获取 xml 文件结尾内容
if ((file[ 2:4] == '09') | (file[ 2:4] == '10') | (file[ 2:4] == '11')):
    xml_end = lines[(len(lines) - 12):(len(lines))]
else:
    xml_end = [lines[len(lines) - 1]]


a = 0
# 遍历所有 object 块
for k in range( 0, len(ind_start)):
    # 判断是否是 person 块
    if personline in names['block%d' % k]:
```

```
        a += 1
        # 追加 peron 块内容
        xml_start += names['block%d' % k]
    # 追加结尾内容
    xml_start += xml_end
    for c in range( 0, len(xml_start)):
        # 写入文件
        fps.write(xml_start[c])
    fps.close()
```

提取 VOC 2012 原始数据中的行人数据，并保存行人边界框标签在 xml 文件后，需要将 xml 格式的标签文件转成 txt 文件，具体代码如下：

```
# XML2YoloTXT.py
# xml 文件转换为 yolo 文件 txt 格式
import xml.etree.ElementTree as ET
import os
import cv2
# 提取类别
classes = ['person']
# bbox 转换，(xmin, ymin, xmax, ymax) -> (centerx, centery, w, h)
def convert(size, box):
dw, dh = 1. / (size[0]), 1. / (size[1])
# bbox 中心点 x 坐标，# bbox 中心点 y 坐标
x, y = (box[0] + box[1]) / 2.0 - 1, (box[2] + box[3]) / 2.0 - 1
# bbox 宽、高
w, h = box[1] - box[0], box[3] - box[2]


# x 坐标、w 占图片宽度比
x *= dw
```

```
    w *= dw
    # y 坐标、h 占图片高度比
    y *= dh
    h *= dh
    return (x, y, w, h)


# xml 文件 -> txt 文件
def convert_annotation(ann_file):
    ……
    # 解析 xml 文件
    tree = ET.parse(xml_fp)
    # 获取 root 节点
    root = tree.getroot()
    # 寻找 size 标签
    size = root.find('size')


    if size == None: # 未找到 size 标签
        # 读取图片
        img = cv2.imread(img_filepath + '/' + name + '.jpg')
        # 获取图片宽高
        h, w, _ = img.shape
    else:
        w = int(size.find('width').text)
        h = int(size.find('height').text)
    # 获取 object 标签
    for obj in root.iter('object'):
        cls = obj.find('name').text
        if cls not in classes:
            continue
```

```
       # 类别 id
       cls_id = classes.index(cls)
       # 获取 bndbox 标签
       xml_box = obj.find('bndbox')
       box = (float(xml_box.find('xmin').text), float(xml_box.find('xmax').text),
   float(xml_box.find('ymin').text), float(xml_box.find('ymax').text))
       # 转换 (xmin, ymin, xmax, ymax) -> (centerx, centery, w, h)
       bbox = convert((w, h), box)
       txt_fp.write(str(cls_id) + ' ' + ' '.join([str(b) for b in bbox]) + '\n')
   txt_fp.close()


if __name__ == '__main__':
   # 遍历文件夹下所有文件
   for ann_file in os.listdir(ann_filepath):
      # xml 转 txt
      convert_annotation(ann_file)
      print('>>', ann_file)
   print('Done!')
```

执行完以上代码后，则得到了只包含行人的图片和行人边框的坐标信息。txt 文件的内容如图 11.12 所示。

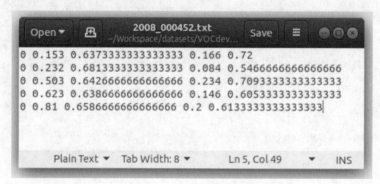

图 11.12　txt 文件内容

其中每一行表示图片中一行人的边框信息，因为我们只检测行人，所以第一列的类别都是为 0，第二、三列为行人边框中心点，第四、五列为行人边框的宽、高。至此我们已经将训练检测行人模型的数据准备好了。

11.3.3　模型搭建

本案例使用的网络结构为 YOLO v3 原始的模型结构，使用的模型配置文件 yolov3-1cls.cfg 位于 cfg 目录下。YOLO v3 将使用 .cfg 文件对模型结构进行配置，配置文件中的 [convolutional] 模块表示卷积操作，[shortcut] 模块表示将两层输出线性相加，[route] 模块表示将两层输出进行拼接，[upsample] 模块表示上采样操作，[yolo] 模块表示边界框的预测回归操作。models.py 实现了模型搭建，具体代码如下：

```
#卷积层
if mdef['type'] == 'convolutional':
    bn = mdef['batch_normalize'] # 是否进行 batch_normalize
    filters = mdef['filters'] # 滤波器数量
    k = mdef['size'] # 卷积核大小
    #步长
    stride = mdef['stride'] if 'stride' in mdef else (mdef['stride_y'], mdef['stride_x'])
    if isinstance(k, int):
        #添加卷积模块
        modules.add_module('Conv2d', nn.Conv2d(in_channels=output_filters[-1],
                            out_channels=filters,
                            kernel_size=k,
                            stride=stride,
                            padding=k // 2 if mdef['pad'] else 0,
                            groups=mdef['groups'] if 'groups' in mdef else 1,
                            bias=not bn))
    if bn:
        #添加 BN
        modules.add_module('BatchNorm2d',
            nn.BatchNorm2d(filters, momentum=0.03, eps=1E-4))
    else:
```

```
            # 输入 yolo 层的 index
            routs.append(i)
        # 添加激活函数模块
        if mdef['activation'] == 'leaky':
            modules.add_module('activation', nn.LeakyReLU(0.1, inplace=True))
        elif mdef['activation'] == 'swish':
            modules.add_module('activation', Swish())
        elif mdef['activation'] == 'mish':
            modules.add_module('activation', Mish())
    # 上采样层
    elif mdef['type'] == 'upsample':
        modules = nn.Upsample(scale_factor=mdef['stride'])
    # 拼接层
    elif mdef['type'] == 'route':
        layers = mdef['layers']
        filters = sum([output_filters[l + 1 if l > 0 else l] for l in layers])
        routs.extend([i + l if l < 0 else l for l in layers])
        modules = FeatureConcat(layers=layers)
    # 残差层
    elif mdef['type'] == 'shortcut':
        layers = mdef['from']
        filters = output_filters[-1]
        routs.extend([i + l if l < 0 else l for l in layers])
        modules = WeightedFeatureFusion(layers=layers, weight='weights_type' in mdef)
    # yolo 层
    elif mdef['type'] == 'yolo':
        yolo_index += 1
        stride = [32, 16, 8]  # P5, P4, P3 strides
        if any(x in cfg for x in ['panet', 'yolov4', 'cd53']):  # stride order reversed
            stride = list(reversed(stride))
```

```
layers = mdef['from'] if 'from' in mdef else []
modules = YOLOLayer(anchors=mdef['anchors'][mdef['mask']], # anchor list
                    nc=mdef['classes'], # number of classes
                    img_size=img_size, # (416, 416)
                    yolo_index=yolo_index, # 0, 1, 2...
                    layers=layers, # output layers
                    stride=stride[yolo_index])
```

11.3.4　模型训练

训练前需要对代码中加载图片数据的目录名称进行修改，具体代码位于 utils/datasets. py 文件中，如下所示：

```
# self.label_files = [x.replace('images', 'labels').replace(os.path.splitext(x)[-1], '.txt')
# for x in self.img_files]
# 文件名替换
self.label_files = [x.replace('JPEGImages','YoloLabels').replace(os.path.splitext(x)[-1],
'.txt') for x in self.img_files]
```

编写代码将准备好的训练数据图片路径保存在 train.txt 文件 (用于训练)，将要测试的图片路径保存在 valid.txt 文件 (用于验证)。具体代码位于 datasets/buildtraindata.py 文件中，如下所示：

```
data_dirs = [
    "./Workspace/datasets/VOCdevkit/VOC2012Person/JPEGImages"
]
save_name = 'train.txt'
fp = open(save_name, 'w') # 打开文件
for data_dir in data_dirs: # 遍历
    img_files = os.listdir(data_dir) # 获取目录下所有文件
    for img_file in img_files: # 遍历
        fp.write(os.path.join(data_dir, img_file) + '\n') # 写入
fp.close() # 关闭文件
```

生成 train.txt 文件，剪切一部分的数据生成 valid.txt 文件，在 data 目录下创建 person.names、person.data 文件，文件的内容如图 11.13、图 11.14 所示。

图 11.13　person.names 文件

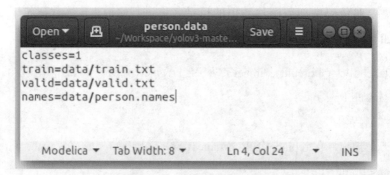

图 11.14　person.data 文件

准备好数据后进行模型训练，训练步骤主要分为初始化模型和权重、加载与训练模型、加载训练数据、迭代训练更新权重。具体代码实现如下：

```python
# 初始化网络
model = Darknet(cfg).to(device)
# 定义优化函数
optimizer = optim.SGD(pg 0, lr=hyp['lr 0'], momentum=hyp['momentum'], nesterov=True)
# 加载模型参数
model.load_state_dict(torch.load(weights, map_location=device))
# 加载训练数据
dataset = LoadImagesAndLabels(train_path, img_size, batch_size, augment=True)
# 迭代训练
for epoch in range(start_epoch, epochs):
```

```
model.train()
pbar = tqdm(enumerate(dataloader), total=nb)
for i, (imgs, targets, paths, _) in pbar:
  ni = i + nb * epoch
  #归一化
  imgs = imgs.to(device).float() / 255.0
  targets = targets.to(device)
  #前向传播
  pred = model(imgs)
  #计算损失值
  loss, loss_items = compute_loss(pred, targets, model)
  #反向传播
  loss.backward()
```

一切准备好后，运行训练命令行，开始训练。其中 data/person.data 为训练、验证数据及数据类别，cfg/yolov3-1cls.cfg 为模型配置文件，--batch-size 根据 GPU 显存大小，及自己的需要进行合理设定。

从头开始训练：

python train.py --batch-size 8 --data data/person.data --cfg cfg/yolov3-1cls.cfg

加载预训练模型训练：

python train.py --batch-size 8 --data data/peron.data --cfg cfg/yolov3-1cls.cfg --weights weights/yolov3-1cls.weights

继续上次训练：

python train.py --batch-size 8 --data data/person.data --cfg cfg/yolov3-1cls.cfg --resume

tensorboard 可视化：

tensorboard --logdir=log_path (log_path 为 runs 目录下的目录路径)

11.3.5　模型使用

文件 detect.py 为模型推理的实现过程，具体的代码如下：

```
# 选择设备
device = torch_utils.select_device(device='cpu' if ONNX_EXPORT else opt.device)
# 初始化模型
model = Darknet(opt.cfg, imgsz)
# 加载模型权重
if weights.endswith('.pt'):
    model.load_state_dict(torch.load(weights, map_location=device)['model'])
elif weights.endswith('.pth'):
    model.load_state_dict(torch.load(weights, map_location=device))
else:
    # 加载 darknet 格式权重文件
    load_darknet_weights(model, weights)
model.to(device).eval()
# 加载图片
dataset = LoadImages(source, img_size=imgsz)
# 遍历图片
for path, img, im0s, vid_cap in dataset:
    # 数据预处理
    img = torch.from_numpy(img).to(device)
    img = img.half() if half else img.float()
    img /= 255.0
    if img.ndimension() == 3:
        img = img.unsqueeze(0)
    t1 = torch_utils.time_synchronized()
    # 执行推理
    pred = model(img, augment=opt.augment)[0]
    t2 = torch_utils.time_synchronized()
```

模型使用的命令行：python detect.py --cfg cfg/yolov3-1cls.cfg --weights weights/best.pt。执行完命令行，将推理的结果保存在 output 文件下，结果如图 11.15 所示。

图 11.15 YOLO v3 推理结果[7]

完成行人检测器后，将其作为 DeepSORT 中的目标检测模型，执行 VideoTracker 类的 run() 函数进行行人跟踪，具体代码位于 deep_sort_Uyolov3-master/yolov3_deepsort.py 文件中，如下所示：

```python
def run(self):
    # 遍历所有帧
    while self.vdo.grab():
        idx_frame += 1
        # 跳帧取数据
        if idx_frame % self.args.frame_interval:
            continue
        # 获取当前时间
        start = time.time()
        # 获取一帧图片
        _, ori_im = self.vdo.retrieve()
        # BGR 转 RGB
        im = cv2.cvtColor(ori_im, cv2.COLOR_BGR2RGB)
        # yolov3 检测
        bbox_xywh, cls_conf, cls_ids = self.detector(im)
        mask = cls_ids == 0
        # 获取行人 bbox
        bbox_xywh = bbox_xywh[mask]
        bbox_xywh[:, 3:] *= 1.05
```

```
        # 获取 bbox 置信度
        cls_conf = cls_conf[mask]
        # 跟踪更新
        outputs = self.deepsort.update(bbox_xywh, cls_conf, im)
        if len(outputs) > 0:
            bbox_tlwh = []
            # 获取 bbox
            bbox_xyxy = outputs[:, :4]
            # 获取 id
            identities = outputs[:, -1]
            ori_im = draw_boxes(ori_im, bbox_xyxy, identities)
            for bb_xyxy in bbox_xyxy:  # xyxy -> tlwh
                bbox_tlwh.append(self.deepsort._xyxy_to_tlwh(bb_xyxy))
            results.append((idx_frame - 1, bbox_tlwh, identities))
        # 获取当前时间
        end = time.time()
        # 显示视频
        if self.args.display:
            cv2.imshow("test", ori_im)
            cv2.waitKey(1)
        # 保存视频
        if self.args.save_path:
            self.writer.write(ori_im)
        # 保存 bbox 信息
        write_results(self.save_results_path, results, 'mot')
        # 输出日志信息
        self.logger.info("time: {:.03f}s, fps: {:.03f}, detection numbers: {}, tracking
numbers: {}".format(end - start, 1 / (end - start), bbox_xywh.shape[0],
    len(outputs)))
```

其中 self.detector (im) 执行 YOLO v3 推理过程对一帧的图片数据进行行人检测，返回 bbox 坐标、类别置信度、类别 id，self.deepsort.update(bbox_xywh, cls_conf, im) 对 YOLO v3

检测到的行人进行特征提取，通过联级匹配，更新 track，以及预测 bbox。

　　运行命令行：python yolov3_deepsort.py demo/test.flv --display。对视频中出现的行人分配 ID 并进行跟踪，结果如图 11.16 所示。

图 11.16　Deep SORT 运行结果 [2]

11.4　模型移植

11.4.1　在线推理

　　首先，需要对训练好的模型进行量化，可选 int 8 或 int 16。由于 YOLO v3 中的 yolo 层操作出现算子不支持的情况，需要对 models.py 中推理过程的 yolo 层操作进行修改，在文件中 forward_once() 函数中，具体代码如下：

```
for i, (module_def, module) in enumerate(zip(self.module_defs, self.module_list)):
    name = module.__class__.__name__
    if name in ['WeightedFeatureFusion', 'FeatureConcat']:
        x = module(x, out)
    elif name == 'YOLOLayer': # 修改地方
        if x.device.type != 'mlu':
            yolo_out.append(module(x, out))
        else:
            mlu = True
            # 获取 anchor 下标
            anchor_idxs = module_def["mask"]
```

```
        # 获取全部 anchor
        anchor = module_def["anchors"]
        anchor = [(int(anchor[j][ 0]), int(anchor[j][ 1])) for j in range( 0, len(anchor))]
        # 当前 yolo 层所用 anchor
        anchor = [anchor[j] for j in anchor_idxs]
        # 转换
        for element 1, element 2 in anchor:
            anchors.append(element 1)
            anchors.append(element 2)
        # 类别数
        self.num_classes = int(module_def["classes"])
        # 上一层输出网格大小
        self.nG = int(module_def["input_size"])
        yolo_out.append(x)
    else:
        x = module(x)
    out.append(x if self.routs[i] else [])
if self.training:
    return yolo_out
else:
    if mlu: # 修改地方
        # anchors 数量
        self.num_anchors = len(anchors)
        # YOLO v 3 输出层算子
        detect_out = torch.ops.torch_mlu.yolov 3_detection_output(yolo_out[ 0],
        yolo_out[ 1],yolo_out[ 2],
        tuple(anchors),self.num_classes,
        self.num_anchors,self.img_size,self.conf_thres,self.iou_thres,
                            self.maxBoxNum)

    return detect_out
```

编写量化模型代码，主要使用 torch_mlu 中集成的量化接口，调用该 API 接口，执行和量化相关的操作。接口的原型如下所示：

```
quantized_model = torch_mlu.core.mlu_quantize.quantize_dynamic_mlu(model, qconfig_spec=None,dtype=None, mapping=None, inplace=False, gen_quant=False)
```

生成量化模型具体代码位于 quantized_model.py 文件，如下所示：

```
# 初始化模型
model = Darknet(opt.cfg, opt.img_size).eval()
# 加载模型权重
if weights.endswith('.pt'): # pytorch format
    model.load_state_dict(torch.load(weights, map_location='cpu')['model'])
elif weights.endswith('.pth'):
    model.load_state_dict(torch.load(weights))
else:
    # 加载 darknet 原始权重
    load_darknet_weights(model, weights)

# 量化参数配置
mean = [ 0.0, 0.0, 0.0]
std  = [ 1.0, 1.0, 1.0]
qconfig = {'iteration': opt.image_number, 'use_avg':False, 'data_scale': 1.0, 'mean': mean, 'std': std, 'per_channel': True, 'firstconv': False}
# 调用量化接口
quantized_model = mlu_quantize.quantize_dynamic_mlu(model, qconfig, dtype='int8' if opt.quantized_mode == 1 else 'int16', gen_quant=True)
# 执行推理生成量化值
with torch.no_grad():
    pred = quantized_model(img)
# 保存量化模型
checkpoint = quantized_model.state_dict()
if opt.quantized_mode == 1:
```

```
torch.save(checkpoint,'{}/online-{}-int 8.pth'.format(opt.quantized_model_path, model_
name))
    else:
    opt.quantized_model_path = './weights_int 16'
    torch.save(checkpoint,'{}/online-{}-int 16.pth'.format(opt.quantized_model_path,
model_name))
```

Deep SORT 中对行人进行特征提取模型也有不支持的算子，需要对 deep 目录下的 model.py 文件中类 Net 中的 forward() 函数进行修改，具体代码如下：

```
def forward(self, x):
    x = self.conv(x)
    x = self.layer 1(x)
    x = self.layer 2(x)
    x = self.layer 3(x)
    x = self.layer 4(x)
    # 平均池化
    x = self.avgpool(x)
    # 维度变换
    x = x.(x.size( 0),-1)
    if x.device.type == 'mlu': # 修改地方
        return x
    # B x 128
    if self.reid:
        x = x.div(x.norm(p=2,dim=1,keepdim=True))
        return x
    # classifier
    x = self.classifier(x)
    return x
```

在命令行中输入 python online_detect.py --mlu True 进行逐层推理，在命令行中输入 python online_detect.py --mlu True --jit True 进行融合模式。

11.4.2　生成离线模型

生成离线模型的步骤是在模型在线融合推理的步骤上，加上对设备参数的设置，并在推理的过程中保存离线模型。具体代码位于 genoff.py 文件中，如下所示：

```python
def run_genoff():
    #模型初始化
    model = Darknet(opt.cfg, opt.img_size, opt.conf_thres, opt.iou_thres).eval()
    #量化模型
    model = mlu_quantize.quantize_dynamic_mlu(model)
    #加载权重
    model.load_state_dict(torch.load(opt.weights))


    #准备输入数据
    example_mlu = torch.randn(opt.batch_size, 3, opt.img_size, opt.img_size, dtype=torch.float)
    randn_mlu = torch.randn(1, 3, opt.img_size, opt.img_size, dtype=torch.float)


    #设置参数
    #设置调用芯片核心数量
    ct.set_core_number(opt.core_number)
    #指定硬件架构版本
    ct.set_core_version(opt.mcore)
    #保存离线模型接口
    ct.save_as_cambricon(opt.save_path + '/' + opt.mname)
    #设置输入数据类型
    ct.set_input_format(opt.input_format)
    #生成静态图
    model_traced = torch.jit.trace(model.to(ct.mlu_device()),
                        randn_mlu.to(ct.mlu_device()),
                        check_trace=False)
    #进行融合推理，并生成离线模型
    with torch.no_grad():
        model_traced(example_mlu.to(ct.mlu_device()))
    #结束标志
    ct.save_as_cambricon("")
```

执行完 genoff.py 文件后，在保存离线模型的目录下会生成两个文件，分别是 yolov3-1cls.cambricon 和 yolov3-1cls.combricon_twins。yolov3-1cls.cambricon 为离线模型，在运行离线推理时需加载的模型文件，yolov3-1cls.combricon_twins 为离线模型信息的说明。如图 11.17 所示。

```
This is the Twins File of "./offline_model/yolov3-1cls.cambricon".
Function number: 1
-----------------kernel graph-----------------

Function #0 {
Kernel num:1
Cache mode:0
Name: subnet0
Input number: 1
    Input #0.
        Mask: 338036233
        Shape(dim): 1 416 416 3
        Name:
        Id: 1590
        Data type: CNRT_FLOAT32      Dim Order: CNRT_NHWC
        Quantize position: 0
        Quantize scale: -6715194252197888.000000
Output number: 1
    Output #0.
        Mask: 338036233
        Shape(dim): 1 1 1 764
        Name:
        Id: 2497
        Data type: CNRT_FLOAT16      Dim Order: CNRT_NHWC
        Quantize position: 0
        Quantize scale: -6715194252197888.000000
Kernel header #0:
    Name: subnet0323
    Core version:
    Model Parallelism: 1
    Core limit: 1
    Inst data split: true
}
```

图 11.17　离线模型信息

11.4.3　使用离线模型

离线推理指序列化已编译好的算子到离线文件，生成离线模型。离线模型不依赖于 pytorch 框架，只基于 CNRT 单独运行。本案例将模型离线推理部分使用 C/C++ 实现，并生成动态链接库 .so 文件，在在线推理代码的基础上将模型推理的部分替换成调用 .so 文件提供的函数接口，完成离线模型移植。

Detector 类实现了 CNRT 资源的分配、目标检测的推理、资源销毁的功能，使用 CNRT 实现离线模型的调用，并生成动态链接库，具体代码如下所示：

```
Detector::Detector(char *modelPath)
{
// 初始化
cnrtInit( 0);
// 设置当前使用的设备
cnrtDev_t dev;
cnrtGetDeviceHandle(&dev, 0);
```

```
cnrtSetCurrentDevice(dev);
// 加载模型
cnrtLoadModel(&model, modelPath);
// 从模型中获取 function
cnrtCreateFunction(&function);
cnrtExtractFunction(&function, model, "subnet 0");
// 获取输入输出参数
cnrtGetInputDataSize(&inputSizeS, &inputNum, function);
cnrtGetOutputDataSize(&outputSizeS, &outputNum, function);
// 获取输出数据形状
cnrtGetOutputDataShape(&outputshape, &dimNum, 0, function);
// 分配 CPU 端内存
inputCpuPtrS = (void **)malloc(inputNum * sizeof(void *));
outputCpuPtrS = (void **)malloc(outputNum * sizeof(void *));
outputCpuFloat 32PtrS = (void **)malloc(outputNum * sizeof(void *));
// 分配 MLU 端内存
inputMluPtrS = (void **)malloc(inputNum * sizeof(void *));
outputMluPtrS = (void **)malloc(outputNum * sizeof(void *));
// 分配输入内存
for (int i = 0; i < inputNum; i++) {
    // 分配 CPU 端的输入内存
    inputCpuPtrS[i] = malloc(inputSizeS[i]);
    // 分配 MLU 端的输入内存
    cnrtMalloc(&(inputMluPtrS[i]), inputSizeS[i]);
}
// 分配输出内存
for (int i = 0; i < outputNum; i++) {
    // 分配 CPU 端的输出内存
    outputCpuPtrS[i] = malloc(outputSizeS[i]);
    outputCpuFloat 32PtrS[i] = malloc( 2*outputSizeS[i]);
```

```
    // 分配 MLU 端的输出内存
    cnrtMalloc(&(outputMluPtrS[i]), outputSizeS[i]);
}
// 准备调用 cnrtInvokeRuntimeContext_V2时的 param 参数
param = (void **)malloc((inputNum + outputNum) * sizeof(void *));
for (int i = 0; i < inputNum; i++) {
    param[i] = inputMluPtrS[i];
}
for (int i = 0; i < outputNum; i++) {
    param[inputNum + i] = outputMluPtrS[i];
}
// 创建 RuntimeContext
cnrtCreateRuntimeContext(&ctx, function, NULL);
// 设备当前使用的设备
cnrtSetRuntimeContextDeviceId(ctx, 0);
// 初始化
cnrtInitRuntimeContext(ctx, NULL);
// 创建队列
cnrtRuntimeContextCreateQueue(ctx, &queue);
new_size[ 0] = IMAGEWIDTH;
new_size[ 1] = IMAGEHEIGHT;
}
```

实现 Detector 类后，需要提供外部接口。动态链接库提供的外部接口功能有输出模型信息、模型推理、获取输出数据、释放内存、销毁资源。具体的代码实现如下：

```
extern "C" {
Detector detectorObj((char *)"./offline_model/yolov3- 1cls.cambricon");
// 输出模型信息
void printfInfo() {
    detectorObj.printfInfo();
}
```

```
// 传入图片数据，和维度，执行推理
void inference(unsigned char* img, int w, int h, int c) {
    cv::Mat input_img(h, w, CV_8UC3);
    // 复制图片数据
    memcpy(input_img.data, img, w * h * c * 1);
    detectorObj.inference(input_img);
}
// 获取输出数据
void getOutputData(float *output) {
    detectorObj.setOutputData(output);
}
// 释放内存
void freeMemory() {
    detectorObj.freeMemory();
}
// 释放 cnrt 资源
void Destroy() {
    cnrtDestroy();
}
}
```

使用 Python 加载生成的动态链接库，并使用其提供推理接口，进行模型推理。模型前后处理都和在线推理一致，Python 调用 C/C++ 的具体实现如下：

```
import ctypes
from numpy.ctypeslib import ndpointer


# 加载动态链接库
so = ctypes.cdll.LoadLibrary
lib = so('./libdetector.so')
# 读取图片
img = cv2.imread("./demo/person.jpg")
```

```
# 数据类型转成 numpy
frame_data = np.asarray(img, dtype=np.uint8)
# 设置 C/C++ 数据类型
input_img = frame_data.ctypes.data_as(ctypes.c_char_p)
h, w, c = frame_data.shape

# 执行推理
lib.inference(input_img, w, h, c)

# 初始化输出数据
outputData = np.arange(764, dtype=np.float32)
# 获取输出数据接口
getOutputData = lib.getOutputData
# 设置参数类型
getOutputData.argtypes = [ndpointer(ctypes.c_float)]
getOutputData(outputData)

# 数据后处理
outputData = torch.from_numpy(outputData).reshape((1, -1, 1, 1))
output = get_boxes(outputData, 1)
print(output)
```

11.4.4 最终效果展示

本案例使用行人的视频数据[2]进行测试，对视频中行人分配 ID，并进行跟踪，最终效果如图 11.18 所示。

图 11.18 最终效果[2]

11.5　本章小结

本章介绍了深度学习在行人跟踪方面的应用,从网络的选择和算法的应用上给读者提供了较为全面的参考案例。最后将模型移植到寒武纪的计算卡上,使模型的执行效率得到极大提升。读者学习完本章后,应能掌握深度学习在行人跟踪方面的应用,可以将模型应用在相似的场景上,以及将寒武纪计算卡应用在实际的生产环境中。

参考文献

[1] 深度学习目标检测之 RCNN、SPP-net、Fast RCNN、Faster RCNN[EB/OL].(2018-10-03). https://blog.csdn.net/liuy9803/article/details/82907401.

[2] yolov4-deepsort[CP/OL].(2020-09-28). https://github.com/theAIGuysCode/yolov4-deepsort/ blob/master/data/video/test.mp4.

[3] YOLO v3 网络结构分析 [EB/OL].(2019-05-19). https://blog.csdn.net/leonardohaig/article/ details/90346325.

[4] Joseph Redmon,Ali Farhadi. YOLOv3: An Incremental Improvement[J/OL].(2018-04-08). https://pjreddie.com/media/files/papers/YOLOv3.pdf.

[5] 多目标跟踪 (MOT) 入门 [EB/OL].(2019-12-20).https://zhuanlan.zhihu.com/p/97449724.

[6] Nicolai Wojke,Alex Bewley,Dietrich Paulus. SIMPLE ONLINE AND REALTIME TRACKING WITH A DEEP ASSOCIATION METRIC[J/OL].(2017-03-21). https://arxiv.org/pdf/1703.07402. pdf.

[7] yolov3[CP/OL].(2020-11-27). https://github.com/ultralytics/yolov3/blob/master/data/images/ zidane.jpg.

第12章　表情识别

为了应对经济发展的变化和满足不同客户群体的需求，商业公司开始引入人工智能技术帮助分析客户需求，提高销售效率。例如利用表情识别分析客户情绪，为客户提供更好的服务和产品，吸引客户回流。还有无人停车场、车牌识别、车辆识别等技术，将停车场管理智能化，不仅提高车辆进出效率，还能提示用户是否还有车位，真正实现低成本高效率的管理。未来我们会看到更多人工智能技术的应用，客户在享受到优质服务的同时，也能买到高质量的产品。例如无人超市、无人商店等24小时运作，满足不同时刻的人们的需求。人工智能正在改变我们的生活，掌握这一技术就是掌握未来的商机。

12.1　案例背景

12.1.1　案例介绍

为了提升顾客对服务的满意度，吸引顾客回流，商场需要对顾客的情绪进行分析，把握顾客对不同商品的满意度，向客户精准销售高质量的产品，进而自我优化商品的布局，提高服务的质量。

本案例基于对人脸表情的识别，帮助商场分析顾客情绪。现有的人工智能技术已经可以做到捕捉人脸表情细微的变化，并可以将这些变化对应的表情分析出来。用人工智能技术实时分析顾客进入商场后的表情，再进一步分析顾客的情绪，就能应对顾客的不同情绪提供不同的服务，灵活的针对顾客的情绪变化改变销售策略，帮助顾客挑选商品，提高对顾客的服务质量。顾客一旦买到心仪的商品，便会提高对商场的满意度，下次购物时便会优先选择满意度高的商场。

本案例利用深度学习技术，将人脸上的细微表情变化进行提取和分析，整合到一个神经网络中，既减少了数据处理的复杂度，也提高了处理速度，在实时分析表情上能帮助商场及时应对顾客的不同情绪。

12.1.2 技术背景

以深度学习技术为主的人脸表情识别，是从神经网络的基础发展而来的，将人脸表情的特征提取和表情分类整合到一个神经网络中，经过训练、优化，再应用到商用场景中。在分析人脸表情之前，还需要定位人脸位置，深度学习在目标检测方面已经有大量的应用，可以做到快速准确的定位人脸。

神经网络是深度学习的核心，从 1943 年发展至今，神经网络的研究在不断的扩展深入，它在人工智能应用的性能上比其他传统算法 (指深度学习以外的计算机视觉方面的算法) 要更有优势。神经网络最初称为感知机，是为了模拟生物神经网络，构造一个神经元再将它们连接起来。为了模拟生物神经网络的行为，还在每个神经元上设定一个阈值，不同的神经元之间以不同的权重相连。后来人们研究发现，这样模拟出来的神经网络在拟合复杂函数具有天然的优势，便将其用于人工智能领域。人工智能需要的复杂函数以现有的感知机无法拟合出来，便在感知机的基础上做了改进，于是有了现在的人工神经网络的雏形。将神经网络通过训练、优化，学习到参数后，拟合的函数在手写数字识别上竟然有很不错的效果，于是人们开始深入研究神经网络。在神经网络雏形的基础上又继续改进，提出了各种不同结构的神经网络，比如卷积神经网络、循环神经网络等，这些网络都在不同的领域有着广泛的应用。

参数对于神经网络的性能有很大的影响，不同的参数拟合出来的复杂函数也不同。深度学习技术的优势就在于神经网络的学习能力很强，也就是说神经网络能拟合的复杂函数可以很贴近所给的数据。比如手写数字识别，由 Yann LeCun 提出的神经网络 LeNet，在由 MNIST 手写数据集训练后，LeNet 学习到了能够识别 MNIST 数据集的参数，在识别 MNIST 手写数据集的时候，准确率能达到惊人的 99%。但是，在识别其他的手写数字上的效果并不好，这也反映了神经网络非常依赖数据集的现象。

本案例涉及的深度学习技术以计算机视觉领域的卷积神经网络为主，在计算机视觉领域，提取图像的特征是核心内容。图像的特征包含了图像里面的内容信息，卷积神经网络通过提取图像的内容特征，再分析图像的内容。相比于传统的图像提取特征的算法，卷积神经网络在效率上和复杂度上都更有优势。要想在商场环境下完成对人脸的表情识别，需要将整个过程分为两步。

1. 定位人脸位置

深度学习技术在定位人脸位置的应用以目标检测算法为主。基于深度学习的目标检测算法，是以卷积神经网络为基础，包含图像的特征提取和分类。

目标检测算法为了定位图像中的目标，需要预先产生大量的候选框，不同的算法产生候选框的原理不同，这些候选框会分布在图像的各个位置，根据其与真实目标框的交并比（IOU）分为正样本、负样本，这些候选框在神经网络的学习过程中起不同的作用。正样本会参与边框回归值损失函数的计算，负样本参与置信度损失函数的计算，所有的样本都参与分类损失的计算。目标检测算法的神经网络输出有三类：边框回归值、置信度、分类概率。针对每一个候选框都会输出这三个值，边框回归用于调整边框的位置，使候选框更加接近真实框。置信度判断候选框内是背景还是前景，通常置信度越大，候选框内是前景的概率越大，也就是候选框内有目标的概率越大。分类概率判断候选框内的目标属于哪个类别，这一输出和训练用的数据集有很大关系，数据集有几个类别，分类时就输出几个概率值。

目标检测算法发展到现在主要分为两类：一类是两阶段算法，即目标框回归和框内目标分类两个阶段，这一类算法的代表是 RCNN 系列；另一类是一阶段算法，只做一次端到端的计算，没有分两步，输出包括置信度和框的回归值。这一类算法的代表是 YOLO 系列，其中最经典的算法要属 YOLOv 3，YOLOv 3 自提出以来就得到了广泛的应用，在检测的准确率和检测速度上都要优于前两个版本的 YOLO。由于两阶段的算法，检测速度太慢，不适合工业上的应用，所以现在使用比较多的目标检测算法是一阶段算法。

YOLOv 3 以卷积神经网络为主干网络，输入是 $1 \times 416 \times 416$ 大小的图片，输出有三个分支 $13 \times 13 \times 255$，$26 \times 26 \times 255$，$52 \times 52 \times 255$。其中 255 个值分别包括 3 个候选框的边框大小、置信度、针对 COCO 数据集 80 个分类概率，即 $3 \times (5+80)=255$。YOLOv 3 在每个特征图上利用滑动窗口预测三个候选框，以 13×13 大小的输出为例，在特征图上的每个点都对应于原图 32×32 的感受野，这个 32×32 即为窗口大小，特征图上每个点都对应于原图上的一个窗口。原图上共有 13×13 个 32×32 的窗口，在每个窗口上预测（116×90），（156×198），（373×326）大小的候选框。在每个候选框上预测目标，并做边框回归。YOLOv 3 的主干网络是 darknet-53，结构如图 12.1 所示。

Type	Filters	Size	Output
Convolutional	32	3 × 3	256 × 256
Convolutional	64	3 × 3 / 2	128 × 128

1× :
Type	Filters	Size	Output
Convolutional	32	1 × 1	
Convolutional	64	3 × 3	
Residual			128 × 128

| Convolutional | 128 | 3 × 3 / 2 | 64 × 64 |

2× :
Type	Filters	Size	Output
Convolutional	64	1 × 1	
Convolutional	128	3 × 3	
Residual			64 × 64

| Convolutional | 256 | 3 × 3 / 2 | 32 × 32 |

8× :
Type	Filters	Size	Output
Convolutional	128	1 × 1	
Convolutional	256	3 × 3	
Residual			32 × 32

| Convolutional | 512 | 3 × 3 / 2 | 16 × 16 |

8× :
Type	Filters	Size	Output
Convolutional	256	1 × 1	
Convolutional	512	3 × 3	
Residual			16 × 16

| Convolutional | 1024 | 3 × 3 / 2 | 8 × 8 |

4× :
Type	Filters	Size	Output
Convolutional	512	1 × 1	
Convolutional	1024	3 × 3	
Residual			8 × 8

Type	Filters	Size	Output
Avgpool		Global	
Connected		1000	
Softmax			

图 12.1　YOLOv 3 结构图 [1]

本案例将使用一阶段的目标检测算法，这种算法在检测速度和准确率上都可以满足工业上的需求，也能满足本案例的需求。

2. 识别人脸表情

基于深度学习的识别人脸表情的技术主要以分类网络为主，分类网络是深度学习最早的应用，前面讲到过的 LeNet 就是最早的分类网络。在计算机视觉领域，分类网络以卷积神经网络提取特征，在以全连接层实现分类。卷积神经网络发展到现在，使用最多的有 VGG, ResNet, GoogleNet 等，这些网络各有各的优势。VGGnet 以小卷积核深网络层数换取大的感受野，最后加上全连接层输出分类概率。ResNet 是以残差结构为主的神经网络，由何凯明提出，旨在解决随着网络层数加深，模型却发生退化现象。以 VGG 为代表的神经网络，发现通过不断加深模型的层数，可以提高模型的性能，但是在不断加深层数的时候发现，层数达到一定程度后，模型的性能反而下降。由此诞生了 ResNet，可以不断加深层数，模型性能不下降的网络，现在已经可以达到 152 层。以 GoogleNet 为代表的网络，不是通过加深网络层数改善模型性能，而是以增加模型的宽度提高模型性能，但事实证明，增加宽度提高模型性能的能力是有限的，要想将继续提高模型性能还是以加深层数为主。

识别人脸的表情，并不需要太深的网络，网络结构太复杂，反而容易造成过拟合现象。

本案例选用深度学习中的分类网络识别人脸表情,将人脸表情特征提取与表情分类融合到一个端到端的网络中,分类网络在搭建模型和训练上都比较方便,在模型的应用上也很广泛,推理速度上可以满足商业需要,可以用于商场环境下的实时识别。

12.1.3　实现目标

商场为了能及时应对各种情况,需要实时识别顾客表情,因此本案例基于的深度学习技术,需要在商场环境下的人脸表情实时识别,并且要求在 CPU 上也能达到实时检测的效果,延时不能超过 2 ms。效果如图 12.2 所示。

图 12.2 实现效果图 [2]

12.2　技术方案

12.2.1　方案概述

商场环境下要求能够实时识别人脸,必须通过摄像头采集图像信息,再对图像处理,识别出图像中的人脸表情。本案例利用深度学习技术,分两步完成对摄像头图像的处理。由于数据的输入是摄像头采集的视频信息,在处理时要将视频分割成一帧一帧的图像,再对图像进行深度学习处理,处理后的结果即是识别出的人脸表情,深度学习处理后需要将这一结果显示在视频中对应的人脸的位置,方便商场员工直观地观察到深度学习识别出的表情结果。对摄像头采集的视频作深度学习处理,在显示视频的时候,显示的是处理完成后的图像,由于深度学习需要大量的计算,这一过程必然会产生相应的延迟,因此选择的深度学习技术在应用上必须要达到检测速度快而且准确率高的要求。总体过程如图 12.3 所示。

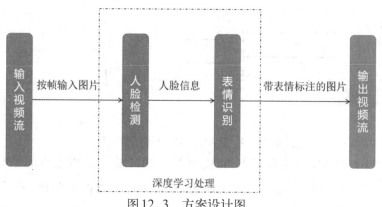

图 12.3 方案设计图

在深度学习处理阶段,对图像中的人脸进行表情识别需要分两步来进行,第一步是人脸检测,用到的是深度学习中的目标检测算法,第二步是表情识别,用到的是分类网络。随着深度学习在目标检测方面的广泛应用,产生了许多优秀算法,还有很多优秀目标检测算法已经开源,可供学者学习。本案例选择开源的 Retinaface 算法,该算法是 2019年 5 月提出的,在检测精度上要高于 YOLOv3。Retinaface 的主干网络可以换成轻量级的 MobileNet 网络,提高检测速度,适合部署在边缘端设备上。

分类网络可选的有 VGG,ResNet,GoogleNet,MobileNet 等。本案例采用 ResNet18 网络,该网络虽层数不深,推理速度却要优于其他网络。在 ResNet18 的基础上去掉后面的多个全连接层,直接在一个全连接层后输出分类概率。

本案例在商场环境下做实时人脸识别,需要在边缘端设备上部署深度学习模型。首先在 CPU 上部署完成实时人脸识别后,然后将移植到寒武纪 MLU270 人工智能计算卡的环境下做在线推理,最终移植到寒武纪专用于边缘设备的 MLU220 人工智能计算卡的环境上做离线推理。

12.2.2 人脸检测

深度学习在目标检测方面有着广泛的应用,人脸检测也是属于目标检测,只不过检测的目标是人脸。使用目标检测算法通过训练人脸数据集后即可检测人脸,本方案将使用人脸数据集训练目标检测网络,再将训练好的模型应用在项目里。

本方案采用开源的简化版 RetinaFace,主干网络使用的是 ResNet50 或者 MobileNet-0.25,采用特征金字塔提取多尺度特征,在 3 个金字塔特征图中加入了独立的上下文模块提高模型性能。Retinaface 的网络结构如图 12.4 所示。

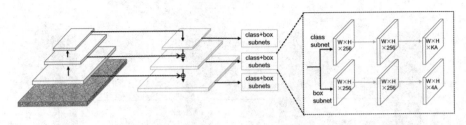

图12.4 Retinaface 网络结构图

　　简化版的 Retinaface 与原版的 Retinaface 采用相同的产生候选框的策略,即在特征金字塔的3层特征图的每一层检测框上,生成3个不同尺度的检测框,每个尺度上又引入不同尺寸的 anchor 大小,保证可以检测不同大小的物体。除了在主干网络的选择上用 mobilenet 做到了模型的轻量化,简化版 Retinaface 还使用了 SSH 检测网络的检测模块。

　　SSH 检测网络是一阶段的目标检测算法,去除了所有全连接层,该网络结构为全卷积网络,不仅效果好,速度快,参数量还少。SSH 在不同深度的卷积层引入不同的检测模块 (Detection Module),以检测不同尺度大小的人脸。SSH 网络的结构如图12.5所示。

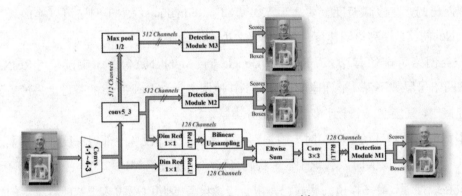

图12.5 SSH 网络结构图[3]

　　SSH 网络的检测模块包括三个部分:3×3的卷积、上下文模块和两个1×1输出卷积层。首先将3×3卷积和上下文模块的输出进行 concat 合并,然后输入两个1×1的卷积,分别用于人脸分类和人脸检测框回归。如图12.6所示。

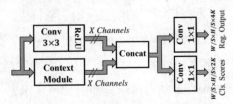

Figure 3: *SSH* detection module.

图12.6 检测模块结构图[3]

上下文模块的作用是增大感受野，一般在两阶段的目标检测算法中，都是通过增大候选框尺寸然后合并得到更多的上下文信息，SSH 通过单层卷积的方法对上下文信息合并。两个 3×3 的卷积层和 3 个 3×3 的卷积层并联，从而增大了卷积层的感受野，该方法构造的上下文的检测模块比增大候选框尺寸的方法具有更少的参数量。如图 12.7 所示。

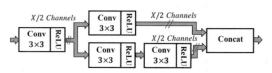

Figure 4: *SSH* context module.

图 12.7　上下文模块结构图[3]

简化版 Retinaface 的分支不同于 YOLOv3，分支只有一个，而且采用了 SSH 的检测模块，提升检测精度，将不同尺度的特征图输入检测模块，输出人脸框回归值，分类概率还有人脸的五个特征点坐标，最后再合并输出。

人脸检测常用的数据集有 WIDERFACE 和 CelebFaces，简化版 Retinaface 采用 WIDERFACE 数据集训练网络，WIDERFACE 数据集是人脸检测的一个基准数据集，包含 32203 图像，以及 393,703 个人脸，这些人脸在尺度、姿态、遮挡方面都有很大的变化范围。简化版 Retinaface 的作者开源了带有五个人脸特征点标准的 WIDERFACE 数据集，网络在输出人脸框位置的同时，输出人脸五个特征点的位置能使模型输出的人脸框位置更加精确。

12.2.3　RESNET 18

基于卷积神经网络的表情识别将人脸表情特征提取与表情分类融合到一个端到端网络中，本方案采用 Resnet 18 来完成特征的提取与分类，网络结构如图 12.8 所示。

layer name	output size	18-layer	34-layer	50-layer	101-layer	152-layer
conv1	112×112	7×7, 64, stride 2				
		3×3 max pool, stride 2				
conv2_x	56×56	$\begin{bmatrix} 3\times3, 64 \\ 3\times3, 64 \end{bmatrix}\times2$	$\begin{bmatrix} 3\times3, 64 \\ 3\times3, 64 \end{bmatrix}\times3$	$\begin{bmatrix} 1\times1, 64 \\ 3\times3, 64 \\ 1\times1, 256 \end{bmatrix}\times3$	$\begin{bmatrix} 1\times1, 64 \\ 3\times3, 64 \\ 1\times1, 256 \end{bmatrix}\times3$	$\begin{bmatrix} 1\times1, 64 \\ 3\times3, 64 \\ 1\times1, 256 \end{bmatrix}\times3$
conv3_x	28×28	$\begin{bmatrix} 3\times3, 128 \\ 3\times3, 128 \end{bmatrix}\times2$	$\begin{bmatrix} 3\times3, 128 \\ 3\times3, 128 \end{bmatrix}\times4$	$\begin{bmatrix} 1\times1, 128 \\ 3\times3, 128 \\ 1\times1, 512 \end{bmatrix}\times4$	$\begin{bmatrix} 1\times1, 128 \\ 3\times3, 128 \\ 1\times1, 512 \end{bmatrix}\times4$	$\begin{bmatrix} 1\times1, 128 \\ 3\times3, 128 \\ 1\times1, 512 \end{bmatrix}\times8$
conv4_x	14×14	$\begin{bmatrix} 3\times3, 256 \\ 3\times3, 256 \end{bmatrix}\times2$	$\begin{bmatrix} 3\times3, 256 \\ 3\times3, 256 \end{bmatrix}\times6$	$\begin{bmatrix} 1\times1, 256 \\ 3\times3, 256 \\ 1\times1, 1024 \end{bmatrix}\times6$	$\begin{bmatrix} 1\times1, 256 \\ 3\times3, 256 \\ 1\times1, 1024 \end{bmatrix}\times23$	$\begin{bmatrix} 1\times1, 256 \\ 3\times3, 256 \\ 1\times1, 1024 \end{bmatrix}\times36$
conv5_x	7×7	$\begin{bmatrix} 3\times3, 512 \\ 3\times3, 512 \end{bmatrix}\times2$	$\begin{bmatrix} 3\times3, 512 \\ 3\times3, 512 \end{bmatrix}\times3$	$\begin{bmatrix} 1\times1, 512 \\ 3\times3, 512 \\ 1\times1, 2048 \end{bmatrix}\times3$	$\begin{bmatrix} 1\times1, 512 \\ 3\times3, 512 \\ 1\times1, 2048 \end{bmatrix}\times3$	$\begin{bmatrix} 1\times1, 512 \\ 3\times3, 512 \\ 1\times1, 2048 \end{bmatrix}\times3$
	1×1	average pool, 1000-d fc, softmax				
FLOPs		1.8×10^9	3.6×10^9	3.8×10^9	7.6×10^9	11.3×10^9

图 12.8　ResNet 结构图[4]

ResNet 18由卷积层和全连接层构成，卷积层在前负责提取图像的内容特征，全连接层在后将得到的特征分类，本方案在Resnet 18网络结构的基础上保留了最后一个全连接层直接输出分类概率，并在全连接层之前加入了dropout策略，提高模型的泛化能力，损失函数采用二分类损失函数binary_cross_entropy_with_logits。全卷积网络是可以接收任意大小的图片，但由于ResNet 18最后一层全连接层的存在，只能接收固定大小的图片。

为了训练这个网络，学习到能识别人脸表情的参数，本案例选择了一个人脸表情数据集训练ResNet 18。FER 2013数据集是在kaggle上使用最多的人脸表情数据集，在训练阶段将图片随机切割成44×44的图像，并将图像进行随机镜像，这样可以增加数据量和噪声数据，训练出来的模型泛化能力强。FER 2013数据集由28709张训练图、3589张公开测试图和3589张私有测试图组成，每一张图都是像素为48×48的灰度图。情绪标签共分为Angry、Disgust、Fear、Happy、Sad、Surprise、Neutral七类。

目前在kaggle上训练这个数据集的网络测试集准确率最高是71.16%，由于这个数据集的图片大多是从网络爬虫下载的，存在一定的误差性。经测试本方案的ResNet 18的准确率能达到70.2145%，如图12.9所示：

```
Epoch:246/250 -------------- val_accuracy:0.6868---------loss:1.7774
Each epochs accuracy is -----------0.9974 || epoch time is ---------53.3770
Epoch:247/250 -------------- val_accuracy:0.6863---------loss:1.7803
Each epochs accuracy is -----------0.9973 || epoch time is ---------54.2070
Epoch:248/250 -------------- val_accuracy:0.6863---------loss:1.7880
Each epochs accuracy is -----------0.9966 || epoch time is ---------54.0024
Epoch:249/250 -------------- val_accuracy:0.6877---------loss:1.7982
Test datasets accuracy is------------- 70.2145%
```

图12.9 训练准确率

12.2.4 实现方法

本方案为了实现实时的人脸表情识别，需要接收摄像头数据作为输入。将摄像头采集到的视频流数据分割成帧，以图片形式传入Retinaface网络，输出人脸框的位置，然后将人脸框位置对应到原始图片里的数据裁剪下来，输入表情识别网络，输出情绪分类结果，将此结果标注在原始图片上，并返回到视频显示。这样看到的视频中的人脸会有一个识别出的表情标注在上面，方便用户直接观察到深度学习处理后的结果。数据流图如图12.10所示。

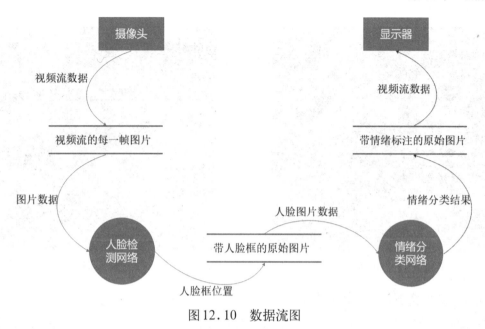

图12.10　数据流图

在使用 Retinaface 检测人脸阶段，加载的是已经训练好的网络模型，将图片输入后，能输出人脸框的位置，其输入可接受任意大小的图片。在表情识别阶段，使用的 Resnet18 网络会加载已经训练好的模型参数，这样输入人脸就能识别出人脸的表情。这就是深度学习技术的优势，神经网络模型在学习到相关参数后就可以直接将模型应用，不需要在每次应用的时候重新学习，大大减少了学习参数的时间。表情识别网络在训练时将图片裁剪成了 44×44 大小，前面已经说过由于全连接层的存在，网络只能接收 44×44 大小的图片，因此在将人脸框大小的人脸图像数据输入表情识别网络时需要缩放成 44×44 大小的图像数据。

12.3　模型训练

12.3.1　工程结构

本方案中深度学习模型的实现用到的框架是 Pytorch 1.6 版本，模型的训练均是在 GPU 上训练的。工程目录分为三个部分：retina、fer、ferdet。retina 文件夹下包含人脸检测 Retinaface 算法的实现和训练代码，fer 文件夹下包含表情识别 ResNet18 网络的实现和训练代码，ferdet 文件夹下包含人脸表情的实时识别的实现代码，结构如图12.11所示。retina 文件夹下包括网络结构的源码、模型文件、训练代码、数据集和测试用的图片等，目录结构如图12.12所示。

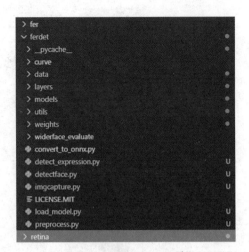

图 12.11 ferdet 目录

图 12.12 retina 目录

retina 文件夹下各个文件说明如下:

Pytorch_Retinaface:

Curve: 存放测试模型的图片

data: 存放数据集图片

layers: 存放网络结构源码

models: 网络结构文件源码

utils: 数据后处理相关代码

weights: 存放模型权重文件

detect.py: 测试图片文件

test_widerface.py: 测试 widerface 验证集图片

train.py: 训练网络代码

data 包含了数据集图片和 label 文件,widerface 是 WIDERFACE 数据集的图片里面有 label.txt 的标准文件,config.py 是训练模型的一些参数配置,目录结构如图 12.13 所示。

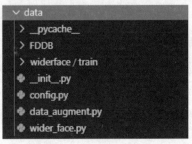

图 12.13 data 目录

data 各文件说明如下：

data/widerface/-train：训练集

data/val：验证集

data/config.py/ 存放训练配置参数

data/data_augment.py/ 数据增强代码

data/wider_face.py/widerface 数据集类代码

fer 文件夹目录包含网络结构的源代码、数据集类、训练代码等，结构如图 12.14 所示：

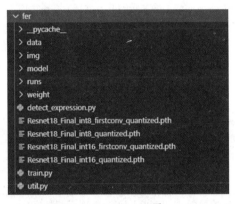

图 12.14　fer 目录

各文件说明如下：

fer/data: 存放 fer 2013 数据集文件

fer/img: 存放 MMAFEDB 数据集

fer/model: 模型结构源码

fer/weight: 保存模型权重文件

fer/detect_expression.py: 测试模型

fer/train.py: 模型训练代码

12.3.2　数据准备

1.WIDERFACE

人脸数据集 WIDERFACE[5] 已经放在 retinaface 的 data 文件夹下，数据集图片在 Tencent Drive，注解文件在 Face annotations。

简化版 Retinaface 的作者使用的是带有五个人脸特征点位置坐标标注的 widerface 数据集训练网络，注解文件已经开源，因此只需要下载图片数据即可，注解文件已放在

Retinaface 文件夹的 data 目录下，注解文件内容如图 12.15 所示。

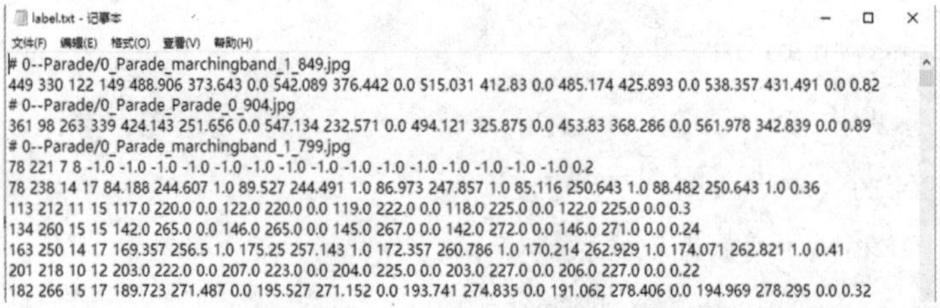

label.txt - 记事本
文件(F) 编辑(E) 格式(O) 查看(V) 帮助(H)

```
# 0--Parade/0_Parade_marchingband_1_849.jpg
449 330 122 149 488.906 373.643 0.0 542.089 376.442 0.0 515.031 412.83 0.0 485.174 425.893 0.0 538.357 431.491 0.0 0.82
# 0--Parade/0_Parade_Parade_0_904.jpg
361 98 263 339 424.143 251.656 0.0 547.134 232.571 0.0 494.121 325.875 0.0 453.83 368.286 0.0 561.978 342.839 0.0 0.89
# 0--Parade/0_Parade_marchingband_1_799.jpg
78 221 7 8 -1.0 -1.0 -1.0 -1.0 -1.0 -1.0 -1.0 -1.0 -1.0 -1.0 -1.0 -1.0 -1.0 -1.0 -1.0 0.2
78 238 14 17 84.188 244.607 1.0 89.527 244.491 1.0 86.973 247.857 1.0 85.116 250.643 1.0 88.482 250.643 1.0 0.36
113 212 11 15 117.0 220.0 0.0 122.0 220.0 0.0 119.0 222.0 0.0 118.0 225.0 0.0 122.0 225.0 0.0 0.3
134 260 15 15 142.0 265.0 0.0 146.0 265.0 0.0 145.0 267.0 0.0 142.0 272.0 0.0 146.0 271.0 0.0 0.24
163 250 14 17 169.357 256.5 1.0 175.25 257.143 1.0 172.357 260.786 1.0 170.214 262.929 1.0 174.071 262.821 1.0 0.41
201 218 10 12 203.0 222.0 0.0 207.0 223.0 0.0 204.0 225.0 0.0 203.0 227.0 0.0 206.0 227.0 0.0 0.22
182 266 15 17 189.723 271.487 0.0 195.527 271.152 0.0 193.741 274.835 0.0 191.062 278.406 0.0 194.969 278.295 0.0 0.32
```

图 12.15　label.txt

2.FER2013

Fer2013 数据集 [6] 已经放在表情识别文件夹下的 data 里，下载下来是一个 csv 文件，如图 12.16 所示。emotion 列表示情绪标签，pixels 列表示灰度图片的像素值，usage 列表示此图片用于那个类数据集，数据集分为三类：训练集 (Training)、验证集 (PublicTest) 和测试集 (PrivateTest)，模型最终准确率以测试集为准。

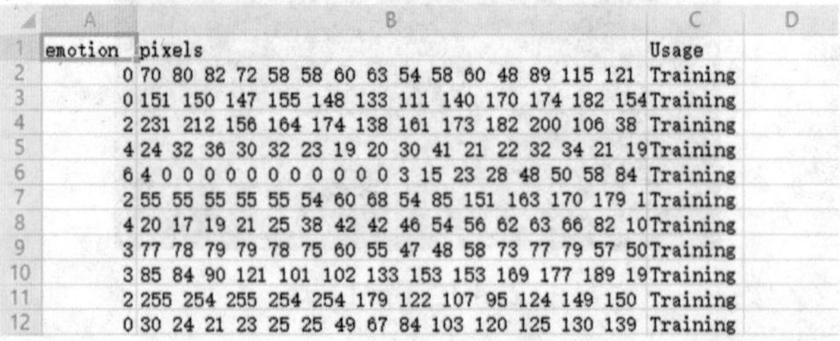

	A	B	C	D
1	emotion	pixels	Usage	
2	0	70 80 82 72 58 58 60 63 54 58 60 48 89 115 121	Training	
3	0	151 150 147 155 148 133 111 140 170 174 182 154	Training	
4	2	231 212 156 164 174 138 161 173 182 200 106 38	Training	
5	4	24 32 36 30 32 23 19 20 30 41 21 22 32 34 21 19	Training	
6	6	4 0 0 0 0 0 0 0 0 0 0 0 3 15 23 28 48 50 58 84	Training	
7	2	55 55 55 55 55 54 60 68 54 85 151 163 170 179 1	Training	
8	4	20 17 19 21 25 38 42 42 46 54 56 62 63 66 82 10	Training	
9	3	77 78 79 79 78 75 60 55 47 48 58 73 77 79 57 50	Training	
10	3	85 84 90 121 101 102 133 153 153 169 177 189 19	Training	
11	2	255 254 255 254 254 179 122 107 95 124 149 150	Training	
12	0	30 24 21 23 25 25 49 67 84 103 120 125 130 139	Training	

图 12.16　fer2013.csv

csv 文件里存放的都是像素数据，无法直接作为数据图片使用，需要将像素数据预处理成图片，才能输入网络。预处理部分代码如下：

```
# 打开 fer2013.csv 文件
with open('./data/fer2013.csv','r') as csvin:
# 读取 csv 文件内容
data=csv.reader(csvin)
for row in data:
  #usage 的值是 Traing/PublicTest/PrivateTest
  if row[-1] == usage:
    temp_pixels=[]
      # 第二列是图片的像素值
    for pixel in row[1].split():
```

```
        #收集像素值
    temp_pixels.append(int(pixel))
        #转成 numpy 数组
    temp=np.array(temp_pixels)
        #转成48×48的形状
    image=np.reshape(temp,(48,48))
        #将数组转成图片格式
    image=Image.fromarray(image.astype('uint8'))
```

12.3.3　模型搭建

1. 搭建 Retinaface 网络

简化版 RetinaFace 有已经训练好的网络模型也可以直接下载，本案例直接使用 github 上已有的源码和已训练好的模型，模型文件已放在 retinaface 文件夹下的 weights 里，该模型在 CPU 上的实时检测效果很好，可以满足本案例的需求。读者可直接运行 detect.py 文件，该文件加载了已训练好的模型，并输入一张图片进行推理，推理后得到的人脸框在原图上画出来，保存处理后的图片。

由于原模型是在 GPU 上训练保存的，将模型加载到 CPU 上运行，需要修改一下模型里的参数，加载模型的相关代码如下：

```
def load_model(model, pretrained_path, load_to_cpu):
    print('Loading pretrained model from {}'.format(pretrained_path))
    if load_to_cpu:
        #模型加载到 cpu 上运行
        pretrained_dict=torch.load(pretrained_path, map_location=
    lambda storage, loc: storage)
    else:
    #加载模型到 gpu 上运行
        device = torch.cuda.current_device()
        pretrained_dict=torch.load(pretrained_path, map_location=
    lambda storage, loc: storage.cuda(device))
    if "state_dict" in pretrained_dict.keys():
```

```
    # 删除权重文件中的 state_dict 关键字中以 module. 开头的参数
    pretrained_dict=remove_prefix(pretrained_dict['state_dict'],
    'module.')
    else:
        # 如果没有 state_dict 关键字的参数，则将整个模型参数文件中的
        #module. 开头的参数删除
    pretrained_dict=remove_prefix(pretrained_dict, 'module.')
    # 检查处理后的参数文件是否和网络结构对应
    check_keys(model, pretrained_dict)
    # 将参数导入网络中
    model.load_state_dict(pretrained_dict, strict=False)
    return model
#trained_model 是模型权重文件的路径，在 /weights/ 目录下
#cpu 表示将模型加载到 cpu 上运行
net = load_model(net, args.trained_model, args.cpu)
```

网络的输出是边框回归值，需要将候选框坐标和这个回归值做处理来得到网络推理的目标框的坐标。

```
# 根据原图大小产生候选框
priorbox = PriorBox(cfg, image_size=( 640, 640))
priors = priorbox.forward()
prior_data = priors.data
# 将网络的输出转成边框的坐标，并由 xywh 格式转成 xyxy 格式
boxes = decode(loc.data.squeeze( 0), prior_data, cfg['variance'])
# 边框的坐标是归一化后的值，需要乘以原图大小变换为真实坐标值
boxes = boxes * scale / resize
boxes = boxes.cpu().numpy()
```

人脸特征点坐标的处理也是一样，将坐标处理成 (x, y, x, y) 的格式后，抛弃置信度低的候选框。

```
# 删除置信度低的候选框
inds = np.where(scores > confidence_threshold)[0]
boxes = boxes[inds]
landms = landms[inds]
scores = scores[inds]
```

在做非极大值抑制前，只保留置信度高的前5000个候选框。

```
# 将候选框按置信度由高到低排序
order = scores.argsort()[::-1][:top_k]
# 切片后只选取前 top_k 个候选框
boxes = boxes[order]
landms = landms[order]
scores = scores[order]
```

做非极大值抑制。

```
dets = np.hstack((boxes, scores[:, np.newaxis])).astype(np.float32, copy=False)
keep = py_cpu_nms(dets, nms_threshold)
# 只保留非极大值抑制抑制留下的框
dets = dets[keep, :]
landms = landms[keep]
```

若得到的框超过750，则只保留前750个，否则不变。

```
dets = dets[:keep_top_k, :]
landms = landms[:keep_top_k, :]
dets = np.concatenate((dets, landms), axis=1)
```

运行 detect.py 程序，输入为图 12.17，输出为图 12.18。

图 12.17 输入图片[7]

图 12.18 输出图片[7]

从图中我们可以看到，已经训练好的模型推理的结果是很准确的，因此可以将这个模型应用在本项目上。

2. 搭建表情识别网络

本案例使用 Pytorch 实现 ResNet18，搭建网络的源码已经放在 retina/model 文件夹下，核心代码如下：

```
def forward(self, x):
    #resnet 的第一层卷积输入 1 × 44 × 44，输出 64 × 44 × 44
    out = F.relu(self.bn 1(self.conv 1(x)))
    # 输入 64 × 44 × 44，输出 64 × 44 × 44
    out = self.layer 1(out)
    # 输入 64 × 44 × 44，输出 128 × 22 × 22
    out = self.layer 2(out)
    # 输入 128 × 22 × 22，输出 128 × 11 × 11
    out = self.layer 3(out)
    # 输入 128 × 11 × 11，输出 512 × 6 × 6
    out = self.layer 4(out)
    # 输入 512 × 6 × 6，输出 512 × 1 × 1
    out = F.avg_pool 2d(out, 4)
    # 将输出 512 × 1 × 1 铺平为 batch_size × 512
    out = out.view(out.size( 0), -1)
    out = F.dropout(out, p=0.5, training=self.training)
    # 最后一层全连接层，输出 7 个概率
    out = self.linear(out)
    return out
```

此处要注意，ResNet18共有两个池化层，这里搭建的网络只有一个池化层，在卷积网络之后、全连接层之前的一个全局平均池化层。

12.3.4　模型训练

1. 训练 Retinaface

要想重新训练 Retinaface，需要将下载好的 widerface 数据集以如图 12.19 所示结构放在 data 文件夹下。

```
./data/widerface/
  train/
    images/
    label.txt
  val/
    images/
    wider_val.txt
```

图 12.19　目录结构

数据集和标注文件已经放在本书源码的 retina/data 文件夹下。要想将数据集输入网络训练，需要创建读取数据集的类，读取 label.txt 的代码（在 retina/data/wider_face.py）如下所示：

```
# 打开 label.txt 文件
f = open(txt_path,'r')
# 读取所有行
lines = f.readlines()
isFirst = True
labels = []
for line in lines:
  # 去除首尾空格
  line = line.rstrip()
  # 遇到#开头就是图片路径
  if line.startswith('#'):
    # 第一行是 # 开头的图片路径
    if isFirst is True:
      isFirst = False
    # 再次遇到 # 开头的行，就将读取的 label 保存下来
    else:
      labels_copy = labels.copy()
```

```
        self.words.append(labels_copy)
        labels.clear()
        # 保存图片路径
    path = line[ 2:]
    path = txt_path.replace('label.txt','images/') + path
    self.imgs_path.append(path)
else:
    # 遇到不是 # 开头的行就是 label 数据
    line = line.split(' ')
    # 将 label 数据以空格分开，并保存为 float 类型的数据
    label = [float(x) for x in line]
labels.append(label)
```

训练 Retinaface 需要在 gpu 上训练，训练之前定义优化器，损失函数。

```
    # 定义优化方法，lr 是学习率，momentum 是梯度下降法计算的参数，weight_decay
是权重衰减值，防止过拟合
    optimizer = optim.SGD(net.parameters(), lr=initial_lr, momentum=momentum, weight_
decay=weight_decay)
    # 定义损失函数
    criterion = MultiBoxLoss(num_classes, 0.35, True, 0, True, 7, 0.35, False)
    # 产生候选框，用于计算损失函数
    priorbox = PriorBox(cfg, image_size=(img_dim, img_dim))
```

推理之后计算梯度，更新参数。

```
    # 将图片输入网络推理
    out = net(images)
    # 清空缓存梯度
    optimizer.zero_grad()
    # 计算损失函数
    loss_l, loss_c, loss_landm = criterion(out, priors, targets)
```

```
# 计算梯度
loss.backward()
# 用 SGD 方法更新参数
optimizer.step()
# 训练完成后保存模型文件
torch.save(net.state_dict(), save_folder + cfg['name'] +
'_Final.pth', _use_new_zipfile_serialization=False)
```

使用开源的预训练模型时，可以直接在寒武纪 MLU 270 计算卡环境的 pytorch 1.2 的版本上做在线推理。若是自己训练的模型则要在保存模型时加上参数 _use_new_zipfile_serialization，兼容 1.2 的版本。打开终端，激活环境并进入 Pytorch_Retinaface 文件夹下，在终端输入 python train.py, 终端输出如图 12.20 所示。

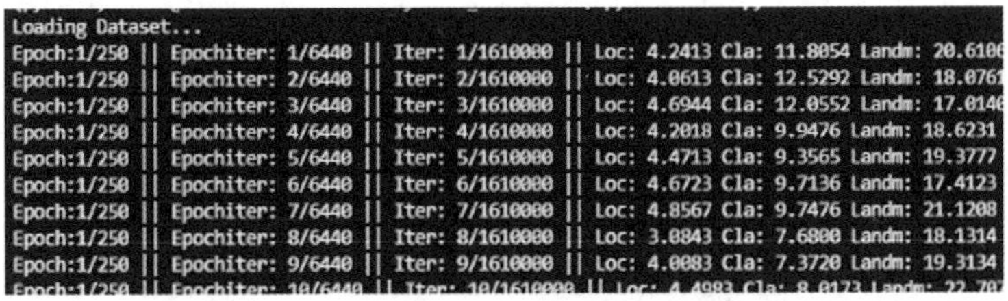

图 12.20　训练输出

2. 训练 ResNet 18

接下来用 ResNet 18 训练 Fer 2013 数据集，本案例使用的 ResNet 18 的网络结构已经搭建好，训练使用 fer 2013 的时候使用了数据增强，如 fer/train.py 所示：

```
# 定义数据增强方法
transform=transforms.Compose([
    # 随机裁剪成 (44, 44)
    transforms.RandomCrop(44),
    # 随机水平翻转
    transforms.RandomHorizontalFlip(),
    # 将图片转成 3 通道的灰度图
    transforms.Grayscale(num_output_channels=3),
    # 将图片转成网络的输入 tensor
    transforms.ToTensor(),
])
```

加载训练集，验证集和测试集。

```
# 加载训练数据集
dataset=FERDatasets('Training',transform)
# 设置迭代器，批处理数据量大小为128，并将数据洗乱
dataloader=data.DataLoader(dataset,batch_size=128,shuffle=True)
# 验证数据集不需要 shuffle 为 True
dataset=FERDatasets('PublicTest',transform=transform)
dataset=FERDatasets('PrivateTest',transform=transform)
```

定义使用的优化器和损失函数，这里使用的是随机梯度下降法（SGD）和交叉熵损失函数。

```
# 定义优化器
optimizer=optim.SGD(net.parameters(),lr=cfg['learning-rate'],
momentum=cfg['momentum'],weight_decay=cfg['weight_decay'])
# 定义损失函数
criterion=torch.nn.CrossEntropyLoss()
# 定义学习率衰减方式
train_scheduler = optim.lr_scheduler.MultiStepLR(optimizer,
milestones=cfg['MILESTONES'], gamma=0.2)
```

由于训练是在 pytorch 1.6 的环境下完成的，保存的模型无法在 1.2 的版本下使用，所以保存模型时添加 _use_new_zipfile_serialization 参数。

```
# 保存模型
torch.save(net.state_dict(),cfg['save_folder']+args.net+'_Final.pth', _use_new_zipfile_
serialization=False)
```

12.3.5　模型使用

为了实时地识别人脸表情，训练好模型后，需要将模型应用到本案例中。首先在 CPU 上搭建实时识别人脸表情的项目，读取摄像头输入，载入模型，检测人脸表情。查看模型是否保存在相应目录，如图 12.21 所示，Retinaface 的预训练模型保存在 weights/ 文件夹下。

图 12.21　模型文件

本案例使用的 Retinaface 的模型文件名称为 mobilenet 0.25_Final.pth，在项目文件里加载这个模型。

```
# 加载模型结构
retina=RetinaFace(cfg=cfg_mnet, phase = 'test')
# 加载模型参数
retina=load_model(retina, retinaface_path, True)
```

情绪识别的模型文件名称为 resnet18.Final.pth，保存在 fer/weight 目录下，加载模型。

```
# 加载 resnet 18
fernet=ResNet 18()
# 加载 resnet 18 参数
fernet=load_model(fernet,expression_path,True)
```

获取摄像头数据作为输入，并对输入做深度学习处理，再返回成视频显示。

```
# 获取摄像头设备
cap=cv2.VideoCapture( 0)
# 读取摄像头数据，返回每一帧的图片
success,imgs=cap.read()
# 循环处理每一帧
while success:
    cv2.waitKey( 20)
        # 输入检测网络，检测人脸和识别表情
        imgs=detect(facenet,expression_net,imgs)
        # 以视频流的方式显示处理后的图片
        cv2.imshow('capture',imgs)
        # 读取下一帧
        success,imgs=cap.read()
# 释放设备资源
cap.release()
```

项目的相关源码已放在 ferdet/ 文件夹下，打开终端进入 ferdet 目录下，运行 python imgcapture.py，结果如图12.22所示。

图12.22　项目效果图[7]

12.4　模型移植

12.4.1　在线推理

在线推理又分为在线逐层和在线融合。在做离线推理之前，需要将模型在计算卡上做在线推理，以防止模型里面有计算卡不支持的算子。在做在线推理之前还需要将模型量化，确保模型能在计算卡上做整型运算。

1. 在线逐层推理

首先是量化模型，retinaface 和 resnet18 量化的过程相差不大，这里以 retinaface 为例，导入寒武纪扩展的 pytorch 量化包。

```
# 导入 torch_mlu 的包
import torch_mlu
import torch_mlu.core.mlu_model as ct
```

在加载完模型参数文件后，添加量化模型参数的代码。

```
# 用 mlu 的包量化网络
model=torch_mlu.core.mlu_quantize.quantize_dynamic_mlu(model,
    qconfig_spec={
        # 设置量化的图片数量
    'iteration': 1,
        # 平均值量化
    'use_avg':True,
        # 图片缩放比例
    'data_scale': 1.0,
        # 均值
    'mean':[0, 0, 0],
```

```
        # 方差
    'std':[ 1, 1, 1 ],
        # 使用 firstconv 加速推理
    'firstconv':False,
        # 逐通道量化
    'per_channel':False,
# 量化成 int16
},dtype='int16',gen_quant=True)
```

以 retina 文件夹下的 detect.py 为例，detect.py 文件运行的内容就是输入一张图片然后输出带有人脸框的图片，效果已经在前面提到。在添加以上代码后，还需要在推理完成之后保存量化好的模型。

```
torch.save(net.state_dict(),'./mobilenet0.25_Final_quantized.pth')
```

接下来做在线推理，加载的模型就是这个量化好的模型。

```
net=RetinaFace(cfg=cfg, phase = 'test')
# 将模型结构量化
net=torch_mlu.core.mlu_quantize.quantize_dynamic_mlu(net)
# 加载量化后的模型参数文件
pretrained_dict=torch.load('./mobilenet0.25_Final_quantized.pth')
net=net.load_state_dict(pretrained_dict)
# 设置使用 mlu270 用于推理的内核数,
ct.set_core_number(1)
# 设置用于推理计算卡版本
ct.set_core_version('MLU270')
# 将模型转为 mlu270 上运行的格式
net=net.to(ct.mlu_device())
```

然后是加载输入数据，这里的输入是一张图片，推理的时候需要转成计算卡上的格式。

```
# 将图片转成 mlu 270的格式
img=img.to(ct.mlu_device())
# 推理模型
loc, conf, landms = net(img)
# 后处理部分需要将模型推理的结果转回到 cpu 上计算
loc=loc.to(device)
conf=conf.to(device)
landms=landms.to(device)
```

推理之后的结果如图 12.23 所示。

图 12.23　在线推理结果[7]

可以观察到在线推理的结果和在 CPU 上推理的结果几乎没有差别,说明寒武纪的计算卡支持 Retinaface 模型的所有算子,在将 Retinaface 转为离线模型时,模型就能在 MLU 220 的计算卡上成功推理。

2. 在线融合推理

做在线融合推理依然用的是量化后的模型,大部分的代码都相差不大。这里以 retina 的 detect.py 文件为例,和在线推理的一点区别就在设置核数之前要添加以下代码:

```
torch.set_grad_enabled(False)
# 设置使用 mlu 270用于推理的内核数,
ct.set_core_number(1)
# 设置用于推理计算卡版本
ct.set_core_version('MLU 270')
# 将模型转为 mlu 270上运行的格式
net=net.to(ct.mlu_device())
```

在加载图片，输入网络推理之前还要把网络转成静态图。

```
img=img.to(ct.mlu_device())
# 随机生成一个图片大小的张量
example_img=torch.randn( 1, 3, 640, 640,dtype=torch.float)
# 将网络转成静态图
net=torch.jit.trace(net,example_img.to(ct.mlu_device()),check_trace=False)
# 推理模型
loc, conf, landms = net(img)
# 后处理部分需要将模型推理的结果转回到 cpu 上计算
loc=loc.to(device)
conf=conf.to(device)
landms=landms.to(device)
```

其余代码基本不变，运行修改好的代码可以看到输出如图 12.24 所示。

图 12.24　在线融合推理结果 [7]

ResNet18 的在线推理和融合推理过程相差不大，具体代码在 fer/detect_fer.py 下，量化代码。

```
model=torch_mlu.core.mlu_quantize.quantize_dynamic_mlu(model,
    qconfig_spec={
        # 设置量化的图片数量
    'iteration': 1,
        # 平均值量化
    'use_avg':True,
```

```
        # 图片缩放比例
    'data_scale': 1.0,
        # 均值
    'mean':[0,0,0],
        # 方差
    'std':[1,1,1],
        # 使用 firstconv 加速推理
    'firstconv':False,
        # 逐通道量化
    'per_channel':False,
    # 量化成 int 16
},dtype='int 16',gen_quant=True)
```

在线推理 ResNet 18。

```
net=ExpressionModel(net='resnet 18')
# 将模型结构量化
net=torch_mlu.core.mlu_quantize.quantize_dynamic_mlu(net)
# 加载量化后的模型参数文件
pretrained_dict=torch.load('./Resnet 18_Final_quantized.pth'),map_location='cpu')
net=net.load_state_dict(pretrained_dict)
# 设置使用 mlu 270 用于推理的内核数，
ct.set_core_number(1)
# 设置用于推理计算卡版本
ct.set_core_version('MLU 270')
# 将模型转为 mlu 270 上运行的格式
net=net.to(ct.mlu_device())
```

推理后数据后处理需要将数据格式转成 numpy 的数组。

```
# 将图片转成计算卡上的数据格式
imgs=imgs.to(ct.mlu_device())
out=net(imgs)
# 获取概率最大值索引
_,predicted=torch.max(out.data,1)
# 将数据转成 numpy 数组
predicted=predicted.cpu().numpy()
```

12.4.2 生成离线模型

在线融合推理模式下，需在 retina/detect.py 文件中添加如下代码。

```
# 设置 mlu 内核数
ct.set_core_number(1)
# 设置离线模型运行的 mlu 型号
ct.set_core_version('MLU220')
# 保存离线模型
ct.save_as_combricon('MobileNetV1_Final')
# 将网络转成 mlu 上的格式
net=net.to(ct.mlu_device())
# 将图片转成 mlu 上的格式
img=img.to(ct.mlu_device())
# 静态图输入
example_img=torch.randn(1,3,640,640,dtype=torch.float)
# 将网络转成静态图
net=torch.jit.trace(net,example_img.to(ct.mlu_device()),check_trace=False)
```

分别将 net、img 加载到 MLU 设备中，再生成模型静态图，生成的离线模型只能接收 640×640 大小的图片，在后续运行离线推理时需要将输入的图预处理成此大小再输入离线模型中。core_version 设置的是 MLU220，因此转成的离线模型只能在 MLU220 的计算卡上运行，如果想要在 MLU270 的计算卡上运行离线模型，需要将 core_version 设置成

MLU 270。在推理完后需要关闭离线模型的生成机制。

```
# 推理模型
loc, conf, landms = net(img)
# 后处理部分需要将模型推理的结果转回到 cpu 上计算
loc=loc.to(device)
conf=conf.to(device)
landms=landms.to(device)
# 结束离线模型的生成
ct.save_as_cambricon("")
```

运行推理程序后会在当前目录下生成 .cambricon 和 .cambricon_twin 的文件，cambricon 文件就是离线模型文件，cambricon_twin 的文件是对应离线模型的描述文件，里面有描述离线模型的 function 信息和输入输出的信息，如图 12.25 所示。

图 12.25　retinaface 网络 twins 文件

从图中可以看到 cambricon_twins 里的内容，mobilenet 0.25 的离线模型只有一个 function，function 的名字叫 subnet0。Function 只有一个输入，输入的形状为（1，640，640，3），跟我们生成离线模型时定义的静态图的输入形状一样。输出有三个部分，形状分别为边框回归（1，4，1，16800）、置信度（1，2，1，16800）、五个人脸特征点坐标（1，10，1，16800）。Retinaface 模型分别在三个尺度上生成预选框，对于（640，640）的输入来说，对应于（80，80）、（40，40）、（20，20）三个尺度，每个预选框生成两个 anchor，因此共有

（80×80+40×40+20×20）×2=16800 个候选框。

在生成 ResNet18 的离线模型时，添加的静态图接收 44×44 大小的图片。如 fer/detect.py 所示。

```
# 设置 mlu 内核数
ct.set_core_number(1)
# 设置离线模型运行的 mlu 型号
ct.set_core_version('MLU220')
# 保存离线模型
ct.save_as_combricon('Resnet18_Final')
# 将网络转成 mlu 上的格式
net=net.to(ct.mlu_device())
# 将图片转成 mlu 上的格式
img=img.to(ct.mlu_device())
# 静态图输入
example_img=torch.randn(1,3,44,44,dtype=torch.float)
# 将网络转成静态图
net=torch.jit.trace(net,example_img.to(ct.mlu_device()),check_trace=False)
```

生成的离线模型文件名为 resnet18.cambricon，描述文件为 resnet18.cambricon_twins。描述文件内容如图 12.26 所示。

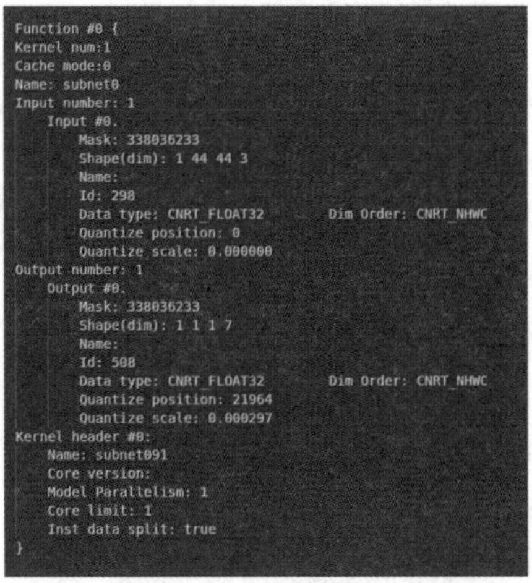

图 12.26　resne 网络 twins 文件

12.4.3　使用离线模型

生成离线模型后，需要编写调用离线模型在 MLU 220 计算卡推理的程序。寒武纪提供了调用离线模型进行离线推理的软件栈 neuware，neuware 提供了 cnrt 库，专门用于将模型运行在 MLU 计算卡上，是 C/C++ 接口，因此离线推理程序将使用 C/C++ 语言编写。

在写推理程序之前，先了解一下调用 cnrt 库进行离线推理的大致步骤。主要为使用 cnrt 初始化设备，加载离线模型，推理及拷贝结果到 CPU 端内存，流程如图 12.27 所示。

加载离线模型，提取离线模型的 Function，其中 Function 的名字在离线模型的描述文件里。获取到 Function 后，提取 Function 的输入输出大小，根据输入输出的占用内存大小分配 MLU 内存。离线推理演示代码如下：

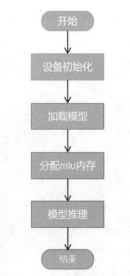

图 12.27　离线推理流程图

```cpp
// 设备初始化
cnrtInit( 0);
// 导入离线模型
cnrtLoadModel(&model_, offmodel.c_str());
//Function 的名字
std::string name = "subnet0";
// 设置当前使用设备
cnrtDev_t dev;
CNRT_CHECK(cnrtGetDeviceHandle(&dev, dev_id));
CNRT_CHECK(cnrtSetCurrentDevice(dev));
// 提取离线模型 Function
CNRT_CHECK(cnrtCreateFunction(&(function_)));
CNRT_CHECK(cnrtExtractFunction(&(function_), model_, name.c_str()));
// 创建 RuntimeContext
CNRT_CHECK(cnrtCreateRuntimeContext(&runtime_ctx_, function_, nullptr));
```

```
// 设置 RuntimeContext 的当前设备
cnrtSetRuntimeContextDeviceId(runtime_ctx_, dev_id);
if (cnrtInitRuntimeContext(runtime_ctx_, nullptr) != CNRT_RET_SUCCESS) {
std::cout << "Failed to init runtime context" << std::endl;
return;
}
// 获取模型输入占用内存大小
CNRT_CHECK(cnrtGetInputDataSize(&input_sizes_, &input_num_, function_));
// 获取模型输出占用内存大小
CNRT_CHECK(cnrtGetOutputDataSize(&output_sizes_, &output_num_, function_));
```

分配模型的输入数据内存和输出数据内存，这里的内存块是分配在 MLU 计算卡上，模型推理时会在输入数据内存块读取数据，输入网络，推理结束后，会将结果放在输出数据内存块上。

```
// 分配输入内存
for (int i = 0; i < inputNum; i++) {
  // 分配 CPU 端的输入内存
  inputCpuPtrS[i] = malloc(inputSizeS[i]);
  // 分配 MLU 端的输入内存
  cnrtMalloc(&(inputMluPtrS[i]), inputSizeS[i]);
}
// 分配输出的内存
for (int i = 0; i < outputNum; i++) {
  // 分配 CPU 端的输出内存
  outputCpuPtrS[i] = malloc(outputSizeS[i]);
  // 分配 MLU 端的输出内存
  cnrtMalloc(&(outputMluPtrS[i]), outputSizeS[i]);
}
```

分配好计算卡上的内存后，将输入数据拷贝到输入内存块，然后激活 RuntimeContext

进行模型推理。

```
for (int i = 0; i < inputNum; i++) {
    // 填充输入数据
    if(i==0) memcpy((void *)inputCpuPtrS[i],(void *)input,inputSizeS[i]);
    // 从 CPU 端的内存复制到 MLU 端的内存
    cnrtMemcpy(inputMluPtrS[i], inputCpuPtrS[i], inputSizeS[i], CNRT_MEM_TRANS_
DIR_HOST2DEV);
}
// 进行计算
cnrtInvokeRuntimeContext_V2(ctx, NULL, param, queue, NULL);
// 等待执行完毕
cnrtSyncQueue(queue);
```

推理之后的结果，存放在之前分配的输出数据内存块中，将网络推理的结果从 MLU 的内存拷贝到 CPU 上。

```
// 取回数据
for (int i = 0; i < outputNum; i++) {
    cnrtMemcpy(outputCpuPtrS[i], outputMluPtrS[i], outputSizeS[i], CNRT_MEM_
TRANS_DIR_DEV2HOST);
}
```

Retinaface 的网络输入需要经过预处理才能输入网络，输出需要经过后处理才能得到人脸框的位置。数据的预处理和后处理使用 Python 在 pytorch 框架下处理，模型的推理部分是用 C 语言编写的离线模型推理程序。在 Python 代码中调用离线推理程序，将会大大减少数据后处理的编程难度。数据预处理代码 retina/offline/offdect.py 如下所示：

```
// 读取图片
img_raw = cv2.imread(image_path, cv2.IMREAD_COLOR)
// 将图片缩放成离线模型的输入大小（640, 640, 3）
img=cv2.resize(img_raw,(640,640))
img = np.float32(img)
```

```
// 图片后处理需要
scale = torch.Tensor([img_raw.shape[1], img_raw.shape[0], img_raw.shape[1], img_raw.shape[0]])
// 将图片归一化并转成 (1, 640, 640, 3)
img -= (104, 117, 123)
img = img[np.newaxis,...]
// 分配输出数据的数组
loc = np.zeros((1, 16800*4), dtype=np.float32)
conf = np.zeros((1, 16800*2), dtype=np.float32)
landms = np.zeros((1, 16800*10),dtype=np.float32)
output = np.concatenate((loc,conf,landms),axis=1)
```

接下来在 Python 中调用编译好的离线推理程序，由于离线推理程序是用 C 语言编写的，要导入 Python 调用 C 程序的库。

```
import ctypes
from numpy.ctypeslib import ndpointer
```

调用离线推理程序。

```
lib = ctypes.cdll.LoadLibrary("./libmnist.so")
# 创 Model 函数对象
Model = lib.Model
# 给函数参数设置数据类型 ---- 要和 c/c++ 定义的类型一致
Model.argtypes = [ndpointer(ctypes.c_float), ndpointer(ctypes.c_float)]
# 给函返回值设置数据类型
Model.restype = None
# 模型初始化
lib.Initial()
# 开始推理
Model(img, output)
# 模型销毁
lib.Destroy()
```

网络的输出将会存放在之前定义好的 output 数组里，retinaface 网络的输出有三个部分 loc、conf、landms，将 output 里的数据分成这三个部分，这里要注意这三个网络输出的维度。

```
# 将 output 切片处理，得到想要的数据部分
loc=output[:,: 16800 * 4]
conf=output[:, 16800 * 4: 16800 * 4+ 16800 * 2]
landms=output[:,- 16800 * 10:]
# 将得到的数据改为能够后处理的形状
loc=torch.from_numpy(loc.reshape( 1, 4, 16800).transpose( 0, 2, 1))
conf=torch.from_numpy(conf.reshape( 1, 2, 16800).transpose( 0, 2, 1))
landms=torch.from_numpy(landms.reshape( 1, 10, 16800).transpose( 0, 2, 1))
```

接下来的后处理代码和之前搭建 retinaface 时推理的代码一样，输出结果如图 12.28 所示。从图中可以看到，Retinaface 的离线推理，结果与原来相差不大。

ResNet 18 的离线推理要更简单些，没有 Retinface 繁琐的输出后处理。离线模型的推理程序还是用 retinaface 的 C 程序，只要把里面的路径改为 Resnet 18 的离线模型路径就行。Python 调用代码离线推理的代码也相差不大，只有前处理和后处理不一样，代码在 fer/offline/offlinefer.py 中。

图 12.28　离线推理结果[7]

```
# 图片预处理
image=cv 2.resize(image,( 44, 44))
img = np.float 32(image)
img = img[np.newaxis,...]
# 定义输出
output = np.zeros(( 1, 7), dtype=np.float 32)
# 离线推理
Model (img, output)
# 获取输出最大值
res=np.argmax(output, 1)
```

输入图片如图 12.29 所示, 输出结果如图 12.30。

图 12.29 输入图片[6]

图 12.30 输出结果

12.4.4 最终效果展示

将这两个离线推理程序和之前实现项目的代码整合起来放到 MLU 220 上运行, 结果如图 12.31 所示。

图 12.31 最终效果[7]

12.5 本章小结

本章介绍了目标检测算法和经典的分类网络 ResNet 18 在表情识别上的使用, 深度学习在本项目的实现上仍存在较大提升空间, 读者可参考相关资料。本章还介绍了如何将模型移植到寒武纪的计算卡上, 离线模型的推理程序可复用性较强, 学习完后可根据具体应用场景作相应改动。学习完本章后, 读者应可以根据自己的项目选择网络模型和数据集, 将模型应用到对应项目中, 并能使用寒武纪计算卡提升计算效率。

参考文献

[1] Najibi M, Samangouei P, Chellappa R, et al. Ssh: Single stage headless face detector[C]//Proceedings of the IEEE international conference on computer vision. 2017: 4875-4884.Najibi M, Samangouei P, Chellappa R, et al. Ssh: Single stage headless face detector[C]//Proceedings of the IEEE international conference on computer vision. 2017: 4875-4884.

[2] He K, Zhang X, Ren S, et al. Deep residual learning for image recognition[C]//Proceedings of the IEEE conference on computer vision and pattern recognition. 2016: 770-778.

[3] Multimedia Laboratory, Department of Information Engineering, The Chinese University of Hong Kong.WIDER FACE: Results[DB/OL].http://mmlab.ie.cuhk.edu.hk/projects/WIDERFace/WiderFace_Results.html, 2015.

[4] kaggle.Challenges in Representation Learning: Facial Expression Recognition Challenge[DB/OL]. https://www.kaggle.com/c/challenges-in-representation-learning-facial-expression-recognition-challenge/data, 2013.

[5] Redmon J, Farhadi A. Yolov3: An incremental improvement[J]. arXiv preprint arXiv: 1804.02767, 2018.

[6] kaggle.MMA FACIAL EXPRESSION[DB/OL].https://www.kaggle.com/mahmoudima/mma-facial-expression?select=MMAFEDB, 2020.

[7] Multimedia Laboratory, Department of Information Engineering, The Chinese University of Hong Kong.WIDER FACE: A Face Detection Benchmark[EB/OL].http://shuoyang1213.me/WIDERFACE/, 2015.

第13章 唱名识别

语言是人类传达和获取信息的媒介。在计算机发明之初,如何让机器懂得人类语言成为了一大难题。随着技术的不断发展,出现了让机器把语言信号转变为对应的文本和命令的重要技术——语音识别技术。

深度学习技术兴起之后,语音识别技术取得了巨大发展。常用语音、低噪声的语音识别率已经达到了较高的水准,这使得计算机具备了与人类相仿的语音识别能力。

语音识别技术为人们的工作和生活都提供了便利,很多繁琐的步骤依靠一条语音指令即可完成。例如依靠语音识别技术搭建的智能家居系统。未来,语音识别技术会在各个方面展现出更多可能性。

13.1 案例背景

13.1.1 案例介绍

音乐创作过程中,当灵感来时需要立即记录下来,语音识别技术的快速发展,使得通过人工智能进行唱名识别来完成写谱变得不再遥不可及,这能很大程度上方便音乐创作者直接记录下创作成果,提高创作效率。

在音乐教育过程中,教师对学生每个音节的发音都有很高的要求,通过唱名识别可以帮助学生检验演唱是否符合标准。教师首先进行示范演唱,再让学生们进行模仿,唱名识别系统在音素或音节水平上为学生的歌唱提供反馈,辅助判断学生演唱与教师的差异,并对每个学生的学习效果做出评价。

本章将从语音端点检测和语音分类两个方面入手,实现唱名识别算法并将该算法移植到寒武纪的终端设备进行在线、离线推理。

13.1.2 技术背景

随着人工智能的兴起,语音识别技术在理论和应用方面都取得了较大突破,开始从实验室走向市场,已逐渐走进我们的日常生活。现在语音识别已应用于许多领域,主要包括语音识别听写器、语音寻呼、答疑平台、自主广告平台和智能客服等。

本章首先从介绍语音识别的概念入手，对语音识别的相关原理进行深入分析，为后面的应用打下基础。

1. 什么是语音识别

语音识别 (Speech Recognition) 技术，也被称为自动语音识别 (Automatic Speech Recognition, ASR)、电脑语音识别 (Computer Speech Recognition) 或是语音转文本识别 (Speech To Text, STT)。语音识别是一项融合多学科知识的前沿技术，涉及的领域包括信号处理、模式识别、概率论和信息论、发声机理和听觉机理、人工智能等等。其目标是电脑自动将人类的语音内容转换为相应的文字。与说话人识别及说话人确认不同，后者尝试识别或确认发出语音的说话人而非其中所包含的词汇内容。语音识别技术的应用包括语音拨号、语音导航、室内设备控制、语音文档检索、简单的听写数据录入等。语音识别技术与其他自然语言处理技术如机器翻译及语音合成技术相结合，可以构建出更加复杂的应用，例如语音到语音的翻译[1]。

2. 语音识别技术的发展历程

早在计算机发明之前，早期的声码器可被视作语音识别及合成的雏形。而1920年代生产的 "Radio Rex" 玩具狗是最早的语音识别器，当这只狗的名字被呼唤的时候，它能够从底座上弹出来。最早的基于电子计算机的语音识别系统是由 AT&T 贝尔实验室开发的 Audrey 语音识别系统，它能够识别 10 个英文数字，其识别方法是跟踪语音中的共振峰，该系统得到了 98% 的正确率。到 1950 年代末，伦敦学院 (Colledge of London) 的 Denes 将语法概率加入语音识别中。1960 年代，人工神经网络被引入了语音识别，其本质是一个基于生物神经系统的自适应非线性动力学系统，它旨在充分模拟神经系统执行任务的方式，如同人的大脑一样，神经网络是由相互联系、相互影响各自行为的神经元构成，这些神经元也称为节点或处理单元。神经网络通过大量节点来模仿人类神经元活动，并将所有节点连接成信息处理系统，以此来反映人脑功能的基本特性。这一时代的两大突破是线性预测编码 Linear Predictive Coding (LPC) 及动态时间规整 (Dynamic Time Warp) 技术[2]。

20世纪70年代，卡内基梅隆大学的研究者将隐马尔可夫模型在语音识别中进行了应用，实现了第一个基于 HMM (隐马尔可夫模型) 的大词汇量的语音识别系统 Sphinx[3]，如图 13.1。对此后的语音识别技术产生了持续的影响。到了 80 年代，语音识别的研究重心从孤立词的识别转向连续词汇，主要是在孤立词的基础上，通过单个词进行模式匹配实现，并且语音识别技术的重心从模式匹配的方案逐渐转移到了统计模型的方法上来，尤其是基于隐马尔可夫模型的方案得到了长足的发展。

2010年之前，基于隐马尔可夫模型的高斯混合模型(GMM-HMM模型)通常代表着最先进的语音识别技术，这类模型通常采用的特征提取算法是梅尔频率倒谱系数(即MFCC)算法，常用的还有fBank等特征提取算法，而人们也开展了很多研究工作来模仿人类听觉过程，后来通过引入DNN自动学习特征表示，直接取代GMM。深度学习还可以应用于给传统的HMM模型提供强大的具有判别性的特征，DNN和HMM结合的语音识别系统，大大降低了识别错误率。

2010年以来，随着大数据和深度学习的发展，CNN、RNN、LSTM和GRU等网络结构也应用到语音识别中，使得语音识别技术取得了又一次巨大的突破。连接时序分类(Connectionist Temporal Classification, CTC)方法、端到端(End-to-End)结构模型和DFCNN、Deep Speech、WaveNet、DFSMN等模型的出现，将语音识别的准确率一次

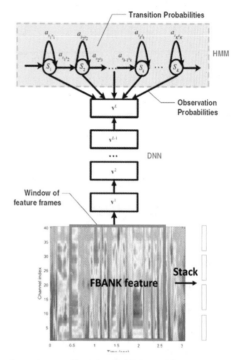

图13.1　基于深度神经网络和隐马尔可夫模型的语音识别系统[2]

又一次地推向新的巅峰。大多数的语音识别系统，目前仍然使用基于概率统计的N元语言模型和相关变体模型。

近几年来，残差网络(ResNet)、注意力机制(Attention mechanism)和RNN Transducer的出现，又将语音识别技术带领到新阶段。当前，国内外几种主流的语音识别系统的准确率均超过了90%，有的甚至超过了95%。其中，85%准确率是评价一个语音识别系统是否可实际使用的分水岭[3]。

3. 语音分析

语音的产生过程类似激励－调制模型。如图13.2。肺部产生气流，通过喉腔时冲击声带，使声带产生振动，形成周期性脉冲气流，这个脉冲周期被称为基音周期。接下来周期脉冲气流到达声道，声道对气流进行调制，形成不同的音素，例如拼音中的"z"和"zh"的基音发声状态相同，但是舌头的动作不一样，发出的声音也就不一样了。这就可以看出声道的调制使声音的波形发生了变化，这个波形就是语音分析所用到的数据。

语音是一个复杂的多帧信号，各个频率成分具有不同的振幅。频谱是许多不同频率的

集合，形成一个频率范围，不同的频率振幅可能不同。不同频率的振幅最高点（共振峰）连接起来形成的曲线就是频谱包络。解析语音最重要的点在于声道形状，不同的形状就对应不同的滤波过程，人所发出的声音会被包括舌头、牙齿等在内的声道形状过滤，从而产生不同的语音。如果我们可以准确确定声道的形状，就能使得我们可以精确地描述不同的音素，声道的形状表现在短时功率谱的包络上。语音频谱包络与语音信号的语义信息、个性信息都密切相关，提取语音频谱包络即是从语音频谱中分离出包络曲线，即声道系统传递函数，该声道系统传递函数可通过倒谱系数、共振峰频率或者LPC系数等参数进行表示，这些参数在语音编码、语音识别、语音转换和语音合成等领域都有重要的作用。

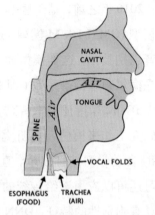

图13.2 人类发声过程[4]

4. 语音处理

在任何自动语音识别系统中，第一步都是提取特征，即识别出有利于识别语言内容的音频信号成分，并丢弃所有其他携带背景噪声、情感等信息的内容。目前使用最多的莫过于对数梅尔滤波器组特征（Filter banks）和梅尔频率倒谱系数（MFCCs），两者整体相似，MFCCs比起Filter banks多了一步离散余弦变换（DCT）。

（1）分帧、加窗和傅里叶变换

语音信号是连续变化的，为了将连续变化信号简化，我们假设在短时间范围内，音频信号不发生改变，因此将信号以多个采样点集合为一帧。一帧通常为20~50 ms，如果帧的长度太短，那么每帧内的采样点不足以做出可靠的频谱计算，但长度太长的话，则每帧的信息变化会太大。帧与帧之间有一段距离称为帧移，帧移通常取10 ms，显而易见，帧移小于帧长，所以就形成了重叠部分——帧迭。如果帧之间没有重叠部分，在加窗时帧与帧的连接处信号会因此而被弱化，造成信息丢失。音频信号除了时间以外，还有采样率这个概念，例如，我们采用44100HZ采样率对音频进行重采样，如果帧长为30 ms，帧移为10 ms，那么一帧就有44100 × 30 ÷ 1000 = 1323个样本点（1 s = 1000 ms），帧移就是441个样本点，帧迭为882个样本点。

预强化的目的是为了消除发声过程中，声带和嘴唇造成的影响，来补偿语音信号受到发音系统所压抑的高频部分。傅里叶变换要求输入信号是平稳的，但是语音信号是快速变化的，所以每帧的信号通常要乘以一个平滑的窗函数，让帧两端平滑地衰减到零，这样可以降低傅里叶变换后旁瓣的强度，取得更高质量的频谱。如图13.3。

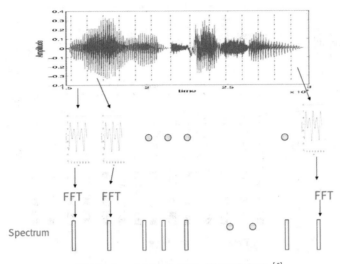

图13.3　分帧、加窗和傅里叶变换[5]

　　每一帧音频的时间很短，但仍然是很多高低频声音的混杂，此时是时域数据。由于信号在时域上的变化很难看出信号的特性，所以通常通过傅里叶变换转换成频域上的能量分布来观察，这样可以将复杂声波分成各种频率的声波，方便神经网络进行学习，得到的结果能量表示各频率范围内的重要程度，不同的能量分布能代表不同语音的特性。将得到的每一帧的变换按频率轴拼接起来就得到了语谱图。如图13.4。

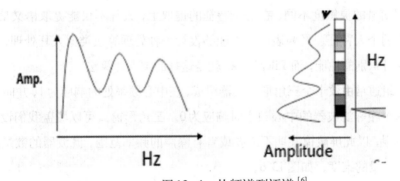

图13.4　从频谱到语谱[6]

　　如图13.5，首先将一帧的频谱旋转90°，然后将振幅映射到一个区域，例如用灰度级表示，0表示黑色，255表示白色，幅度值越大，相应的区域越黑，振幅大的区域包含了共振峰。

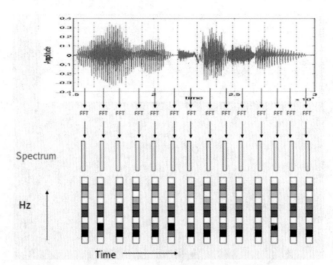

图13.5　语谱图的产生过程[7]

语谱图中更容易查看音素的属性，通过观察共振峰和共振峰的变化可以更好的识别语音，并且语谱图增加了时间这个维度，可以显示出一段语音而不是一帧语音的频谱。

（2）Filter Banks 提取

人类听觉感知实验发现人耳像是一个滤波器组，它只关注某些特定频率分量而不是整个频谱包络。这些滤波器在频率坐标轴上分布的不均匀，低频区域的滤波器比较多，分布很密集。高频区域的滤波器数量比较少，分布很稀疏。人耳对声音频谱响应的非线性，使得它对不同信号的灵敏度不同，在语音特征的提取上，人耳不仅能提取语义信息，还能提取出话语者的个人特征。经验表明如果能够设计一种处理算法类似人耳处理音频的方式，可以提高语音识别的性能，而 Filer banks 就是这样的类人耳算法。

滤波器组通常由数十个三角形滤波器组成，在中心频率处的响应为1，并向0线性减小，直到达到两个相邻滤波器的中心频率时响应为0。三角形窗口可以覆盖我们设定的频率上限和频率下限，以此屏蔽掉某些不需要或者有噪声的频率范围，滤波器的数量表示 Mel 滤波轴的特征向量的维度。如图13.6。

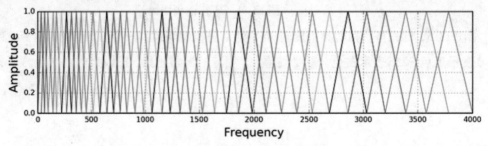

图13.6　Mel 滤波器组[8]

经过这组滤波器组可以减少傅里叶变换得到的数据。频谱有包络部分和精细部分,分别对应音色和音高。在语音识别中,音色是主要的识别信息,而音高一般没有用。在滤波器的作用下,可以消除精细部分,只保留包络信息。至于取对数能量是因为一般情况下,八倍的能量才能让人类的感知音量翻一倍,所以在音量本就足够大的时候,增加能量对于人类感知来说区别不大,所以对能量取对数,使得频谱特征更接近人类的听觉。如图13.7。纵轴表示频率,横轴表示时间。亮色表示振幅高,暗色表示低。

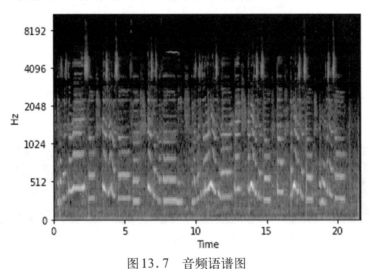

图13.7　音频语谱图

(3) MFCCs 提取

上述步骤做完之后,我们就得到了 Filter banks 特征。研究表明该特征具有高度相关性,因此可以运用 DCT 去除各信号之间的相关性并将频谱转为倒谱。DCT 是傅里叶变换的一个变种,好处是结果是实数没有虚部。DCT 还有一个特点,对于一般的语音信号,结果的前几个系数特别大,后面的系数比较小,可以忽略,所以实际运用中只保留12~20个系数,进一步压缩数据。

到目前为止,我们讨论了计算 Filter banks 和 MFCCs 的步骤,分析了它们是怎样实现的。从之前的步骤可以看出,计算 Filter banks 所做的全部步骤都是由语音信号和人类本身对语音的感知决定的,而计算 MFCCs 所需的额外步骤是由某些机器学习算法的局限性所导致的,用 DCT 去除相关性的过程被称为白化。当高斯混合模型—隐马尔可夫模型 (GMMs-HMMs) 成为主流模型的时候,MFCCs 也非常流行,并且 GMMs-HMMs 和 MFCCs 共同发展成为了自动语音识别的标准方法。随着深度学习的出现,人们开始思考 MFCCs 是否还是新的语音识别系统的最佳选择,因为深度神经网络对高度相关的输入不太敏感,因此 DCT 不再是必要的步骤。值得注意的是,DCT 是一种线性变换,它丢弃了

语音信号中的一些非线性信息，因此在深度神经网络中，MFCCs 并不受欢迎。

随着神经网络中 Filter banks 对 MFCCs 的取代，研究人员开始对傅里叶变换是否还有必要产生了质疑。他们认为傅里叶变化本质上也是一种线性变换，忽略它并尝试从时域信号中学习可能效果更好。傅里叶变换是一个很难学习的操作，并且可能会增加实现相同性能所需的数据量和模型复杂性。此外，在进行短时傅立叶变换时，我们假设信号在这短时间内是平稳的，因此傅里叶变换的线性度不会构成关键问题。事实上，最近研究人员已经开始尝试这种算法，并得到了积极的反馈。所以本案例采用 Filter banks 特征。

13.1.3 实现目标

使用深度学习技术将采集到的音频文件或麦克风输入的音频转译成音乐唱名，后将该算法程序放到寒武纪 MLU 220 上进行离线推理，推理结果与本机 GPU 上的结果误差在合理范围内。结果如图 13.8。

```
CNML: 7.4.0 83c12d7
CNRT: 4.4.0 e305678
re sol la si la re sol la si sol sol re do  sol do do do re mi do do do  si
do do do do  sol do do do re mi do do do  si do re re mi si do do do do
```

图 13.8　结果展示

13.2　技术方案

13.2.1　方案概述

在唱名识别过程中，每个唱名都有对应的一段持续时间。如果直接将一整段音频放入神经网络，那么神经网络很难直接学习到每个唱名，最后神经网络的可靠性就得不到保障。因此本次案例需要先对每个唱名的边界也就是起始点先进行检测，准确找到每个唱名的持续时间，这样才能在分类识别中拥有更高的准确率。所以为了实现唱名识别，神经网络学习有起始点检测和分类识别两个关键技术点。

我们需要四个步骤来实现唱名识别这一功能，第一步将读取到的音频文件分帧、加窗并提取 Filter banks。第二步我们需要用到一个二分类的 CNN 网络来寻找音频文件的所有起始点，根据原始标签在训练中包含起始点的帧，我们将对应的标签设为 1，不包含的为 0。第三步即分类识别网络的训练，将经过起始点检测的所有帧放入到另一个 CNN 分类网络，进行分类学习。第四步载入两个训练好的模型并读取模型的权重参数，将两个网络一起用于推理预测。如图 13.9。

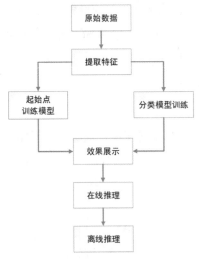

图 13.9　方案流程图

13.2.2　起始点检测

起始点检测也叫语音活动检测 (Voice Activity Detection, VAD)，它的目的是对语音和非语音的区域进行区分。通俗来理解，检测就是为了从带有噪声的语音中准确的定位出语音的开始点和结束点，去掉静音的部分，去掉噪声的部分，找到一段语音真正有效的内容。在语音应用中进行语音的端点检测是很必要的，首先很简单的一点，就是在存储或传输语音的场景下，从连续的语音流中分离出有效语音，可以降低存储或传输的数据量。其次是在有些应用场景中，使用端点检测可以简化人机交互，比如在录音的场景中，语音后端点检测可以省略结束录音的操作。

语音信号是一个以时间为自变量的一维连续函数，计算机处理的语音数据是语音信号按时间排序的采样值序列，这些采样值的大小表示了语音信号在采样点处的能量。从图 13.10 中可以直观的看出，在静音部分声波的振幅很小，而有效语音部分的振幅比较大，一个信号的振幅从直观上表示了信号能量的大小。

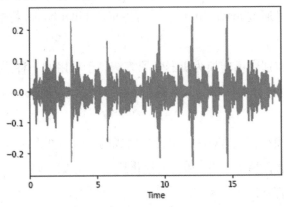

图 13.10　原始语音图像

语音噪声决定了检测方法是否稳定。在纯净背景噪音环境下,即使简单的能量检测方法也能有较好的语音检测效果,然而,一般情况下我们得到的音频信号会存在噪声。研究表明,语音系统一半以上的识别错误来自语音活动检测。VAD 的总体步骤如下:

(1) 将音频信号进行分帧处理。

(2) 从每一帧数据中提取特征。

(3) 用一个已知起始点区域的数据帧集合训练分类模型。

(4) 对未知的分帧数据进行分类,判断其属于有效语音还是静默部分。

检测结果如图13.11。

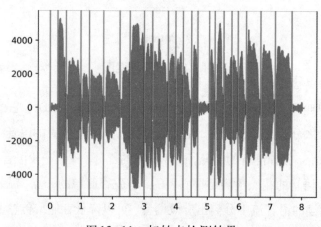

图13.11 起始点检测结果

13.2.3 唱名识别

唱名识别就是将一段语音转换成相对应的信息,主要步骤包括特征提取、标签编码和模型训练。为了更有效的提取特征往往需要对所采集的信号进行滤波、分帧等数据预处理操作。

1. 特征提取

把每一帧语音信号通过 madmom 语音处理库提取 Filter banks 特征。

2. 标签编码

onehot 编码是将类别变量转换为机器学习算法易于利用的一种形式的过程。原始标签只有一个唱名,为了对应分类网络的八个输出,将原始标签进行 onehot 编码。

3. 模型训练

本次使用的两个模型都是 VGG 模型自建而成的,VGG 的结构非常的简洁,整个网络都使用了同样大小的卷积核 (3×3) 和最大池化尺寸 (2×2)。

卷积池化操作计算公式:

$$OH= \frac{H+2P-FH}{S}+1 \tag{13.1}$$

OH 为输出大小，*H* 为输入大小，*p* 为填充数量，*FH* 为卷积核的大小，*s* 为步长。

VGG 用 3×3 大小的卷积核取代了 5×5 大小的卷积核和 7×7 大小的卷积，这是因为一个 5×5 的卷积核所带来的效果与 2 个 3×3 的卷积核带来的效果是相同的（根据计算公式可知），一个 5×5 的卷积核参数为 25 个，而 2 个 3×3 的参数个数为 18 个，可以看出参数个数减少了，也许看起来参数个数差距也不算大，但是这只是一个卷积的参数差，在现如今动辄上百层的网络结构中，参数的减少量是非常可观的。小卷积核更重要的一点是，加深了网络层数，实验表明通过加深网络结构比加深网络宽度更能提升性能。如图 13.12。

ConvNet Configuration					
A	A-LRN	B	C	D	E
11 weight layers	11 weight layers	13 weight layers	16 weight layers	16 weight layers	19 weight layers
input (224 × 224 RGB image)					
conv3-64	conv3-64	conv3-64	conv3-64	conv3-64	conv3-64
	LRN	**conv3-64**	conv3-64	conv3-64	conv3-64
maxpool					
conv3-128	conv3-128	conv3-128	conv3-128	conv3-128	conv3-128
		conv3-128	conv3-128	conv3-128	conv3-128
maxpool					
conv3-256	conv3-256	conv3-256	conv3-256	conv3-256	conv3-256
conv3-256	conv3-256	conv3-256	conv3-256	conv3-256	conv3-256
			conv1-256	**conv3-256**	conv3-256
					conv3-256
maxpool					
conv3-512	conv3-512	conv3-512	conv3-512	conv3-512	conv3-512
conv3-512	conv3-512	conv3-512	conv3-512	conv3-512	conv3-512
			conv1-512	**conv3-512**	conv3-512
					conv3-512
maxpool					
conv3-512	conv3-512	conv3-512	conv3-512	conv3-512	conv3-512
conv3-512	conv3-512	conv3-512	conv3-512	conv3-512	conv3-512
			conv1-512	**conv3-512**	conv3-512
					conv3-512
maxpool					
FC-4096					
FC-4096					
FC-1000					
soft-max					

图 13.12　VGG 网络结构[9]

根据公式可知，$OH=H+2×1-3+1$，即在卷积层中输入输出的大小没有发生改变。池化层中 $OH=(H-2)÷2+1$，即输出尺寸变为原来的一半。

13.2.4　实现方法

首先用 madmom 音频处理库对原始的输入语音进行分帧，然后对每一帧进行特征提取，每一帧都会得到包含语音识别信息的 log-mel 谱图。将这些处理得到的特征帧，分别

进行加窗，起始点检测每49帧为一个窗口，分类识别每48帧为一个窗口，这样就得到了我们需要的网络输入数据集。先将起始点检测标签和数据集放入起始点检测网络 onset_detection 中得到端点预测值，再将端点预测值和分类标签、数据集放到分类网络 classify 中得到分类结果。

13.3　模型训练

13.3.1　工程结构

在说明训练算法之前，首先说明项目下有哪些文件，如图13.13。

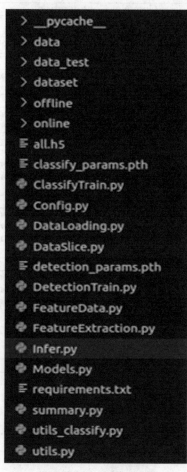

图13.13　文件目录

data_test: 测试数据集

dataset：训练和验证数据集

all.h5: 起始点检测特征及标签数据

FeatureExtraction.py:Filter banks 特征提取

config.py: 参数配置

DataLoading.py: 音频数据读取

Infer.py: 唱名识别推理

Models.py：模型

FeatureData.py: 起始点特征计算及保存为 all.h5 文件

DetectionTrain.py: 起始点检测网络训练 clssify_params.pth: 唱名分类网络权重

detection_params.pth: 起始点检测网络权重

ClassifyTrain.py：唱名分类网络训练

Requirements.txt: 依赖库文件

DataSlice.py: 数据加窗

Summary.py: 模型每层输出可视化

Utils_rclassify.py: 训练唱名分类网络相关文件

Utils.py: 训练起始点检测网络相关文件

13.3.2　数据准备

本次使用的数据集为来自于多名演唱者, 97 个唱名音频共计 1343 s, 采样率为 48000 HZ, 全部放入 dataset 中。本次训练中将 dataset 中的音频的前 80% 分为训练集, 后 20% 分为验证集, 因此训练音频为 76 个, 验证音频 21 个。另有若干测试集用于之后的推理验证。x.mp3 是各音频文件名, 每一行对应一个文件的标签, 其中浮点数代表起始点, 整数代表唱名序列号。如图 13.14。

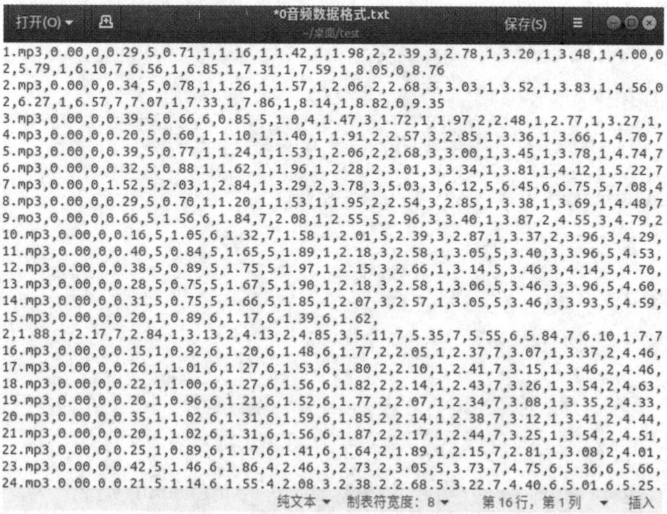

```
*0音频数据格式.txt
~/桌面/test
1.mp3,0.00,0,0.29,5,0.71,1,1.16,1,1.42,1,1.98,2,2.39,3,2.78,1,3.20,1,3.48,1,4.00,0
2,5.79,1,6.10,7,6.56,1,6.85,1,7.31,1,7.59,1,8.05,0,8.76
2.mp3,0.00,0,0.34,5,0.78,1,1.26,1,1.57,1,2.06,2,2.68,3,3.03,1,3.52,1,3.83,1,4.56,0
2,6.27,1,6.57,7,7.07,1,7.33,1,7.86,1,8.14,1,8.82,0,9.35
3.mp3,0.00,0,0.39,5,0.66,6,0.85,5,1.0,4,1.47,3,1.72,1,1.97,2,2.48,1,2.77,1,3.27,1,
4.mp3,0.00,0,0.20,5,0.60,1,1.10,1,1.40,1,1.91,2,2.57,3,2.85,1,3.36,1,3.66,1,4.70,7
5.mp3,0.00,0,0.39,5,0.77,1,1.24,1,1.53,1,2.06,2,2.68,3,3.00,1,3.45,1,3.78,1,4.74,7
6.mp3,0.00,0,0.32,5,0.88,1,1.62,1,1.96,1,2.28,2,3.01,3,3.34,1,3.81,1,4.12,1,5.22,7
7.mp3,0.00,0,1.52,5,2.03,1,2.84,1,3.29,2,3.78,3,5.03,3,6.12,5,6.45,6,6.75,5,7.08,4
8.mp3,0.00,0,0.29,5,0.70,1,1.20,1,1.53,1,1.95,2,2.54,3,2.85,1,3.38,1,3.69,1,4.48,7
9.mo3,0.00,0,0.66,5,1.56,6,1.84,7,2.08,1,2.55,5,2.96,3,3.40,1,3.87,2,4.55,3,4.79,2
10.mp3,0.00,0,0.16,5,1.05,6,1.32,7,1.58,1,2.01,5,2.39,3,2.87,1,3.37,2,3.96,3,4.29,
11.mp3,0.00,0,0.40,5,0.84,5,1.65,5,1.89,1,2.18,3,2.58,1,3.05,5,3.40,3,3.96,5,4.53,
12.mp3,0.00,0,0.38,5,0.89,5,1.75,5,1.97,1,2.15,3,2.66,1,3.14,5,3.46,3,4.14,5,4.70,
13.mp3,0.00,0,0.28,5,0.75,5,1.67,5,1.90,1,2.18,3,2.58,1,3.06,5,3.46,3,3.96,5,4.60,
14.mp3,0.00,0,0.31,5,0.75,5,1.66,5,1.85,1,2.07,3,2.57,1,3.05,5,3.46,3,3.93,5,4.59,
15.mp3,0.00,0,0.20,1,0.89,6,1.17,6,1.39,6,1.62,
2,1.88,1,2.17,7,2.84,1,3.13,2,4.13,2,4.85,3,5.11,7,5.35,7,5.55,6,5.84,7,6.10,1,7.7
16.mp3,0.00,0,0.15,1,0.92,6,1.20,6,1.48,6,1.77,2,2.05,1,2.37,7,3.07,1,3.37,2,4.46,
17.mp3,0.00,0,0.26,1,1.01,6,1.27,6,1.53,6,1.80,2,2.10,1,2.41,7,3.15,1,3.46,2,4.46,
18.mp3,0.00,0,0.22,1,1.00,6,1.27,6,1.56,6,1.82,2,2.14,1,2.43,7,3.26,1,3.54,2,4.63,
19.mp3,0.00,0,0.20,1,0.96,6,1.21,6,1.52,6,1.77,2,2.07,1,2.34,7,3.08,1,3.35,2,4.33,
20.mp3,0.00,0,0.35,1,1.02,6,1.31,6,1.59,6,1.85,2,2.14,1,2.38,7,3.12,1,3.41,2,4.44,
21.mp3,0.00,0,0.20,1,1.02,6,1.31,6,1.56,6,1.87,2,2.17,1,2.44,7,3.25,1,3.54,2,4.51,
22.mp3,0.00,0,0.25,1,0.89,6,1.17,6,1.41,6,1.64,2,1.89,1,2.15,7,2.81,1,3.08,2,4.01,
23.mp3,0.00,0,0.42,5,1.46,6,1.86,4,2.46,3,2.73,2,3.05,5,3.73,7,4.75,6,5.36,6,5.66,
24.mp3.0.00.0.0.21.5.1.14.6.1.55.4.2.08.3.2.38.2.2.68.5.3.22.7.4.40.6.5.01.6.5.25.
```


图 13.14　原始标签

音频预处理：用 madmom 软件包计算学生歌唱时的 log-mel 谱图。谱图的帧大小和帧长分别为46.4 ms（2048个样本）和10 ms（441个样本），低频和高频范围为27.5 Hz 和16 kHz，我们使用 log-mel 谱图作为 CNN 模型输入。

准备起始点目标标签：训练集的目标标签是根据真实值标注的。如果一个窗口中心为起始点，则我们将特定窗口的标签设置为1，否则为0。为了补偿人工标注的不精确性和增加正样本大小，我们还将窗口进行了滑动，如果起始点在距窗口中心的一个设定范围内，那么窗口的标签也设置为1。

准备唱名分类目标标签：训练集的目标标签是真实值标注的。每个窗口均包含了一个唱名的持续时间，因为每个唱名的持续时间不一样，为此，还需要定义统一的窗口大小。我们将标签设置为与唱名顺序对应的数字0~7，以此表示没有演唱和演唱的7个唱名。

最后，我们将起始点标签和唱名分类标签与各自已提取特征的语音帧，放入对应的网络中训练。

13.3.3　模型搭建

本次模型源码存放在在 models 中，使用的两个模型都是标准的九层 CNN 模型，先用卷积层和池化层对图谱进行图像特征的提取，再用 flatten 函数将三维图形数据展开成一维的数据放到全连接层中进行最后的分类识别。

模型基本结构如下：

```
# 模型基本结构

model = nn.Sequential(
        # 卷积核大小 3*3，步长 1，通道数 1，32 个卷积核，各边填充 1 排
        nn.Conv2d(1,32,kernel_size=(3,3),stride=(1,1),padding=(1,1)),
        # 对原数据进行修改，不创建新的对象
        nn.ReLU(inplace=True),
        # 通道数 32，32 个核
        nn.Conv2d(32,32,kernel_size=(3,3),stride=(1,1),padding=(1,1)),
        # 卷积层改变了通道数，没有改变图片大小
        nn.ReLU(inplace=True),
        #2*2 最大池化，步长 2，无填充，输出大小变为 (40，24)
        nn.MaxPool2d(kernel_size=2,stride=2,padding=0),
        # 通道数 32，64 个核
        nn.Conv2d(32,64,kernel_size=(3,3),stride=(1,1),padding=(1,1)),
        nn.ReLU(inplace=True),
        # 通道数 64，64 个核
        nn.Conv2d(64,64,kernel_size=(3,3),stride=(1,1),padding=(1,1)),
        nn.ReLU(inplace=True),
        # 大小变为 (20，12)
        nn.MaxPool2d(kernel_size=2,stride=2,padding=0),
        # 通道数 64，128 个核
        nn.Conv2d(64,128,kernel_size=(3,3),stride=(1,1),padding=(1,1)),
        nn.ReLU(inplace=True),
        # 通道数 128，128 个核
        nn.Conv2d(128,128,kernel_size=(3,3),stride=(1,1),padding=(1,1)),
nn.ReLU(inplace=True),
        # 输出大小 (10，6)
        nn.MaxPool2d(kernel_size=2,stride=2,padding=0),
        # 将输出变为一维 (128*10*6，)
        nn.Flatten(),
```

```
# 分布标准化
nn.BatchNorm1d(num_features=7680),
# 随机忽略部分隐藏节点
nn.Dropout(),
# 输入 (batch, 7680) 输出 (batch, 1024)
nn.Linear(in_features=7680,out_features=1024,bias=True),
nn.ReLU(inplace=True),
nn.Linear(in_features=1024,out_features=128,bias=True),
nn.ReLU(inplace=True),
nn.Linear(in_features=128,out_features=1,bias=True),
)
```

在使用 pytorch 这个著名的深度学习框架时,将建立的模型通过视觉化展示出来是相当重要的,一来我们能够确认模型的架构、输出的尺寸大小,二来可以帮助他人理解和分析不同的模型。

Torchsummary 就是一款专门用于视觉化 pytorch 模型结果的套件,它可以通过命令行文字显示模型的结构。要注意的是,在使用 summary() 函数时要提供一个与训练模型输入相同 shape 的 input,并且将模型移动到 GPU 上运算,这样 torchsummary 才能正常运作。

```
# 使用 torchsummary 查看起始点检测模型每层的输入输出大小以及参数量和占用
显存大小
from models import onset_detection
from torchsummary import summary
# 将 model 转化为 cuda 类型
model = onset_detection().cuda()
summary(model,input_size=(1,80,49)
```

模型结构如图 13.15。

Layer (type)	Output Shape	Param #
Conv2d-1	[-1, 32, 80, 49]	320
ReLU-2	[-1, 32, 80, 49]	0
Conv2d-3	[-1, 32, 80, 49]	9,248
ReLU-4	[-1, 32, 80, 49]	0
MaxPool2d-5	[-1, 32, 40, 24]	0
Conv2d-6	[-1, 64, 40, 24]	18,496
ReLU-7	[-1, 64, 40, 24]	0
Conv2d-8	[-1, 64, 40, 24]	36,928
ReLU-9	[-1, 64, 40, 24]	0
MaxPool2d-10	[-1, 64, 20, 12]	0
Conv2d-11	[-1, 128, 20, 12]	73,856
ReLU-12	[-1, 128, 20, 12]	0
Conv2d-13	[-1, 128, 20, 12]	147,584
ReLU-14	[-1, 128, 20, 12]	0
MaxPool2d-15	[-1, 128, 10, 6]	0
Flatten-16	[-1, 7680]	0
BatchNorm1d-17	[-1, 7680]	15,360
Dropout-18	[-1, 7680]	0
Linear-19	[-1, 1024]	7,865,344
ReLU-20	[-1, 1024]	0
Linear-21	[-1, 128]	131,200
ReLU-22	[-1, 128]	0
Linear-23	[-1, 1]	129
Sigmoid-24	[-1, 1]	0

```
Total params: 8,298,465
Trainable params: 8,298,465
Non-trainable params: 0
----------------------------------------------------------------
Input size (MB): 0.01
Forward/backward pass size (MB): 7.24
Params size (MB): 31.66
Estimated Total Size (MB): 38.92
```

图 13.15　起始点检测模型结构

13.3.4　模型训练

1. 起始点检测模型训练

首先先读取保存到 all.h5 文件中的特征数据文件，载入 onset_detection 起始点检测模型及对应的模型权重参数，将数据转化为 tensor 并交换维度以适应网络模型的输入维度。在输入放入之前需要用到数据生成器 TensorDataset 和数据迭代器 DataLoader，TensorDataset 的作用是生成网络输入的数据格式，DataLoader 的作用是得到一个迭代的数据集，这样可以让网络分批量的进行训练。

```
# 起始点检测模型训练
# 读取 all.h5 文件
f = h5py.File('all.h5','r')
# 读取训练集
train_data = f['train_data']
# 读取训练标签
train_labels = f['train_labels']
```

```
# 读取验证集
test_data = f['test_data']
# 读取验证标签
test_labels = f['test_labels']
# 载入起始点检测模型
model = onset_detection()
# 预读取以训练好的 pth 权重加快训练
model.load_state_dict(torch.load('params.pth'))
# 将数据类型先转化为 numpy 数组，在化为 tensor 才能放入模型，transpose 交换
维度

train_data_tensor = torch.from_numpy(np.array(train_data[()]).transpose(0,3,1,2))
# 将 label 转化为 floattensor 类型
train_labels_tensor = torch.from_numpy(np.array(train_labels[()])).float()
# 打包数据集
data1 = TensorDataset(train_data_tensor,train_labels_tensor
# 放入 dataloader 设置 batch 并打乱数据顺序 )
train_dataset = DataLoader(data1,batch_size=64,shuffle=True)
test_data_tensor = torch.from_numpy(np.array(test_data[()]).transpose(0,3,1,2))
test_labels_tensor = torch.from_numpy(np.array(test_labels[()])).float()
data2 = TensorDataset(test_data_tensor,test_labels_tensor)
test_dataset = DataLoader(data2,batch_size=1,shuffle=False)
#adam 优化器
optimizer = torch.optim.Adam(model.parameters(),lr=0.0001,weight_decay=1e-6)
# 平均绝对误差
loss = nn.L1Loss()
# 调用 train 函数训练模型
train(model,train_dataset,test_dataset,15,optimizer,loss)
```

python onset_detection.py 执行起始点模型训练。训练过程如图 13.16。

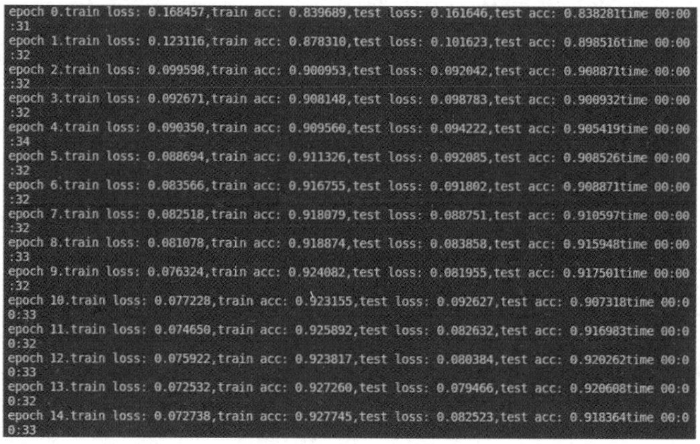

```
epoch 0.train loss: 0.168457,train acc: 0.839689,test loss: 0.161646,test acc: 0.838281time 00:00
:31
epoch 1.train loss: 0.123116,train acc: 0.878310,test loss: 0.101623,test acc: 0.898516time 00:00
:32
epoch 2.train loss: 0.099598,train acc: 0.900953,test loss: 0.092042,test acc: 0.908871time 00:00
:32
epoch 3.train loss: 0.092671,train acc: 0.908148,test loss: 0.098783,test acc: 0.900932time 00:00
:32
epoch 4.train loss: 0.090350,train acc: 0.909560,test loss: 0.094222,test acc: 0.905419time 00:00
:34
epoch 5.train loss: 0.088694,train acc: 0.911326,test loss: 0.092085,test acc: 0.908526time 00:00
:32
epoch 6.train loss: 0.083566,train acc: 0.916755,test loss: 0.091802,test acc: 0.908871time 00:00
:32
epoch 7.train loss: 0.082518,train acc: 0.918079,test loss: 0.088751,test acc: 0.910597time 00:00
:32
epoch 8.train loss: 0.081078,train acc: 0.918874,test loss: 0.083858,test acc: 0.915948time 00:00
:33
epoch 9.train loss: 0.076324,train acc: 0.924082,test loss: 0.081955,test acc: 0.917501time 00:00
:32
epoch 10.train loss: 0.077228,train acc: 0.923155,test loss: 0.092627,test acc: 0.907318time 00:0
0:33
epoch 11.train loss: 0.074650,train acc: 0.925892,test loss: 0.082632,test acc: 0.916983time 00:0
0:32
epoch 12.train loss: 0.075922,train acc: 0.923817,test loss: 0.080384,test acc: 0.920262time 00:0
0:33
epoch 13.train loss: 0.072532,train acc: 0.927260,test loss: 0.079466,test acc: 0.920608time 00:0
0:32
epoch 14.train loss: 0.072738,train acc: 0.927745,test loss: 0.082523,test acc: 0.918364time 00:0
0:33
```

图 13.16　起始点检测模型训练过程

图中 train loss 为训练集每一个 epoch 输出损失值的平均值，train acc 是训练集每个 epoch 的平均精度，test loss 为验证集每个 epoch 输出损失值的平均值，test acc 为验证集每个 epoch 的平均精度。

2. 唱名识别网络训练

在开始训练之前需要将原始标签转化为 onehot 标签，这是因为一帧输入最后有对应的八个输出，而标签却只有一个，所以这里需要对标签进行编码，使标签能与输出的维度相符合。

```
# 唱名分类模型训练
# 调用 onehot 编码
oneHotEncoder = OneHotEncoder()
# 将各数字字符进行编码
oneHotEncoder.fit([['0'], ['1'], ['2'], ['3'], ['4'], ['5'], ['6'], ['7']])
#1 维转化为 2 维
one_hot_labels = np.array(recognition_labels).reshape((len(recognition_labels), 1))
# 原标签转化成 onehot 标签 例如：1 变为 01000000
one_hot_labels = oneHotEncoder.transform(one_hot_labels).toarray()
# 数据变成 tensor 打包成数据集
dataset_all= = TensorDataset(torch.Tensor(mfcc_resized_features),torch.Tensor(one_hot_
labels))
```

```
# 训练集2141个样本，验证集428个样本
train_dataset,test_dataset = random_split(dataset_all,[2141,428])
# 设置 batch
train_data = DataLoader(train_dataset,batch_size=32,shuffle=True)
test_data = DataLoader(test_dataset,batch_size=2,shuffle=False)
# 载入模型
model = classify()
# 读取模型参数
model.load_state_dict(torch.load('params_rec.pth'))
# 使用 adam 优化器
optimizer = torch.optim.Adam(model.parameters(),lr=0.0001,weight_decay=1e-6)
# 平均绝对误差
loss = nn.L1Loss()
# 调用 train 函数训练
train(model,train_data,test_data,50,optimizer,loss)
```

python recognition_mfcc_cnn.py 执行唱名识别网络训练。训练结果如图13.17。

```
epoch 41,train loss: 0.002176,train acc: 0.992071,test loss: 0.002132,test acc: 0.992991time 00:0
0:02
epoch 42,train loss: 0.001492,train acc: 0.996269,test loss: 0.001762,test acc: 0.992991time 00:0
0:02
epoch 43,train loss: 0.001914,train acc: 0.993004,test loss: 0.002124,test acc: 0.990654time 00:0
0:02
epoch 44,train loss: 0.000817,train acc: 0.997668,test loss: 0.002025,test acc: 0.992991time 00:0
0:02
epoch 45,train loss: 0.002941,train acc: 0.990157,test loss: 0.003682,test acc: 0.988318time 00:0
0:02
epoch 46,train loss: 0.002912,train acc: 0.990205,test loss: 0.002442,test acc: 0.992991time 00:0
0:02
epoch 47,train loss: 0.002002,train acc: 0.993470,test loss: 0.004422,test acc: 0.981308time 00:0
0:02
epoch 48,train loss: 0.002110,train acc: 0.993937,test loss: 0.002553,test acc: 0.988318time 00:0
0:02
epoch 49,train loss: 0.001354,train acc: 0.995336,test loss: 0.003231,test acc: 0.988318time 00:0
0:02
```

图13.17　唱名识别网络训练过程

3. 模型的保存

在模型的保存中有一点需要注意，本次的训练是在 GPU 的 pytorch 1.6 上进行的，所以模型的默认的保存格式是后缀名为 pt/pth 的 zip 文件格式。但是在后面量化过程中，MLU 270 上的 pytorch 并不支持 zip 格式的模型权重文件。因此，采用如下方式来保存模型。

```
torch.save(net.state_dict(),'params.pth',_use_new_zipfile_serialization=False)
```

13.3.5　模型使用

先定义起始点检测模型推理的函数 donsets_setect，将提取到的特征数据输入并加窗。对每一个窗口数据进行维度变换，并用 np.concatenate 把每一个窗口数组数据在第一个维度进行拼接组合成一个数据集，在放入模型之前需要注意本次的模型中有 batchnorm 层和 dropout 层，所以要用 .eval() 将模型变为推理状态。还有一个注意点就是因为预测是在GPU 上进行的，所以输出是 GPU 类型，所以要用 .detach() 将输出转到 CPU 再变为 numpy数组。最后需要检测输出波形的峰值，因此用到 scipy 库的 signal.find_peaks 函数通过与周围位置的比较找到峰值。

```
# 起始点检测
#mel: 特征大小 (帧数, 80) model_onset_cls: 起始点模型
def onsets_detect(mel, model_onset_cls):
    # 特征均值
    mel_mean = -3.09459
    # 特征标准差
    mel_std = 2.393795
    # 窗口大小49帧
    mel_frames = 49
    len_result = len(mel)
    # 特征标准化
    mel = (mel - mel_mean) / mel_std
    # 数组拼接
    mel = np.concatenate([np.zeros((mel_frames//2, 80))+mel_mean, mel,np.zeros((mel_frames//2, 80))+mel_mean])
    mel_slices = []
    for i in range(len_result):
        # 加窗
        mel_slice = mel[i:i+mel_frames]
        # 变换维度 (1, 49, 80, 1)
        mel_slice = np.reshape(mel_slice, (1, mel_slice.shape[0], mel_slice.shape[1], 1))
```

```
    # 维度变为 (1, 1, 80, 49)
    mel_slice = mel_slice.transpose((0, 3, 2, 1))
    mel_slices.append(mel_slice)
# 1 维度数组拼接，结果大小 (帧数, 1, 80, 49)
mel_slices = np.concatenate(mel_slices, axis=0)
# 模型有 batchnorm、dropout，变为推理模式
model = model_onset_cls.eval()
# 输入变为 numpy 数组
preds = model(torch.Tensor(mfcc_slices)).detach().numpy()
# 2 维变 1 维
preds = np.reshape(preds, (len(preds),))
# 寻找起始点 两个输出，第一个起始点位置 第二个起始点预测大小
peaks, _ = scipy.signal.find_peaks(preds, height=0.5, threshold=None, distance=15)
return preds, peaks
```

　　唱名识别网络的结构与起始点检测网络相似，最主要的区别是窗口大小变为了48帧。同样需要注意的是要在推理的时候在模型调用加上 .eval()，这样才能使得推理正确进行。因为分类模型也是在 GPU 上训练的，所以输出也是 GPU 的 tensor 类型，因此我们用 .detach() 转到 CPU 上输出结果。

```
# 唱名分类模型识别唱名
# recognize solfege
def solfege_recognize(mel, onsets, model_recognition_cnn):
    mel_mean = -3.12021
    mel_std = 2.3848512
    mel_slice_width = 48
    # 特征标准化
    mel = (mel - mel_mean) / mel_std
    mel_slices = []
    for i in range(len(onsets)):
        mel_slice = None
        if i == (len(onsets) - 1):
```

```
            mel_slice = mel[onsets[- 1] : ]
        else:
            mel_slice = mel[onsets[i] : onsets[i+ 1]]
        # 特征大小变为（80, 48）
        mel_slice = cv 2.resize(mel_slice,dsize=( 80,mel_slice_width),interpolation=cv 2.
INTER_CUBIC)
        mel_slices.append(mel_slice)
    mel_slices = np.array(mel_slices)
    # 大小变为（帧数, 1, 80, 48）
    mel_slices = np.reshape(mel_slices, mel_slices.shape + ( 1,)).transpose(( 0,3,2,1))
    # 模型变为推理模式
    model = model_recognition_cnn.eval()
    # 结果化为 numpy 数组
    preds = model(torch.Tensor(mel_slices)).detach().numpy()
    # 最大值索引
    preds = np.argmax(preds, axis= 1)  return preds
```

在共同推理过程中，通过自定义 process 函数计算将起始点检测预测得到的起始点放入唱名分类网络中，最后得到唱名的识别种类并将起始点时间和分类结果分别用链表形式输出。

```
# 双网络推理共同完成推理过程
def process(filepath,onset_model, cls_model, debug=False):
    # 读取音频
    wave_data = load_audio_file(filepath)
    # 计算特征
    mel = madmomMelbankProc(wave_data)
    mel = mel[:int(len(wave_data)/RESAMPLE_RATE* 100)]
    # 检测起始点
    strength, onsets = onsets_detect(mel, onset_model)
    if len(onsets) == 0:
        return [], []
```

```
#唱名分类
solfeges = solfege_recognize(mel, onsets, cls_model)
solfeges_without_zero = []
onsets_without_zero = []

for i in range(len(solfeges)
    solfeges_without_zero.append(int(solfeges[i]))
    #起始点,真实时间起始节点（100对应mfcc帧数）
    onsets_without_zero.append(float(onsets[i])/100)
    print(solfeges_without_zero, onsets_without_zero)
    if debug:
        return solfeges_without_zero, onsets_without_zero, wave_data, strength
    else:
        return solfeges_without_zero, onsets_without_zero
```

此次推理使用音频数据为 100.mp3。首先分别载入起始点检测模型、检测模型权重参数和分类模型、分类模型权重参数，调用 process 函数计算结果，同时用 time 时间库中的 time() 函数计算过程消耗时间。

```
# 载入模型与调用推理过程
model_onset = onset_detection()
# 载入起始点检测模型参数
model_onset.load_state_dict(torch.load('params.pth'))
model_recognition = classify()
# 载入分类模型参数
model_recognition.load_state_dict(torch.load('params_rec.pth'))
# 开始时间
start_time = time.time()
# 执行推理
process("./dataset/100.mp3", model_onset, model_recognition)
```

```
# 结束时间
end_time = time.time()
# 推理时间
consume = end_time-start_time
print(consume)
```

推理结果如图 13.18。

```
[2, 5, 6, 7, 6, 2, 5, 6, 7, 5, 5, 2, 1, 4]
[0.28, 0.59, 0.88, 1.12, 1.39, 2.37, 2.62, 2.92, 3.14, 3.4, 4.35, 4.86, 6.15, 7.68]
5.56322717666626
```

图 13.18　GPU 推理结果

13.4　模型移植

13.4.1　在线推理

1. 激活环境

在量化之前需要先激活 Cambricon PyTorch 环境，具体步骤为：

```
#Cambricon PyTorch 环境激活
source /opt/cambricon/env_pytorch.sh
source /opt/cambricon/pytorch/src/catch/venv/pytorch/bin/activate
```

2. 模型量化

在量化之前需要先设置量化参数，具体量化参数根据需求来选择，本次量化参数如下：

```
# 模型的量化
qconfig = {
# 迭代次数
'iteration' : 1,
# 是否使用最值的平均值用于量化
'use_avg' :False　 （默认值）
```

```
# 是否对图片的最值进行缩放
'data_scale':1.0   （默认1.0，不进行缩放）
# 设置数据集的均值
'mean':[0,0,0]    （默认值）
# 设置数据集的方差
'std':[1,1,1]    （默认值）
# 卷积加速
'firstconv':False  (mean、std 失效，不执行卷积加速)
# 是否使用分通道量化
'per_channel':False（默认不适用分通道量化)
}
```

在载入模型时需要注意，该案例的模型均是在 NVIDIA 显卡上训练后保存下来的权重参数，所以参数的格式是 GPU，而模型的量化是在 CPU 上处理，因此在加载参数时要将 map_location 设置为 CPU。该案例需要用到两个模型来进行推理，所以两个所用模型都做量化。模型量化代码主要部分如下：

```
# 模型的量化
import torch_mlu.core.mlu_quantize as mlu_quantize
#torch_mlu 为寒武纪函数
from models import onset_detection()
from models import classify
# 创建模型对象
net1 = onset_detection()
# 加载起始点检测模型参数到 CPU 上
net1.load_state_dict(torch.load('params.pth',map_location=torch.device('cpu')))
# 调用量化接口 quantized_net1 =
mlu_quantize.quantize_dynamic_mlu(net1,qconfig_spec=qconfig,dtype='int8',gen_
quant=True)
quantized_net1(mel_slices)
```

```
# 保存量化后的模型参数
torch.save(quantized_net1.state_dict(),'quantized_onset_cnn.pth')
# 创建另一个模型对象 net2 = classify()
# 将唱名识别模型参数加载到 CPU 上
net2.load_state_dict(torch.load('params_rec.pth',map_location=torch.device('cpu')))
# 调用量化接口，将模型参数量化为 int8 类型 quantized_net2 =
mlu_quantize.quantize_dynamic_mlu(net1,{'iteration':1,'firstconv':False},dtype='int8',gen_quant=True)
quantized_net2(mel_slices)
# 保存量化后的模型参数
torch.save(quantized_net2.state_dict(),'quantized_classify_cnn.pth')
```

3. 逐层模式

在线逐层是将每一层的操作单独放到 MLU 上运行，这种在线方式可以很方便地进行调试，但是需要做很多次 CPU 和 MLU 之间的传输，所以传输消耗很大。因为在线逐层设置的 batch 越小，消耗的时间越多，所以这次将全部的帧传入，没有设置 batch_size。

```
# 设置 MLU 核心数，可选，4，16
ct.set_core_number(4)
# 设置 MLU 设备
ct.set_core_version('MLU270') net1 = onset_detection()
# 调用量化接口
quantized_net1 = mlu_quantize.quantize_dynamic_mlu(net1)
net2 = classify()
quantized_net2 = mlu_quantize.quantize_dynamic_mlu(net2)
quantized_net1.load_state_dict(torch.load('quantized_onset_cnn.pth'))
# 加载权重参数
quantized_net2.load_state_dict(torch.load('quantized_classify_cnn.pth'))
# 模型传入 MLU
net1_mlu = quantized_net1.to(ct.mlu_device())
net2_mlu = quantized_net2.to(ct.mlu_device())
solfeges,onsets = process("./data_test/3.mp3", net1_mlu, net2_mlu)
```

在线逐层结果如图13.19。

```
CNML: 7.4.0 83c12d7
CNRT: 4.4.0 e305678
[5, 6, 5, 4, 3, 1, 2, 1, 1, 1, 1, 5, 1, 1, 1, 2, 3, 2, 1, 1, 1, 5, 3, 2, 1, 7, 1, 1, 1, 1]
[0.3, 0.64, 0.89, 1.2, 1.47, 1.73, 2.0, 2.47, 2.75, 3.24, 3.51, 4.37, 4.79, 5.29, 5.54, 6.02,
 6.22, 6.54, 6.84, 7.32, 7.59, 8.58, 9.16, 9.68, 9.92, 10.2, 10.72, 10.99, 11.46, 11.74]
12.746622562488447
```

图13.19　在线逐层推理结果

4. 融合模式

多算子一起组合成静态图放入 MLU 中运行，推理时需要注意输入的 batch 必须相同，否则会报错，本此融合推理 batch 为1。

```
# 设置固定权值梯度
torch.set_grad_enabled(False)
# 设置输入数据形状和数据类型 example_mlu =
torch.randn(1, 1, 80, 49, dtype=torch.float)
# 生成静态图 traced_model1 =
torch.jit.trace(net1_mlu, example_mlu.to(ct.mlu_device()), check_trace=False)
traced_model2 =
torch.jit.trace(net2_mlu, example_mlu.to(ct.mlu_device()), check_trace=False)
solfeges, onsets = process("./data_test/3.mp3", traced_model1, traced_model2)
```

在线融合结果如图13.20。

```
CNML: 7.4.0 83c12d7
CNRT: 4.4.0 e305678
[5, 6, 5, 4, 3, 1, 2, 1, 1, 1, 1, 5, 1, 1, 1, 2, 3, 2, 1, 1, 1, 5, 3, 2, 1, 7, 1, 1, 1, 1]
[0.3, 0.64, 0.89, 1.2, 1.47, 1.73, 2.0, 2.47, 2.75, 3.24, 3.51, 4.37, 4.79, 5.29, 5.54, 6.02,
 6.22, 6.54, 6.84, 7.32, 7.59, 8.58, 9.16, 9.68, 9.92, 10.2, 10.72, 10.99, 11.46, 11.74]
5.37796425819397
```

图13.20　在线融合推理结果

13.4.2　生成离线模型

通过调用 torch_mllu.core.mlu_model.save_as_cambricon(model_name) 接口可以在进行在线融合推理时自动生成离线模型，生成的离线模型名字一般为 model_name.cambricon。此次离线模型通过在线融合推理的代码 online_jit.py 生成，代码中用注释的方法，分别生成起始点检测离线模型 detection.cambricon 和分类识别离线模型 recognition.cambricon。

使用接口生成离线模型的代码如下：

```
# 设置核心数 4
t.set_core_number(4)
# 推理设备 MLU 270
ct.set_core_version('MLU 270')
# 设置固定权值梯度
torch.set_grad_enabled(False)
# 加载量化模型
net 1 = onset_detection()
quantized_net 1 = mlu_quantize.quantize_dynamic_mlu(net 1)
quantized_net 1.load_state_dict(torch.load('quantized_onset_cnn.pth'))
# 将第一个离线模型保存为 detection.cambricon
ct.save_as_cambricon('detection')
net 1_mlu = quantized_net 1.to(ct.mlu_device())
# 设置推理时 batch_size
example_mlu 1 = torch.randn( 1, 1, 80, 49, dtype=torch.float)
# 生成静态图
traced_model 1 =
torch.jit.trace(net 1_mlu, example_mlu 1.to(ct.mlu_device()), check_trace=False)
```

在运行结束以后需要调用 ct.save_as_cambricon("") 接口关闭 .cambricon 离线生成。
具体代码如下：

```
# 在线融合的起始点检测结果
peaks, _ = scipy.signal.find_peaks(preds, height=0.6, threshold=None, distance=15)
# 运行结束后用关闭离线生成
ct.save_as_cambricon("")
```

上述代码运行之后会得到 detection.cambricon 和 detection.cambricon_twins 两个文件，.cambricon 就是我们需要的离线模型，.cambricon_twins 是离线模型的具体信息，如图 13.21。

图13.21　离线模型输入输出的的具体信息

由上图可以看到 batch_size 为1，这是因为离线模型是进行在线融合推理时生成的，而在线融合推理时的输入 batch_size 是1。

通过调用离线接口就生成了起始点检测离线模型 detection，同样的道理我们把第一个模型的生成接口和关闭接口都注释掉，在第二个模型加入两个接口就可以生成分类识别离线模型 recogniton.cambricon。

13.4.3　使用离线模型

离线推理不依赖于 pytorch 框架，只基于 CNRT 单独运行。使用离线模型的目的是为了让 MLU 发挥最大的计算效率。使用离线模型推理主要分为三步：前处理、调用模型推理、后处理。如图13.22。

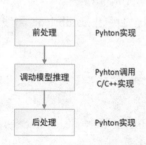

图13.22　离线模型推理步骤

图13.23　Python 调用 C

本案例中离线模型推理部分使用 C 语言来实现，数据前处理部分使用 PYTHON 来实现。由于 Python 的解析器是 C 语言编写的，所以 Python 调用 C 程序的方法很简单。在数据处理的 py 文件中调用 C 来实现模型推理，这样即实现了离线推理的高效运行又享受到了 Python 数据处理的快捷便利。如图 13.23。

离线推理又分为设备初始化、模型推理、内存销毁三个步骤来进行。Initial、Model、Destroy 分别为三个步骤的代码实现。模型推理代码如下：

```
void Model(float *input, float *output) {

    //分配输入内存
    for (int i = 0; i < inputNum; i++) {
      //填充输入数据
      if(i==0) memcpy((void *)inputCpuPtrS[i], (void *)input, inputSizeS[i]);
        //从 CPU 端的内存复制到 MLU 端的内存
        cnrtMemcpy(inputMluPtrS[i], inputCpuPtrS[i], inputSizeS[i], CNRT_MEM_
TRANS_DIR_HOST2DEV);
    }

    //进行计算
    cnrtInvokeRuntimeContext_V2(ctx, NULL, param, queue, NULL);
    //等待执行完毕
    cnrtSyncQueue(queue);

    //取回数据
    for (int i = 0; i < outputNum; i++) {
        cnrtMemcpy(outputCpuPtrS[i], outputMluPtrS[i], outputSizeS[i], CNRT_MEM_
TRANS_DIR_DEV2HOST);
    }

    //把数据复制到 output
    memcpy(output, outputCpuPtrS[0], outputSizeS[0]);
}
```

本案例有两个模型，需要进行两次模型推理，所以有两个 .C 文件。此次用 makefile 实现 .C 文件的编译。具体代码如下：

```
# 起始点检测 C 文件的编译，生成 a.so 动态链接库
a.so:
    gcc detection.c -o a.so -shared -fPIC -I/usr/local/neuware/include -L/usr/local/neuware/lib 64 -lcnrt
# 分类识别 C 文件的编译，生成 b.so
b.so:
    gcc recognition.c -o b.so -shared -fPIC -I/usr/local/neuware/include -L/usr/local/neuware/lib 64 -lcnrt
# 用于清除 SO 文件
clean 0:
    rm a.so
clean 1:
    rm b.s
```

在命令行中使用 make a.so 或者 make b.so 即可得到对应的 SO 编译文件。当 C 文件经过修改需要重新编译时，使用 make clean a.so(b.so) 即可删除上一个已编译文件，这样做可以避免重新编译得到的文件出错。

Python 程序调用 C 程序。

```
# 加载共享动态库
dll = ctypes.cdll.LoadLibrary
so = dll("./a.so")
# 创建 model 函数对象
model = so.Model
# 给函数参数设置数据类型 (和 C 定义的类型一致)
model.argtypes = [ndpointer(ctypes.c_float),ndpointer(ctypes.c_float)]
# 给函数返回值设置数据类型
model.restype = None
```

```
# 创建结果数组
output = np.zeros((1,),dtype=np.float32)
# 离线模型初始化
so.Initial()
preds=[]
# 设置前处理数据 batch_size 为 1
dataset = DataLoader(mel_slices,batch_size=1)
for i in dataset:
    # 把数据转换为 numpy 数组
    data = np.asarray(i)
    # 开始推理
    model(data,output)
    preds.append(output[0])
# 内存销毁
so.Destroy()
```

13.4.4 最终效果展示

离线推理最终结果如图 13.24。

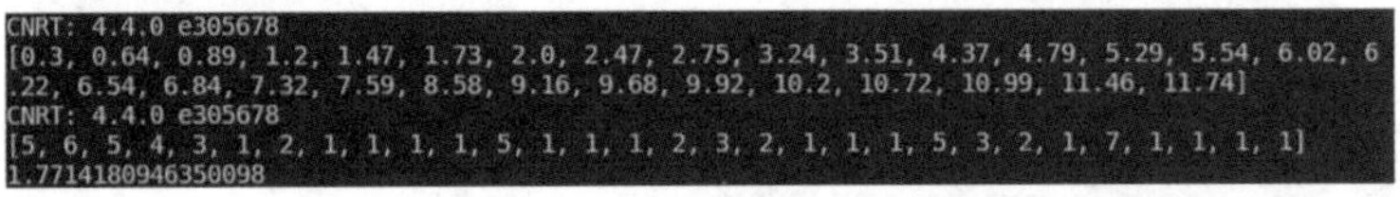

图 13.24 离线推理结果

13.5 本章小结

本章以唱名识别为例，从语音的产生原理到语音识别技术进行了详细的阐述，其中着重叙述了语言的特征提取技术，帮助读者进一步了解语音识别的本质。本章还全面解读了寒武纪计算卡 MLU 的在线离线推理具体过程，通过学习本章，可以提高读者对 pytorch 的认识，使读者能够基本了解语音识别的流程以及 MLU 的使用方法。

参考文献

[1] WIKI. 语音识别 [EB/OL].https://zh.wikipedia.org/wiki/%E8%AF%AD%E9%9F%B3%E8%AF%86%E5%88%AB.

[2] Xiaoyu Liu. Deep Convolutional and LSTM Neural Networks for Acoustic Modelling in Automatic Speech Recognition[EB/OL].http://cs231n.stanford.edu/reports/2017/pdfs/804.pdf.

[3] AI 柠檬博主. 语音识别技术发展的历史背景和研究现状 [EB/OL].(2019-06-20).https://blog.ailemon.me/2019/06/20/history-and-research-status-quo-of-speech-recognition/.

[4] voicescienceworks. THE VOCAL TRACT[EB/OL]. https://www.voicescienceworks.org/vocal-tract.html.

[5] Volkan Tunali. A Speaker Dependent, Large Vocabulary, Isolated Word Speech Recognition System for Turkish[J/OL].(2005-06).   https://www.researchgate.net/publication/265168213_A_Speaker_Dependent_Large_Vocabulary_Isolated_Word_Speech_Recognition_System_for_Turkish.

[6] 非典型废言. 语音分帧后的重组还原 [EB/OL].(2020-04-25).https://blog.csdn.net/sinat_35821976/article/details/105748495.

[7] kishore Prahallad. Speech Technology: A Practical Introduction[R/OL].http://www.speech.cs.cmu.edu/15-492/slides/03_mfcc.pdf.

[8] Haytham Fayek. Speech Processing for Machine Learning: Filter banks, Mel-Frequency Cepstral Coefficients (MFCCs) and What's In-Between[EB/OL].(2016-04-21). https://haythamfayek.com/2016/04/21/speech-processing-for-machine-learning.html.

[9] Jerry Wei.VGG Neural Networks: The Next Step After AlexNet[EB/OL].(2019-07-04).https://towardsdatascience.com/vgg-neural-networks-the-next-step-after-alexnet-3f91fa9ffe2c.

第14章　中文识别

识别文字对于机器学习来说是一个非常具有挑战性的任务。传统的识别方法即光学字符识别 (OCR)，主要是从文件中扫描出相关需要的信息，但是在现实场景中往往会有很多影响识别效率的因素存在，比如说环境的背景、亮度、遮挡、视角等。

谷歌团队 2008 年就开始研究利用神经网络来模糊图片中的个人隐私信息，从而达到对个人隐私的保护。在经过这些研究后，开发人员意识到当神经网络在经过足够数量的数据训练后，不仅可以用来保护用户隐私，还可以自动为谷歌地图进行实时的信息更新。2014年，谷歌团队发布了当时最好的街景门牌号码的数据集 (SVHN)，随后，又发布了法国街道路标数据集 (French Street Name Signs，FSNS)，通过这些数据的加持，谷歌完成了利用深度学习模型对街景图像进行标记的目的。现在，只要一台街景车开到任何一条新修的街道上，谷歌的深度学习系统就可以分析被捕获的成千上万张图像，提取街道名字和数字，并且适当的在谷歌地图上自动创造和定位新的地址。

14.1　案例背景

本案例是利用中文街景数据集完成对于街景图片中出现的中文 (包含汉字、数字、字母等) 字符进行识别。利用深度学习中的神经网络，训练并使其能够对于获得的街景图像中存在的字符进行识别。

光学字符识别 (Optical Character Recognition, OCR) 是指对文本资料的图像文件进行分析识别处理，获取文字及版面信息的过程，亦即将图像中的文字进行识别，并以文本的形式返回。它是利用光学技术和计算机技术把印在或写在纸上的文字读取出来，并转换成一种计算机能够接受、人又可以理解的格式。OCR 技术是实现文字高速录入的一项关键技术，也可以满足在各种特定场景下的检测识别需求。

下面介绍下几个主要的知识点：

1. 图像预处理

图像预处理就是将图像中存在的每一个文字图像分别检测出来然后交给识别部分进行识别。在日常生活中，输入图像往往会由于采集环境的不同或者说采集设备存在一定的差异，造成采集到的图像数据存在噪声。因此，图像预处理主要的目的就是消除图像中与特征无关的信息，增强相关信息的明显度，这样可以在一定程度上简化数据量，从而提高特征提取、匹配以及识别的可靠性。

图像预处理的方法有很多，针对不同的情况采用不同的方法往往能达到最好的效果。常见的图像预处理方法主要有以下几种：

（1）去均值

去均值主要采用的方法是在输入数据的每个维度上都减去对应维度的均值，这样使得输入数据各个维度都能中心化为0。若网络不进行去均值，那么在训练后较为容易出现拟合效果不好的情况。

（2）图像归一化

图像归一化问题是数据中特征向量表达的重要问题。当不同的特征排列在一起的时候，由于特征本身表达方式的原因，会出现在绝对数值上小数据被大数据"吃掉"的情况。为了避免出现这样的情况，使得每个特征都能被分类器平等对待，我们就需要对图像进行归一化操作。同时，归一化也有助于加快达到梯度下降中最优解的速度。

（3）PCA

PCA 是一种通过舍弃一些含有信息量较少的维度，保留主要的特征信息来对数据进行降维处理（降维技术可自行学习）。PCA 可用于特征提取、数据压缩、去噪声等操作。传统的 OCR 技术通常使用 opencv 算法库，通过图像处理和统计机器学习方法从图像中提取文本信息，包括二值化、噪声滤波、相关域分析、AdaBoost 等。传统的 OCR 技术数据处理方法可分为三个阶段：图像准备、文本识别和后处理。

图像准备阶段主要是对待检测识别的图像经过灰度化（如果是彩色图像）、降噪、二值化、字符切分以及归一化这些步骤使其更加易于检测识别。经过二值化后，图像只剩下两种颜色，即黑和白，其中一个是图像背景，另一个颜色就是要识别的文字了。降噪在这个阶段非常重要，降噪算法的好坏对特征提取的影响很大。字符切分则是将图像中的文字分割成单个文字——识别的时候是一个文字一个文字识别的。如果文字存在倾斜的话往往还要进行倾斜校正。归一化则是将单个的文字图像规整到同样的尺寸，在同一个规格下，才能应用统一的算法。

文本识别阶段在传统 OCR 中主要是以单字符识别为主，常采用的是机器学习中的 K

近邻的方法，利用分类器识别特征。该方法采用的是分类的思想，这种算法的主要思路是将样本在其特征空间中的 K 个最相似 (即特征空间中与样本最相近的的 K 个样本) 划分为一类，然后不断迭代，以此找到最合适的分类。该算法原理简单，但是因为 K 值的选取存在随机性，且每次计算都需要把待检测的样本与所有样本在特征空间的距离进行多次计算，在数据量较大的情况下，这种算法的计算量会越来越大，所以执行效率不高。

在经过识别阶段以后，还需要对识别出的文字结果进行后处理。在识别系统中，利用上下文关系、组词规律或其他的语法规则，对于单字识别输出的文字进行处理以纠正识别错误文字的方法叫做后处理。这种方法用于处理拼音文字即各种英文文字的情景效果较好，目前市面上很多基于传统 OCR 识别方法的软件都有拼写校对的功能，它能够自动显示每个词语中或者每句话中存在的拼写错误，并给出可能的改正方案。但这种方法通常适用于单字识别器的性能较好的情况下，如果该识别器的效果不好，会出现较多的错别字或者存在较多的未识别字，在此情况下，错别字很难被识别纠正。

目前市面上已经存在的基于传统方法的 OCR 文字识别软件已经较为成熟并能取得很好的识别效果，但是这种传统方法下的识别对于图像识别的种类和场景较为固定，一旦跳出了当前的场景，识别的模型就会失效。例如常见的证件识别、票据识别等。

由此看来，传统 OCR 方法存在着以下几个方面的不足：

(1) 通过版面分析 (二值化、连通域分析) 来生成文本行，要求版面结构有较强的规则性且前背景可分性强 (例如文档图像、车牌)，无法处理前背景复杂的随意文字 (例如场景文字、菜单、广告文字等)。

(2) 单一特征的字体在变化时，模糊或者背景干扰较大时其泛化能力迅速下降。

(3) 这种方法下的识别对于字符的分割或者说是区域的分割依赖性较大，在字符存在扭曲或者有噪声干扰的情况下，分割出来的字符存在不能有效识别的情况。

目前基于深度学习的场景文字识别主要包括两种算法，第一种是将该过程分为文字检测和文字识别两个阶段，另外一种是通过端到端的模型一次性对文字完成检测和识别。基于深度学习的 OCR 方法将一些繁杂的流程分为两个主要的步骤，一个是文本检测 (主要用于定位文本的位置)，另外一个是文本识别 (主要用于识别文本的具体内容)。

由于传统 OCR 方法采用 HOG 对图像进行特征提取，然而 HOG 对于图像模糊、扭曲等问题鲁棒性很差，对于复杂场景泛化能力不佳。随着深度学习的飞速发展，现在普遍使用基于 CNN 的神经网络作为特征提取手段。得益于 CNN 强大的学习能力，配合大量的数据可以增强特征提取的鲁棒性，以前面临的模糊、扭曲、畸变、复杂背景和光线不清等图像问题均可以表现出良好的鲁棒性。如图 14.1 所示。

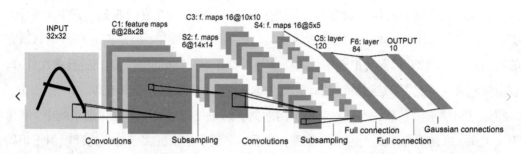

Fig. 2. Architecture of LeNet-5, a Convolutional Neural Network, here for digits recognition. Each plane is a feature map, i.e. a set of units whose weights are constrained to be identical.

图 14.1　LeNet[1]

文字检测是文字识别过程中的一个非常重要的环节,文字检测的主要目标是将图片中的文字区域位置检测出来,以便于进行后面的文字识别,只有找到了文本所在区域,才能对其内容进行识别。

文字检测的场景主要分为两种,一种是简单场景,另一种是复杂场景。其中,简单场景的文字检测较为简单,例如像书本扫描、屏幕截图,或者清晰度高、规整的照片等,而复杂场景主要是指自然场景,情况比较复杂,例如像街边的广告牌、产品包装盒、设备上的说明、商标等等,存在着背景复杂、光线忽明忽暗、角度倾斜、扭曲变形、清晰度不足等各种情况,文字检测的难度更大。

传统文字检测的方法主要有以下几种:

(1) 基于滑动窗口处理

用不同大小的窗口在原图上滑动,并用分类模型判断每一个窗口是否包含文字,最后对检测结果使用非极大值抑制等进行后处理。

(2) 基于连通分量:

首先根据低级特征 (颜色,梯度,光强等) 把图像的像素聚集成不同的连通分量,在用分类模型对这些连通分量进行判断,过滤其中的噪声区域,例如最大稳定极值区域 (MESR)、极值区域 (ER) 等方法。

随着深度学习技术的迅速方法,在文字检测方面也开始采用深度学习的思想来解决检测文字的问题。如 R-CNN。R-CNN 的主要思想是先提取一系列的候选区域,然后再对这些候选区域用 CNN 的方法提取固定大小的特征,然后用支持向量机 (SVM) 进行分类,最后对候选的区域进行微调。RCNN 的整体检测流程如图 14.2 所示。

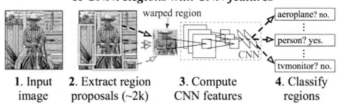

图 14.2　R-CNN[2]

（1）首先输入一张自然图像。

（2）使用 Selective Search 提取大约2000个候选区域 (proposal)。

（3）对每个候选区域的图像进行拉伸形变，使之成为固定大小的正方形图像，并将该图像输入到 CNN 中提取特征。

（4）使用线性的 SVM 对提取的特征进行分类。

这种方法的缺点也很明显，第一就是输入需要固定尺寸，第二，候选区域的特征需要存储，这样会占用大量的存储空间，第三，每个候选区域需要单独提取特征，比较浪费计算资源。

对于这些图像数据，随着信息时代的高速发展，网络上存在很多关于文本识别的数据集，其中包括了文字、数字、字母等不同种类的数据形式。读者可以根据自身需求自行下载相关数据集进行模型训练。现在介绍一些常见的数据集以供参考。

（1）SynthText. 该数据集包含8百万张图片，涵盖9万个英文单词，出自牛津大学。

（2）SyntheticChineseStringDataset

该数据集是中文识别数据集，包含360多万张训练图片，5824个字符，该数据集中的场景较为简单，图片都是白底黑字。

（3）COCO-TEXT

英文数据集，包括63686幅图像，173589个文本实例，包括手写版和打印版，清晰版和非清晰版，文件大小12.58GB，训练集43686张，测试集10000张，验证集10000张。

（4）Google FSNS(谷歌街景文本数据集)

该数据集是从谷歌法国街景图片上获得的一百多万张街道名字标志，每一张包含同一街道标志牌的不同视角，图像大小为600×150，训练集1044868张，验证集16150张，测试集20404张。

（5）Total-Text

该数据集共1555张图像，11459文本行，包含水平文本，倾斜文本，弯曲文本，文件大小441MB，大部分为英文文本，少量中文文本，训练集1255张 测试集300。

（6）Reading Chinese Text in the Wild(RCTW-17)

该数据集包含12263张图像，训练集8034张，测试集4229张，共11.4GB，大部分图像由手机相机拍摄，含有少量的屏幕截图，图像中包含中文文本与少量英文文本，图像分辨率大小不等。

（7）Chinese Text in the Wild(CTW)

该数据集包含32285张图像，1018402个中文字符（来自于腾讯街景），包含平面文本、凸起文本、城市文本、农村文本、低亮度文本、远处文本、部分遮挡文本。图像大小2048*2048，数据集大小为31GB。以8：1：1的比例将数据集分为训练集（25887张图像，812872个汉字），测试集（3269张图像，103519个汉字），验证集（3129张图像，103519个汉字）。

本案例中模型训练采用的数据集是 Synthetic Chinese String Dataset。

14.1.2. 实现目标

模型最终效果展示，左边的图14.3是提取到的含有中文字符的图像，右边图14.4是在该图像经过训练好的神经网络后识别出来的图像。

```
[174 193 178]
 [175 194 179]]

[[175 188 180]
 [175 188 180]
 [174 187 179]
 ...
 [174 193 178]
 [175 194 179]
 [175 194 179]]]
torch.Size([1, 512, 1, 24])
torch.Size([24, 1, 6736])
results: 节假日照常营业
elapsed time: 0.06493067741394043

Process finished with exit code 0
```

节假日照常营业

图14.3 含有中文字符的图像　　　　图14.4 识别出的图像

14.2　技术方案

14.2.1　方案概述

该方案主要采用的是 CRNN 模型结构,主要用于端到端地对不定长的文本序列进行识别,可以直接将文本识别转化为时序依赖的序列学习问题。

预测过程中,先使用标准的 CNN 网络提取文本图像的特征,再利用 BLSTM 将特征向量进行融合以提取字符序列的上下文特征,然后得到每列特征的概率分布,最后通过转录层 (CTC) 进行预测得到文本序列。

利用 BLSTM 和 CTC 学习到文本图像中的上下文关系,从而有效提升文本识别准确率,使得模型更加具有鲁棒性。

14.2.2　CRNN

CRNN (Convolutional Recurrent Neural Network,卷积循环神经网络) 是华中科技大学白翔教授等提出的文本识别模型,可以识别较长的文本序列。CRNN 是一种卷积循环神经网络结构,用于解决基于图像的序列识别问题,特别是场景文字识别问题。文字识别是对序列的预测方法,所以采用了对序列预测的 RNN 网络。通过 CNN 将图片的特征提取出来后采用 RNN 对序列进行预测,最后通过一个 CTC 的翻译层得到最终结果,说白了就是 CNN+RNN+CTC 的结构。

CRNN 借鉴了语音识别中的 LSTM+CTC 的建模方法,不同点是输入进 LSTM 的特征,从语音领域的声学特征 (MFCC 等),替换为 CNN 网络提取的图像特征向量。CRNN 算法最大的贡献,是把 CNN 做图像特征工程的潜力与 LSTM 做序列化识别的潜力,进行结合。它既提取了鲁棒特征,又通过序列识别避免了传统算法中难度极高的单字符切分与单字符识别,同时序列化识别也嵌入时序依赖 (隐含利用语料)。在训练阶段,CRNN 将训练图像统一缩放 100×32 (w × h),在测试阶段,针对字符拉伸导致识别率降低的问题,CRNN 保持输入图像尺寸比例,但是图像高度还是必须统一为 32 个像素,卷积特征图的尺寸动态决定 LSTM 时序长度。CRNN 模型结构如下图 14.5 所示。

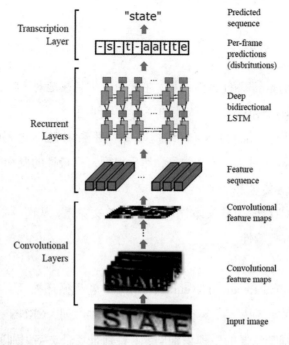

图 14.5　CRNN 模型结构[3]

整个 CRNN 网络结构包含三部分,分别为:

(1) CNN (卷积层)

利用层次较深的 CNN 卷积神经网络对输入图像提取特征,得到关于输入图像的特征图。其结构如下图 14.6 所示。

Type	Configurations
Transcription	-
Bidirectional-LSTM	#hidden units:256
Bidirectional-LSTM	#hidden units:256
Map-to-Sequence	-
Convolution	#maps:512, k:2×2, s:1, p:0
MaxPooling	Window:1×2, s:2
BatchNormalization	-
Convolution	#maps:512, k:3×3, s:1, p:1
BatchNormalization	-
Convolution	#maps:512, k:3×3, s:1, p:1
MaxPooling	Window:1×2, s:2
Convolution	#maps:256, k:3×3, s:1, p:1
Convolution	#maps:256, k:3×3, s:1, p:1
MaxPooling	Window:2×2, s:2
Convolution	#maps:128, k:3×3, s:1, p:1
MaxPooling	Window:2×2, s:2
Convolution	#maps:64, k:3×3, s:1, p:1
Input	$W \times 32$ gray-scale image

图 14.6　CNN 卷积网络的结构[4]

该结构下可以看到一共存在有四个池化层，其中区别于其他 CNN 网络结构的是在该结构下最后两个池化层尺寸由 2*2 改成了 1*2，在具体实际例子中就是图片的高度减半了四次，也就是除以 2^4，但是宽度只是减半了两次，既除以 2^2。因为在文本图像中，大多数数据都是宽长但是高度较小，所以提取出来的特征图 (feature map) 也是这种类似形状的矩形形状，如果使用这样 1*2 的池化窗口可以尽量保证不丢失在宽度方面的信息。另外在该层中，CRNN 引入了 BatchNormalization，其目的也是为了加速模型收敛的速度，缩短模型训练的过程。

在经过 CNN 以后，我们会得到关于图像的特征图，但是这些特征图并不能直接进入下一层的 RNN 循环层进行训练，RNN 所需要的是关于图像的特征向量，那么我们就需要从 CNN 模型中产生的特征图中进行特征向量的提取。如图 14.7 所示。

从 CNN 模型产生的特征图中提取特征向量序列，每一个特征向量 (如上图中的一个红色框) 在特征图上按列从左到右生成，每一列包含 512 维特征，这意味着第 i 个特征向量是所有的特征图第 i 列像素的连接，这些特征向量就构成一个序列。

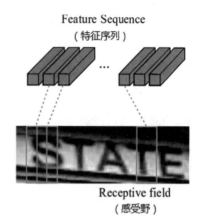

图 14.7　CNN 模型中的特征图 [5]

由于卷积层、最大池化层和激活函数在局部区域上执行，它们是平移不变的，因此，特征图的每列 (即一个特征向量) 对应于原始图像的一个矩形区域 (称为感受野)，并且这些矩形区域与特征图上从左到右的相应列具有相同的顺序，特征序列中的每个向量关联一个感受野。

(2) RNN (循环层)

使用双向 RNN (BLSTM) 对特征序列进行预测，对序列中的每个特征向量进行学习，并输出预测标签 (真实值) 分布。普通的 RNN 循环神经网络有梯度消失的问题，不能获取更多的上下文信息，特别是对于较长文字信息，特征提取不是很明显，所以利用 LSTM 结构，LSTM 的特殊设计允许它捕获长距离的依赖。

图 14.8 是基本的 LSTM 单元结构，LSTM 包括单元模块和三个门，即输入门、输出门和遗忘门。

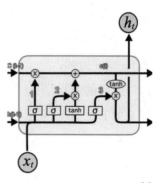

图 14.8　LSTM 结构图 [6]

(3) CTC (转录层)

使用 CTC 损失函数，将在循环层中获得的标签分布转换成最终的标签列。

14.2.3　CTC

CTC 是 Connectionist temporal classification 的简称，主要是一种结合神经网络的端到端的模型训练方法。从字面上理解它是用来解决时序类数据的分类问题。采用 CTC 作为损失函数的模型训练，是一种完全端到端的模型训练，不需要预先对数据做对齐，只需要一个输入序列和一个输出序列即可以训练。这样就不需要对数据对齐和一一标注，并且直接输出序列预测的概率，不需要外部的后处理。

一般来说我们需要输入和输出都是一一对应且标注好的，如果这样对于文本识别来说你不仅需要标注字符还需要标注位置，这是非常困难的，CTC 的出现解决了这种对齐问题。CTC 引入空格字符"-"，定义了一个多对一的 β 变换，举个例子，abbcd 经过 β 变换可能输出 abbcd 的情况有 -a-bb-b-cd, a-b-b-c-d- 等（但是是有限的，因为 input_length 是定值）。定义 X 是输入，Z 是输出，我们希望 p(z|x) 尽可能大，如果要计算 p(z|x)，我们可以选择计算所有能映射到 abbcd 的"路径"。

在 CTC LOSS 第一行中，S 是样本集合。实际训练时就是一个 batch 里的数据，我们希望这个 batch 所有数据预测对的概率最大，所以求最大似然（即把每条数据预测对的概率累乘），这里求 loss 希望 loss 小所以取负对数似然。

14.2.4　实现方法

模型主要包含 CRNN 以及 LSTM 结构，结构顺序为 CNN+LSTM+CTC。

CNN 部分包含卷积以及池化层，引入了 BatchNormalization 模块，加速模型收敛，缩短训练过程。输入图像为灰度图像（单通道），高度为32，这是固定的，图片通过 CNN 后，高度就变为1，这点很重要，宽度为160，宽度也可以为其他的值，但需要统一，所以输入 CNN 的数据尺寸为 (channel, height, width)=(1, 32, 160)。

CNN 的输出尺寸为 (512, 1, 40)，即 CNN 最后得到512个特征图，每个特征图的高度为1，宽度为40。

最后的卷积层是一个2×2、s=1、p=0的卷积，此时也是相当于将 feature map 放缩为原来的1/2，所以最后 CNN 输出的 featuremap 的高度为1。在该程序中，图像的 h 必须为16的整数倍。

14.3　模型训练

14.3.1　工程结构

文件目录如图14.9所示。

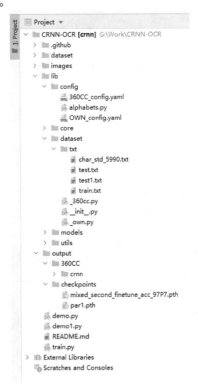

图14.9　文件目录

其中 demo.py 为测试文件，train.py 为训练文件，demo1.py 为量化及其后续推理文件，测试与训练时使用的代码后续会详细讲述。文件夹中的各项文件主要有：

Image：文件夹下为测试图片，用于运行测试文件时读取的图像。

Lib/config：是配置文件，

Lib/config/360CC_CONFIG.yaml: 模型自带的配置文件

Lib/config/OWN_config.yaml：读者自主训练时可配置文件

Dataset/txt：文件夹主要用于存放训练用的训练数据

Model：模型存放地址

Model/crnn.py：CRNN 模型代码

Output/checkpoints：是训练出来的模型存放地址

14.3.2　模型搭建

模型源码为开源代码，可在 Github 上下载，网址为：github.com/Sierkinhane/CRNN_Chinese_Characters_Rec。模型参数：

```
model_info(model)
# 从配置文件中获取训练数据
train_dataset = get_dataset(config)(config, is_train=True)
# 调用 dataloader 加速数据处理
train_loader = DataLoader(
    dataset=train_dataset,
    batch_size=config.TRAIN.BATCH_SIZE_PER_GPU,
    shuffle=config.TRAIN.SHUFFLE,
    num_workers=config.WORKERS,
    pin_memory=config.PIN_MEMORY,
)

class BidirectionalLSTM(nn.Module):
# pytorch 实现的 LSTM
#:param nIn: 输入特征
#:param nHidden: 隐藏单元
#:param nOut: 输出序列
    def __init__(self, nIn, nHidden, nOut):
        super(BidirectionalLSTM, self).__init__()
        self.rnn = nn.LSTM(nIn, nHidden, bidirectional=True)
        self.embedding = nn.Linear(nHidden * 2, nOut)

    def forward(self, input):
        #rnn 返回
        #Outputs: output, (h_n, c_n)
        #output of shape (seq_len, batch, num_directions * hidden_size)
        #h_n of shape (num_layers * num_directions, batch, hidden_size)
        #c_n (num_layers * num_directions, batch, hidden_size)
```

```
        recurrent, _ = self.rnn(input)

        T, b, h = recurrent.size()

        t_rec = recurrent.view(T * b, h)

        output = self.embedding(t_rec)  # [T * b, nOut]

        output = output.view(T, b, - 1)


        return output
```

CTC 代码如下：

```
    # preds 为 RNN 输出结构

        preds = self.model(image)

        _, preds = preds.max( 2)

    # contiguous() 调整为连续内存

        preds = preds.transpose( 1, 0).contiguous().view(- 1)

        preds_size = Variable(torch.IntTensor([preds.size( 0)]))

        sim_pred = self.converter.decode(preds.data, preds_size.data, raw=False)

    def get_crnn(config):

        # 模型配置信息

        model = CRNN(config.MODEL.IMAGE_SIZE.H, 1, config.MODEL.NUM_
CLASSES + 1, config.MODEL.NUM_HIDDEN)

        # 初始化神经网络参数

        model.apply(weights_init)


        return mode
```

14.3.3　模型训练

模 型 训 练 时 cd 到 CRNN-OCR 文 件 夹 [run] python train.py --cfg lib/config/ 360CC_
config.yaml[run] python train.py --cfg lib/config/OWN_config.yaml

其中 .yaml 是配置文件，可根据自身需要修改。训练数据集放在 lib/dataset/txt/ 下，训
练完成时生成模型位于 output/checkpoints/，如图 14.10 所示。

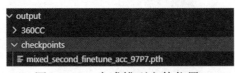

图 14.10　生成模型文件位置

```
def main():
    # 加载配置文件
    config = parse_arg()
    # 创建输出文件夹
    output_dict = utils.create_log_folder(config, phase='train')
    # 调用 cudnn
    cudnn.benchmark = config.CUDNN.BENCHMARK
    cudnn.deterministic = config.CUDNN.DETERMINISTIC
    cudnn.enabled = config.CUDNN.ENABLED

    # 构建相关的神经网络
    model = crnn.get_crnn(config)

    # 设置 CPU
    if torch.cuda.is_available():
        device = torch.device("cuda:{}".format(config.GPUID))
    else:
        device = torch.device("cpu: 0")
    model = model.to(device)
    # 设定 CTC 损失
    criterion = torch.nn.CTCLoss()
    last_epoch = config.TRAIN.BEGIN_EPOCH
    # 优化器
    optimizer = utils.get_optimizer(config, model)
    # 保存模型
    torch.save(
        {
            "state_dict": model.state_dict(),
            "epoch": epoch + 1,
            "best_acc": best_acc,
        },os.path.join(output_dict['chs_dir'], "checkpoint_{}_acc_{:.4f}.pth".
format(epoch, acc))
    )
```

14.3.4　模型使用

在训练好模型以后，可输入图片并调用 demo.py 文件查看识别效果。运行代码为：

```
[run] python demo.py --image_path images/test.png --checkpoint output/checkpoints/
mixed_second_finetune_acc_97P 7.pth
```

其中 mixed_second_finetune_acc_97P 7.pth 为训练时保存的模型文件，如模型文件为自己训练的，需在使用时改为自己的模型名称。

```
# 导入模型
import lib.models.crnn as crnn
# 导入模型配置信息
def parse_arg():
    parser = argparse.ArgumentParser(description="demo")
    # 配置文件路径
    parser.add_argument('--cfg', help='experiment configuration filename', type=str,
default='lib/config/ 360CC_config.yaml')
    # 测试图像路径
    parser.add_argument('--image_path', type=str, default='images/ 1.png', help='the path to
your image')
    # 模型文件路径
    parser.add_argument('--checkpoint', type=str, default='output/checkpoints/mixed_
second_finetune_acc_97P 7.pth',
                        help='the path to your checkpoints')
    args = parser.parse_args()
    with open(args.cfg, 'r') as f:
        config = yaml.load(f)
        config = edict(config)
    config.DATASET.ALPHABETS = alphabets.alphabet
    config.MODEL.NUM_CLASSES = len(config.DATASET.ALPHABETS)
    return config, args
```

```
# 正则化
img = img.astype(np.float32) # 转化数据类型为 float32
img = (img / 255. - config.DATASET.MEAN) / config.DATASET.STD
img = img.transpose([2, 0, 1]) # 图片维度调换
img = torch.from_numpy(img)
# 构建识别网络
def recognition(config, img, model, converter, device):
    h, w = img.shape
    # 第一步：识别图片高度和宽度
    img=v2.resize(img, (0, 0),fx=config.MODEL.IMAGE_SIZE.H / h, fy=config.
MODEL.IMAGE_SIZE.H / h, interpolation=cv2.INTER_CUBIC)
    # 第二步：在训练过程中保持图像文本的比例不变
    # 图片的高度和宽度
    h, w = img.shape    w_cur = int(img.shape[1] / (config.MODEL.IMAGE_SIZE.OW
/ config.MODEL.IMAGE_SIZE.W))
    # 缩放图片
    img = cv2.resize(img, (0, 0), fx=w_cur / w, fy= 1.0, interpolation=cv2.INTER_CUBIC)
    # 随机生成一个以 h w_cur 1 为维度的数组
    img = np.reshape(img, (config.MODEL.IMAGE_SIZE.H, w_cur, 1))
```

识别结果如图 14.11 和图 14.12 所示。

```
            [223 223 223]
            [223 223 223]
            [225 225 225]]

           [[224 224 224]
            [223 223 223]
            [225 225 225]
            ...
            [226 226 226]
            [222 222 222]
            [225 225 225]]]
torch.Size([1, 512, 1, 37])
torch.Size([37, 1, 6736])
results: Helloword你好世界
elapsed time: 0.08890914916992188
```

Helloword 你好世界

图 14.11 识别效果图

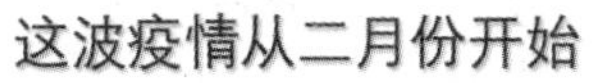

```
         ...
        [162 162 162]
        [161 161 161]
        [161 161 161]]

       [[163 163 163]
        [164 164 164]
        [165 165 165]
         ...
        [162 162 162]
        [161 161 161]
        [161 161 161]]]
       torch.Size([1, 512, 1, 41])
       torch.Size([41, 1, 6736])
       results: 这波行情从2月份开始
       elapsed time: 0.10189557075500488
```

这波疫情从二月份开始

图14.12　识别效果图对比

14.4　模型移植

寒武纪系列软件支持在线和离线两种运行模式，在线模式指依赖于 Caffe、TensorFlow 等第三方深度学习框架而运行的模式，离线模式指独立于框架而直接使用 CNRT 运行时库函数接口的模式 (类似使用 GPU 的 cuda 模式)。

在线推理

在线运行模式又可以分为两种子模式，在线逐层模式和在线融合模式，一般认为在线融合模式比在线逐层运行速度更快。在线移植主要的步骤为：

```
# 加载网络, net=crnn 引入网络模型, 此时的网络模型是没有权重参数的。
import lib.models.crnn as crnn
# 导入模型
#torch_mlu 内部量化函数
#model_dir：参数模型文件路径
# 加载量化模型到 CPU
param_state = torch.load (model_dir, map_location='cpu')
# 模型加载参数
net.load_state_dict(model_dir, strict=True)
qconfig = {'iteration': 1,
                  'use_avg':False, 'data_scale':1.0,
                  'mean':[0,0,0], 'std':[1,1,1],
                  'firstconv':False, 'per_channel':False}
```

```
# 量化模型
quantized_net = torch_mlu.core.mlu_quantize.quantize_dynamic_mlu(net,
{'mean':mean, 'std ':std}, dtype='int 8', gen_quant=True)
# 提取量化后的模型参数
params_model = quantized.state_dict()
# 保存量化后的模型参数
torch.save(params_model, save_model_dir)
```

在 CPU 上执行推理生成量化值 quantized_net(img)。

```
torch.save(quantized_net.state_dict(), path_quantize_XXX.pth)
```

此时会得到一个量化后的模型文件，然后利用该模型文件运行 demo.py，得出识别结果。

14.5　本章小结

本章主要介绍了如何利用 CRNN 模型完成街景文字识别的任务，并将其部署到边缘化设备上。该网络模型中采用了双向 LSTM 的结构来完成文本识别任务，对于涉及到序列识别的情况，RNN 系列网络往往能取到很好的效果。本案例中使用的寒武纪 MLU 220 芯片对于 RNN 系列的网络结构支持的精度还未达到预期目标，所以目前该模型在搭载寒武纪芯片的设备上识别的效果还有很大的提升空间。该支持性问题会在优化中得到改善，后续我们将在寒武纪官方论坛中更新此案例在寒武纪芯片中的优化情况。

参考文献

[1] Y. Lecun,L. Bottou,Y. Bengio,etc.Gradient-based learning applied to document recognition[J]. Proceedings of the IEEE, 1998, 86(11): 2278-2324.

[2] Uijlings, J.R.R., Van De Sande, K.E.A., Smeulders, A.W.M. and Gevers, [T]. (2013) Selective Search for Object Recognition. International Journal of Computer Vision, 104, 54-171. https://doi. org/ 10. 1007/s 11263-013-0620-5.

[3] Baoguang Shi; Xiang Bai; Cong Yao.An End-to-End Trainable Neural Network for Image-Based Sequence Recognition and Its Application to Scene Text Recognition[J].IEEE Transactions on Pattern Analysis and Machine Intelligence, 2017, 39(11): 2298-2304.

[4] Baoguang Shi; Xiang Bai; Cong Yao.An End-to-End Trainable Neural Network for Image-Based Sequence Recognition and Its Application to Scene Text Recognition[J].IEEE Transactions on Pattern Analysis and Machine Intelligence, 2017, 39(11): 2298-2304.

[5] An End-to-End Trainable Neural Network for Image-based Sequence Recognition and ItsApplication to Scene Text Recognition,Baoguang Shi, Xiang Bai and Cong Yao School ofElectronic Information and Communications Huazhong,University of Science and Technology,Wuhan, China.

[6] colah.Understanding LSTM Networks[EB/OL].colah.github.io/posts/ 2015-08-Understanding-LSTMs/, 2015-08-27.

结　语

通过学习本书，相信读者已经对深度学习理论和寒武纪边缘智能平台的实践有了系统化的了解。本书作为一本实践教程，希望能给深度学习和人工智能的初学者和工作中需要使用寒武纪芯片的读者提供帮助，引发读者对智能处理器产生新的认知和思考，对边缘智能有更具象的理解。希望本书可以有效推动我国人工智能基础软硬件在教育科研和商业领域使用的自主可控进程。

在这里感谢共同完成本书编著的所有人。感谢参与审阅、校验等工作的相关人员，他们在本书写作过程中提出诚恳的建议使我们收益匪浅。感谢任姗、刘文昕、刘学琪、杨云栋、饶彬彪、杨正兴、成键楷、罗钟强、陶洁同学为本书所做的资料收集整理、图片收集、绘制等工作。感谢山东友谊出版社编辑为本书编辑工作所付出的努力，他们的敬业精神和严谨的工作作风保证了本书的顺利出版。本书在写作过程中参考了大量相关书籍和网络文章，在这里对这些作者表示由衷的感谢，虽然在过程中我们已尽量寻找引用出处，但许多网络文档可能被转载多次已难寻源头，若您发现仍有内容未被标注引用或引用不当之处，请联系我们。

读者如果在使用本书的过程中有任何意见或建议，请及时反馈给我们，让我们一起携手共同完成本书的建设和完善工作。请到网站 www.extrotec.com 找到我们，或发送邮件至：deeplearnling 220@ 163.com。